安顺学院教育学学科建设资金资助出版

处境不利儿童的心理发展与家庭教育

贾金玲◎著

吉林出版集团股份有限公司
全国百佳图书出版单位

图书在版编目（CIP）数据

处境不利儿童的心理发展与家庭教育 / 贾金玲著.
长春：吉林出版集团股份有限公司, 2024.8. -- ISBN
978-7-5731-5278-7

Ⅰ. B844.1；G78

中国国家版本馆CIP数据核字第2024FN7205号

CHUJING BULI ERTONG DE XINLI FAZHAN YU JIATING JIAOYU

处境不利儿童的心理发展与家庭教育

著　　者	贾金玲	
责任编辑	于　欢	
装帧设计	清　风	

出　　版	吉林出版集团股份有限公司	
发　　行	吉林出版集团社科图书有限公司	
地　　址	吉林省长春市南关区福祉大路5788号　邮编：130118	
印　　刷	唐山富达印务有限公司	
电　　话	0431-81629711（总编办）	
抖 音 号	吉林出版集团社科图书有限公司 37009026326	

开　　本	710 mm×1000 mm　1 / 16	
印　　张	15	
字　　数	240 千字	
版　　次	2024 年 8 月第 1 版	
印　　次	2024 年 8 月第 1 次印刷	

书　　号	ISBN 978-7-5731-5278-7	
定　　价	68.00 元	

如有印装质量问题，请与市场营销中心联系调换。0431-81629729

前　　言

　　家庭教育是每个人成长的重要基石，对于处境不利的儿童来说，这一点尤为重要。这些孩子在家庭背景、社会资源和经济条件等方面处于不利地位，他们更需要得到正确的引导与关爱，以减少不利环境对他们的影响。本书的目的就是从处境不利儿童心理发展特点入手，对家庭教育的现状、问题与解决方案进行深入探讨，以期为这一领域的研究和实践提供有价值的参考。

　　随着社会经济的发展，全球化的推进，我们越来越意识到教育公平的重要性。而家庭教育作为教育体系中的重要一环，对儿童发展的影响不容忽视。特别是在当今的社会中，许多处境不利的儿童在家庭教育的资源和质量上面临诸多困难。这些困难不仅影响着孩子的教育成果，也制约了他们未来的发展。因此，深入研究这一问题，不仅具有理论意义，更具有实践价值。

　　本书的特色与创新之处在于：首先，它关注到了处境不利儿童这一特殊群体，这为相关研究提供了一个新的视角；其次，通过跨学科的研究，本书不仅从教育学的角度进行分析，还结合了社会学、心理学等多学科的理论；最后，本书不仅提出了问题，还给出了具体的解决方案和建议，这为政策制定者和教育工作者提供了相应方案。

　　本书选取流动儿童、留守儿童、离异家庭儿童及贫困家庭儿童四类处境不利儿童为研究对象，描述了他们心理发展的特点和现状，并有针对性地提出家庭教育建议，最后向读者呈现一些处境不利儿童的个案研究。

　　第一章主要对处境不利儿童、家庭、家庭教育的概念进行界定，并描述了四类处境不利儿童家庭的教育特点，以便挖掘出各类处境不利家庭中有利的教育因素。

第二章介绍了国家、学校、社区目前对处境不利儿童的关注及对其家庭提供的支持，以便为进一步的研究提供依据。

第三章分别从处境不利儿童的认知能力发展、心理健康状况、对环境和自我的认知、情绪发展状况等方面，描述了处境不利儿童的心理发展现状。

第四章主要探讨了处境不利儿童心理发展的影响因素与作用机制。重点关注了各类处境不利儿童比较典型的心理问题，包括：流动儿童的歧视知觉、留守儿童的问题行为、离异家庭儿童情绪的影响因素和贫困家庭儿童的幸福感影响因素，并对这些主要心理问题的影响因素和作用机制进行了考察。

第五章结合前面几章的结果，针对每一类处境不利儿童的突出问题，提出了相应的政策和家庭教育建议，为后续开展预防和实施干预措施提供依据。

最后，为了更细致、更直观地描述流动儿童、留守儿童、离异家庭儿童、贫困家庭儿童的心理发展现状和突出的心理问题，笔者选取了访谈中一些情况比较特殊复杂的个案呈现给读者，并对个案出现的突出问题进行了原因分析，并提供了一些针对性的家庭教育建议。

通过本研究，我们期望能够引起社会各界对处境不利儿童家庭教育的关注，并为改善这一群体的教育状况提供科学的依据。同时，本书也为家庭教育领域的研究者和实践者提供了一个全面的参考框架。最后，希望通过这本书，我们能够为那些处境不利的儿童带来更多的关爱与帮助，为他们的成长创造一个更加公平、和谐的环境。

安顺学院　贾金玲
2023年12月

目录
CONTENTS

第一章　绪　论

第一节　处境不利儿童概述

处境不利儿童最早出现于西方儿童福利政策文件，指代处于各种不利境地（如在经济状况、权益保护、能力竞争等方面处于相对困难与不利境地的生存和发展状态），需要获取相应帮助的儿童。[①]国内外的大量研究表明，处境不利是相对于其他处境而言的，其概念的外延逐步扩大，包括教育资源的不利、经济地位的不利、家庭环境的不利和同伴关系的不利等某些处境阻碍因素。

目前，世界各国都存在着一定数量的处境不利的群体。社会处于转型期时，经历着由计划经济体制转变为市场经济体制的过程。这一时期，有部分社会成员不适应这种变化，从而出现贫困家庭。随着我国城镇化加速，农村剩余劳动力大规模到城镇就业已成为社会转型期的必然趋势，由于各种客观原因，出现了流动儿童和留守儿童。在社会转型期，人们的经济生活发生了较大变化，也使社会生活和人们的观念发生了巨大变化。因此近些年离婚率不断攀升，出现了较多的离异家庭。社会转型期间的这些变化，使得一些儿童和青少年的生存、生活环境和教育环境处于不利的地位。国内外的大量研究、社会调查表明，儿童的生存、生活环境及教育环境不良能够显著地影响其身心健康发展。因此，处境不利儿童和青少年逐渐成为社会学、教育学、心理学研究者们共同关注的对象。

结合我国的现实情况，我国处境不利儿童概括起来主要包括四种情

---

① 尚晓援，虞婕. 建构"困境儿童"的概念体系［J］. 北京：社会福利（理论版）. 2014（6）：5-8.

况：流动儿童、留守儿童、父母离异儿童和贫困家庭儿童。

一、流动儿童

随着我国社会的快速发展，大量的农村剩余劳动力涌向城市，形成了规模宏大的人口转移，部分农村劳动力甚至举家迁移，城市中出现了数量庞大的第二代移民——流动儿童。《2020年全国教育事业发展统计公报》显示，义务教育阶段在校生中进城务工人员随迁子女有1429.73万人，比2015年增加了62.63万人。流动儿童数量庞大，并且数量日益增多，他们在社会适应的过程中，可能会因为人际关系、经济地位、家庭环境、居住条件等因素影响出现更多的心理健康问题，因此，流动儿童是一个值得关注的特殊群体。有关研究显示：亲子关系将直接影响流动儿童的社会适应能力；家庭经济水平直接影响流动儿童的城市融入；流动儿童父母的支持与社会文化适应存在显著正相关。可见，良好的家庭教育对维护流动儿童的心理健康发挥着关键作用。《中国流动儿童教育发展报告（2016）》明确指出："流动儿童教育面临的主要问题是家庭教育缺失。"家庭教育是一切教育的起点，家庭教育不仅关系着某个孩子成才的问题，更关系着国家的未来。近年来，《中华人民共和国家庭教育促进法》《中国儿童发展纲要（2021—2030年）》《关于指导推进家庭教育的五年规划（2016—2020年）》等法规和政策文件多次强调，要积极构建覆盖城乡的家庭教育指导服务体系，强化特殊困境儿童群体家庭教育支持服务。因此，在时代需求下，探讨流动儿童的心理发展状况、心理健康问题，了解其家庭教育的现状，并有针对性地提供家庭教育指导服务已迫在眉睫，具有一定的理论价值和实践意义。

第七次全国人口普查公报显示，流动人口是指人户分离人口中扣除市辖区内人户分离的人口。人户分离人口是指居住地与户口登记地所在的乡镇街道不一致且离开户口登记地半年以上的人口。市辖区内人户分离人口是指一个直辖市或地级市所辖的区内和区与区之间，居住地和户口登记地不在同一乡镇街道的人口。相应地，流动儿童是指流动人口中18周岁以下的人口。但大多数研究者倾向于1998年发布的《流动儿童少年就学暂行办法》中的定义，即流动儿童少年是指6—14周岁（或7—15周岁），随父母或其他监护人在流入地暂时居住半年以上有学习能力的儿童少年。

在社会转型的大背景下，社会流动的主要形式是从农村到城市。本研究更关注的是随父母从农村流动到城市中人口的未成年人，因此，本书中所指的流动儿童是指，6—18周岁随父母或其他监护人在流入城市暂时居住半年以上，且在当地学校就读的儿童和青少年。

二、留守儿童

20世纪80年代以来，随着我国工业化、城市化进程的加快，市场经济逐渐成为劳动力资源的配置机制，出现了大规模的人口流动。中国城乡人口流动的限制也被打破，大量农村剩余劳动力为了改善生存状况而涌向城市，到城市务工。父母双方或父母一方外出务工，由于经济等客观原因无法将孩子带在身边，这些儿童被留在户籍所在地，由未外出务工的父母、（外）祖父母或其他亲戚代为照看。这些儿童生活在残缺不全的家庭中，缺少父母的监护与教育。因此，留守儿童已经成为我国儿童群体中不容忽视的弱势群体，并且数量庞大且呈增长趋势。

由于家庭教育的缺位、父母亲情关爱的缺失、（外）祖父母监管不力，再加之社会不良风气的影响，留守儿童极易出现问题行为和心理问题，这已经引起了国家、社会的广泛关注。诸多媒体不断报道留守儿童的问题行为，如受侵害、自杀伤亡事件，等等。但是，我们也应该认识到，大量的负面报道其实是夸大了"留守"处境不利的消极作用，相当于给留守儿童贴上"问题儿童""不良儿童"的标签，也加剧了其他群体对他们的歧视，加重了他们的心理压力，等于给他们带来"二次伤害"，使他们的生存环境和教育处境处于更加不利的地位。因此，如何正确地看待留守儿童问题，考察他们的身心发展状况，更好地为他们提供家庭教育指导服务，促进他们身心健康成长，也是一个需要我们研究的重要课题。

大多的研究者倾向将留守儿童定义为双亲或单亲在外务工而被留在家里的18周岁及以下的儿童。因此，可以把留守儿童分为两个类别：第一，父母双方都外出务工的留守儿童；第二，父亲或母亲一方出去务工的留守儿童。但本书的研究中，更关注父母都外出务工的留守儿童。

三、离异家庭儿童

自改革开放以来，随着我国经济体制改革的不断深入，我国的经济生活和人民的社会生活都发生了翻天覆地的变化。多元文化的冲击、男女两性经济地位的改变、职业选择导致的人口流动、异地婚姻的不稳定、婚外恋——这些导致我国的离婚率持续攀升。民政部统计数据显示，1997—2020年，我国的离婚率一直在不断上升。由于我国人口基数庞大，离婚人口的绝对数量也是十分庞大的。根据民政部公布的《2022年民政事业发展统计公报》显示，依法办理离婚手续的有287.9万对，比上年增长1.4%。这一现象表明离婚已经成为一种非常普遍的现象，而离异家庭作为一种家庭形态的存在已经成为不可改变的事实。越来越多的未成年人已经或将要经历父母离异，已经或者将长期生活在单亲或重组家庭中。

众所周知，父母是孩子的第一任老师，家庭教育对一个人的发展有着不可忽视的重要影响。由于父母离异，这部分孩子目睹了家庭的破裂，深切地感受到了家庭变故前后生活中的巨大改变，他们内心所受的打击必然是很大的。再加上社会对离异家庭及其儿童仍然不能完全理解、接受和保持宽容，甚至产生歧视，由此产生了较大的舆论压力，这必然给这些无辜的孩子带来一系列的成长问题。已有许多研究表明，父母离异会导致孩子出现悲观、孤僻、自卑、攻击性强等心理问题，人际关系、学业成绩、行为习惯方面都会受到影响。但也有研究认为，父母离异对孩子的影响并非如我们想象的那么糟糕。如果父母感情破裂、无法和好，冲突不断但又不离婚，可能给孩子带来的伤害更大。美国社会学家W.古德指出："有研究表明，凡是父母经常吵架但又避免离婚的家庭，其孩子会比离异家庭的孩子遇到更多的情感问题。"[1]因此，离异家庭也可能对孩子的成长产生积极的促进作用。研究离

---

① W.古德. 家庭 [M]. 魏章玲, 译. 北京：社会科学文献出版社, 1986：232.

异家庭对孩子的心理发展的影响具有重大的社会意义。

《婚姻家庭大词典》中对离异家庭有这样的定义："离异家庭指的是父亲和母亲与未婚子女共同构成的家庭,它的核心家庭是由父母离异形成的。"在这个定义中,离异家庭仅指父母离异且双方均没有再婚的离异单亲家庭,但在社会中,大多夫妻离婚后会带着孩子再婚,因而较多的孩子和继父母生活在一起。现在很多父母在离异后由于外出务工无法亲自抚养孩子,他们的孩子和祖辈生活在一起,这些孩子的心理也会受到父母离异的影响。基于此,本书将离异家庭定义为:儿童亲生父母为离异状态,既包括离异单亲家庭,也包括离异重组家庭。因此离异家庭儿童指亲生父母通过法定手续离异并和法定监护人生活在一起的6—18周岁儿童。

四、贫困家庭儿童

在中国经济转型期间,大批城市工厂关闭,企事业单位重组导致部分职工下岗,职工由于患病等各种因素不能顺利实现再就业,因此出现了新的贫困家庭。目前,农村大部分家庭的收入依赖于外出务工,有一部分群体由于自身残疾、患病或由于家庭成员残疾、患病,无法外出务工,导致这些家庭经济压力很大,成为贫困家庭。由于各地区经济状况和实践标准有一定的差异,因此,现有的研究中对贫困家庭的界定并没有一个统一的标准,为了方便考察,大多研究者倾向于将贫困家庭定义为享有低保收入的家庭。民政部统计数据显示,截至2022年底,全国共有城市低保对象423.8万户、682.4万人。农村低保对象1896.7万户、3349.6万人。采用低保对象的定义可能会对贫困家庭的实际规模有所低估。因此,本书中将家庭收入低于当地最低生活保障的儿童定义为贫困家庭儿童。具体包括孤儿、低保儿童、父母丧失劳动能力的儿童、流浪儿童等。

从20世纪80年代开始,研究者就对贫困家庭儿童开展研究。初期的研究大多侧重于贫困儿童的健康和教育问题,近年来,随着我国居民生活水平的极大提高,贫富差距增大,贫困儿童在生活中和媒体的宣传中都能感受到自己与同龄人相比存在极大的差距,这必然会引起他们内心的不平衡。大量的研究显示，贫困不仅会影响儿童的身体健康，而且还会损伤他们的心理健康。他们无法享有和非贫困儿童一样公平的心理医疗服务和教育资源，生活水平也远不如他人，在与同伴交往中极易受到排斥和拒绝，学业成绩不良，这类儿童经常徘徊在辍学的边缘。因此，这类儿童的心理发展状况需要研究者和社会各界的大力关注。

近年来，各类处境不利儿童的问题已经引起了国家和社会的重视。国务院也颁发了相关的法律法规，对儿童的权利保障做出了具体的要求。政策的保障大多侧重于生活的照顾，但对处境不利儿童的心理健康方面的关注还远远不够。目前能够为他们提供服务的主要是学校，但他们的心理健康离不开和谐的家庭环境，处境不利儿童出现心理问题大多和家庭功能不良有直接的关系。因此，他们的父母更需要有关家庭教育的指导。本书将深入探讨这些处境不利儿童的心理发展和现状，以及他们所处的环境是如何影响他们的心理发展的，并且提出有针对性的家庭教育指导建议，帮助父母有效地开展家庭教育，实现家校合作育人，共同促进孩子们身心的健康成长。

第二节　家庭及家庭教育概述

家庭是儿童最初生活和成长的场所，家庭关系也是最深刻、最直接、最重要的人际关系之一，家庭中的每一个成员都会对儿童的成长有重要的影响。因此，在儿童成长中，除了学校教育外，家庭教育也必不可少。家庭教育在儿童的启蒙教育和人生指导的教育中，具有无可替代的重要作用。本节阐述了家庭及家庭教育的概念、家庭的教育功能、家庭教育的特点，以及家庭教育的局限性。

一、家庭及家庭功能

（一）家庭的概念及本质

家庭是每一个人出生后最先接触的生活环境。一个人从出生到离世，任何一个阶段都离不开家庭。家族的延续、社会的发展和国家的维系都以家庭为基础。家庭对于个人的发展和社会的发展都有着重要作用。

关于家庭的概念和本质，不同时代不同的研究者们从不同的学科背景或认识角度对其进行了不同的诠释。

马克思、恩格斯认为："每日都在重新生产自己生命的人们开始生产另外一些人，即增殖。这就是夫妻之间的关系，父母和子女之间的关系，也就是家庭。"[1]戴维·波普诺认为，家庭（family）是亲属关系或类亲属关系中相对较小的户内群体，是一个相互合作而发挥功能的单位。亲属（kinship）是指一些有着共同的祖先或血缘的人，或是由有姻亲关系或养育关系的人组成的社会网络。亲属可包括父母、兄弟姐妹、姑姨叔舅、祖父母、姑舅祖父母、叔伯祖父母、堂（表）兄弟姐妹、远房堂（表）兄弟姐妹等。家庭是亲属关系（或类亲属关系中）相对较小的户内群体，是一个相互合作而发挥初级社会化、人格稳定化、经济合作等功能的单位。[2]

美国的社会心理学家埃什尔曼和布拉克罗夫在《心理学：关于家庭》一书中提出：家庭作为一个系统的独特性（如将家庭与其他类型的系统区分开来的特点）体现在三个方面的因素上：结构、功能和关系。首先，在结构水平上，家庭在某种程度上是一个两代人之间的团体。这是家庭系统不同于其他社会系统的结构特点。其次，在功能水平上，家庭在满足情感性和物质性需要方面，其功能是独一无二的，也是其他社会系统无法比拟的。最后，家庭还具有某些特定的关系属性，从有价值的资源交换和各身份的相互依赖两方面调节着家庭中的交互行为。[3]

美国社会学家E. W. 伯吉斯和H. J. 洛克在《家庭》一书中提出：家庭是以婚姻、血缘或收养为纽带联合起来的人的群体，个人以其作为父母、夫妻或兄弟姐妹的社会身份相互作用和交往，创造一个共同的文化。[4]

---

① 马克思，恩格斯. 马克思恩格斯全集：第3卷［M］. 北京：人民出版社，1960.
② 戴维·波普诺. 社会学（第十版）［M］. 北京：中国人民大学出版社，2000.
③ 埃什尔曼，布拉克罗夫. 心理学：关于家庭（第12版）［M］. 上海：上海人民出版社，2012.
④ 中国大百科书总编辑委员会《社会学》编辑委员会. 中国大百科全书·社会学［M］. 北京：中国大百科全书出版社，1991.

中国社会学家孙本文认为："所谓家庭，是指夫妻子女等亲属所结合之团体而言。故家庭成立的条件有三，第一，亲属的结合；第二，包括两代或两代人以上的亲属；第三，有比较永久的共同生活。"①

总之，家庭是以婚姻、血缘或收养为纽带所组成的社会生活的基本单位。从社会的角度来说，家庭是社会的细胞，也是个体与社会联系的桥梁。家庭也是一个社会系统和一种社会制度。正确地理解和把握家庭的概念和本质，有助于我们正确地认识家庭的各种功能。

（二）家庭功能

家庭功能是一个社会术语，自20世纪70年代被提出后，受到了许多研究者的关注。家庭是儿童生活和成长的重要环境，家庭的经济状况、父母的教养方式会直接影响儿童的健康成长，但家庭结构不全和功能不良也会间接对儿童的心理发展产生不良的影响。家庭过程模式理论认为，所有家庭成员共同应对、完成各种任务（包括危机任务）是家庭最主要的目标，家庭及所有成员都在完成任务的过程中得到成长。如果家庭在运作过程中没能很好地实现其各项功能，家庭成员就很容易出问题。因此，家庭功能已经作为衡量家庭系统运行是否良好的主要标准之一。家庭功能的发挥与家庭成员之间的相互协作性、亲密度以及家庭社会适应性有直接的关系。

因此，本书倾向Olson关于家庭功能的概念界定，家庭功能是家庭成员的情感联系、家庭规则、家庭沟通及应对外部事件的稳定性。

中国台湾学者黄迺毓总结了家庭的七大功能：经济的功能、保护的功能、宗教的功能、娱乐的功能、教育的功能、生育的功能和情爱的功能。②

总之，无论什么形态的家庭都要满足其成员生理、心理和社会化等方面的需求。家庭功能对家庭系统有着至关重要的影响，从多个角度影响每个家庭成员的发展。对儿童来说，主要表现为：经济的功能、生活照顾的功能、教育的功能、社会化功能、情感交流功能和娱乐的功能。

---

① 孙本文. 社会学原理［M］. 北京：商务印书馆，1935.
② 黄迺毓. 家庭教育［M］. 台北：五南图书出版公司，2004.

1. 经济的功能

家庭的经济功能是家庭的基础功能，包括家庭中的生产、分配、交换和消费。家庭成员通过付出劳动和技能，并以此获得工资或其他方式的报酬（威望、保险、服务等）来满足家庭成员基本的生活需要。家庭经济状况良好，也就意味着家庭成员更可能积极主动地工作，家庭成员分工合理，为抚养孩子提供了一个更安全舒适的环境，这样的环境中应激源更少，社会凝聚力和支持更多，可以给孩子提供更好的教育环境，也可以保持孩子的身体和心理健康。

相反地，一个家庭如果没有得到足够的收入或报酬，家庭成员的基本生活得不到保障，个体必定会产生压力，而长期面临经济压力，必然会给成人和儿童带来不利的影响。有研究表明，经济压力过大，父母可能会消极应对，应对的结果可能是心理健康状况差，自我意象侵蚀，自杀率高、酗酒、离异以及虐待孩子，他们的孩子也会表现出一系列的情绪和行为问题。在另一项对双亲家庭进行的长期研究中发现，父母对经济困难的感知带给孩子的消极影响会一直持续到成年早期。

除了经济匮乏导致的一般水平的压力外，还会影响家庭成员的分工、家庭成员的亲密关系，以及家庭成员的生活方式和教养方式，这些都会直接或间接地影响家庭成员身心健康的发展。家庭收入直接决定着家庭的社会经济地位。社会经济地位不仅会影响着一个人早期社会化、角色期待、价值观、评价适宜行为的标准和患心理疾病的可能性，而且还会影响受教育的机会、条件。智力测验分数、学业成绩、职业规划和职业抱负等基本上所有和教育有关的因素都与社会经济地位有关。

因此，家庭的经济功能发挥得如何，不仅直接关乎家庭成员的身心健康发展，而且也是影响社会安定的重要因素之一。

2. 生活照顾的功能

生活照顾的功能是家庭基本功能之一，包括洗衣、做饭、打扫、照看、运送以及获得必要的健康照顾。在家庭中，成员可以共同生活，分享食物、住所等资源，家庭为家庭成员提供足够的食物、居住地和衣物，以满足家庭成员的基本生活需要，保证其正常生长发育。

除此之外，家庭还具有促进、保护家庭成员健康的功能，在家庭成员生病期间，给予精神、经济、物质的支持和营养及生理上等多方位的照顾。

对于儿童来说，家庭中成年人对他们的生活照顾更为重要。儿童如果营养不良，不仅会影响他们身体的正常发育，严重的会使免疫系统受损使身体抵抗力下降，易感染疾病，还会影响脑组织和功能的发育，进而影响智力发育，使学习能力受限。因此，家庭通过营养饮食，指导、督促家庭成员参加锻炼，以及传播健康保健知识等措施，提高家庭成员的健康水平，预防疾病的发生。

3. 教育的功能

教育功能是家庭内在固有的基本功能之一。家庭承担着人口的再生产，因此，家庭必须也必然要对新生一代进行教育。《中华人民共和国宪法》（以下简称《宪法》）明确规定："父母有抚养教育未成年子女的义务。"《家庭教育促进法》里也明确指出："父母或者其他监护人为促进未成年人全面健康成长，对其实施的道德品质、身体素质、生活技能、文化修养、行为习惯等方面的培育、引导和影响。"这也决定了家庭教育功能和家庭的不可剥离性。

家庭是建立在血缘基础之上，家庭成员在空间上比较接近，互动更为频繁，且他们利益息息相关，目标一致，因此他们的联系更为紧密，他们的关系也比较稳定，家庭的影响在教育上显得异常有力。因此家庭是施加教育最理想的场所。家庭的教育功能主要体现在它不仅可以帮孩子塑造良好人格，促进智力发展，提高情感素质，还可以促进孩子身体健康、提高社交能力、培养独立自主能力以及提高文化素质。

中国台湾地区学者高淑贵在《家庭社会学》里提到："家庭教育功能关系着家庭成员是否能够而且愿意善尽其身为家庭一分子的职责，致力于使家庭各种功能均得以充分发挥。"[①]也就是说，家庭的教育功能是否得以发挥，直接关乎其他功能的发挥，从而影响家庭功能的整体发挥。因此，家庭中父母应指导、协调家庭成员相互协作，全面促进家庭功能的发挥。

---

① 高淑贵. 家庭社会学 [M]. 台北：黎明文化事业公司，1991.

4. 社会化功能

个人社会化，是指一个人在人生的不同阶段，通过学习、接受或认同社会公认的价值观念和行为规范，从而使个人和社会协调一致。因此，个人社会化是一个长期且复杂的过程，要受到许多条件的制约和影响。其中，遗传因素、环境因素和生活实践是实现个人社会化所不可缺少的三个必要条件。无论缺少哪一方面，都会直接影响到个人社会化的程度和水平。在各环境要素中，家庭是个人社会化的第一要素。而童年期是社会化的关键时期。因为，在童年时期孩子不能独立生活，需要在较长一段时间内依赖父母生活，这是个体接受社会化的最好时期，也是社会化的基础。这一时期的社会化主要通过家庭来进行。个人从出生起通过家庭获得社会地位，家庭成员的行为深刻影响个体的行为模式，因此父母施教是最初的社会化途径。家庭中的亲子关系，家长的言传身教，对儿童的语言、情感、角色、经验、知识、技能与规范等方面的习得均起潜移默化的作用。家庭成员的言行和态度，对个人的性格、品德和人际交往等均有很大的影响。

因此，家庭对个人社会化的影响非常深远，家庭成员应该尽最大可能地提供有利于个人社会化的教育与环境，帮助个人更好地适应社会生活并实现个人成长。

5. 情感交流功能

在社会学中，有一个观点："生命即关系"，意味着我们的生命是由我们与他人的关系组成的，这种理解强调了人际互动和相互依存的重要性，并突出了人类社会的本质。

情感交流是人的心理需求之一，各种态度的生成、人格的发展、个性的形成、感情的慰藉和精神的寄托都离不开家庭。家庭成员之间的情感沟通交流相当重要，它是家庭精神生活的重要组成部分，是家庭生活幸福的基础。家庭成员之间日常互动频繁，情感交流充分，彼此之间更容易相互理解和支持。从这个角度来说，家庭还可以帮助其成员缓解家庭之外社会生活带来的挫折和压力，获得情感的慰藉，从而提升家庭的凝聚力和应对挫折的能力。

情感交流功能发挥得好坏也直接影响着家庭关系的好坏。家庭成员尤其是夫妻关系和谐、相互爱护、相互帮助、感情融洽，又能够在多方面进行交流，在孩子的教育上容易达成一致，这本身就是一种天然的教育因素。有研究表明，家庭成员之间关系和谐、家庭和睦，是孩子健康成长的重要因素之一。甚至家庭关系好比家庭结构完整对孩子健康成长的影响更为重要。而在人际关系不好的家庭中长大的孩子，难以体会到家庭的温馨，缺少来自长辈心理上的安抚和适当的关照。一旦家庭成员之间有冲突、有变故或有合适的机会，他们就会摆脱家庭的束缚，比如离家出走。家庭关系越不好，孩子离家出走的频次越高，比例越大。[①]

6. 娱乐的功能

有关研究表明，人在学习的过程中，大脑皮层各区域并不是都处于兴奋状态，总是一部分处于兴奋状态，一部分处于抑制状态。随着学习活动性质的变化，大脑皮层的兴奋区和抑制区会相互转换。因此，多种活动互相轮换，可以使大脑皮层的各区域轮流休息，这样可以提高学习和活动的效率。儿童的神经系统尚未发育成熟，注意力不易持久，在安排他们活动时要注意脑力劳动和体力劳动适当地转换，年龄越小，活动的转换越要频繁。因此，家庭娱乐对儿童尤为重要。家庭可根据家庭成员的兴趣、爱好和认知特征，组织合适的游戏、运动、比赛等，不仅可以愉悦心情、促进健康、调剂生活、增加生活乐趣，还可以通过娱乐交流情感、加强关系，儿童还可以在各种活动中获得知识，提升心理健康水平和各种认知学习能力。

二、家庭教育概述

父母是孩子的第一任老师，家庭是孩子社会化的重要场所，家庭教育是一个人接受教育的起点和基点。家庭教育对儿童的健康成长起着举足轻重的作用。与学校教育和社会教育相比，家庭教育更具有自发性，但依然蕴含着大量的规律性要素，有其自身的特点和规律。

---

① 关颖. 家庭教育社会学［M］. 北京：教育科学出版社，2014.

（一）家庭教育的含义

由于研究的角度和侧重点的不同，有关家庭教育的含义，不同的研究者的定义有所不同。

《中国大百科全书·教育》中将家庭教育定义为：父母或其他年长者在家庭内自觉有意识地对子女进行的教育。[①]

《中国大百科全书·社会学》认为：家庭教育包括父母教育子女和家庭成员之间相互教育两个方面，其中主要是父母教育子女。[②]

赵忠心认为，家庭教育有广义和狭义的概念。广义的家庭教育，应当是家庭成员之间相互实施的一种教育。在家庭里，不论是父母对子女、子女对父母、幼者对长者，一切有目的、有意识施加的影响都是家庭教育。而狭义的家庭教育仅指父母对其子女及其他年幼者实施的教育和影响。[③]

杨宝忠认为，家庭教育实际上是一个内涵丰富、外延广泛的概念，它是指在人类社会家庭生活中，家庭构成人员之间的终生持续不断的一种教育和影响活动，其重点是对未成年人实施的教育和影响活动。[④]

综观以往研究者关于家庭教育的定义，虽然有所差异，但有一个共同的倾向就是认为家庭教育是一种有目的、有意识的影响。现代社会更强调家庭成员的平等关系，不仅年长者对年幼者实施教育和影响，而且年幼者对年长者也可以进行教育和影响，家庭成员之间相互教育和影响都被认为是家庭教育，将贯穿人的一生。

概括来说，家庭教育就是在家庭中发生以亲子活动为中心的教育活动，也是家庭成员之间相互学习和影响的过程。本书所探讨的是关于处境不利儿童的家庭教育，关注的是处境不利儿童的发展，因此所指的家庭教育是父母对子女、年长者对年幼者所实施的教育和影响。

---

① 中国大百科全书总编辑委员会《教育》编辑委员会. 中国大百科全书·教育［M］. 北京：中国大百科全书出版社，1985.

② 中国大百科全书总编辑委员会《社会学》编辑委员会. 中国大百科全书·社会学［M］. 北京：中国大百科全书出版社，1991.

③ 赵忠心. 家庭教育学［M］. 北京：人民教育出版社，2000.

④ 杨宝忠. 大教育视野中的家庭教育［M］. 北京：社会科学文献出版社，2003.

（二）家庭教育的特点

家庭教育虽然对人和社会的发展有着非常重要的作用，但它终究是一种特殊教育形式，有很多区别于学校教育和社会教育的特点，主要表现在家庭教育的启蒙性、随机性、连续性、渗透性和内容的全面性。

1. 启蒙性

生理学的研究表明，出生后前几年是儿童智力个性和社会行为发育的关键期，尤其是在儿童三岁以前，环境、教育、营养等因素，不仅直接影响儿童的身心发育，而且其形成的后果将对儿童的一生产生重要的影响。而在这个时期承担儿童养育和教育责任的主要是家庭。我国教育家蔡元培先生说："家庭者，人生最初之学校也。一生之品性，所谓百变不离其宗者，大抵胚胎于家庭之中。"这也体现了家庭教育的启蒙性。无数事实证明，早期家庭启蒙教育，可以促进儿童大脑的发育，培养他们良好的行为习惯和美好的品德，为塑造孩子的人格打下基础，不仅可以增加孩子对这个世界的认知，而且还可以提高孩子的创造力和智慧。

2. 随机性

家庭教育的随机性主要表现在它的灵活分散性上。和学校教育不同的是，家庭教育没有明确的教育计划、教学大纲和教材，教育内容也缺乏系统性，也没有专门的教育方式方法，更没有严格的规章制度。家庭教育的目的、方法和内容都蕴含在具体的生活事例中，分散在家庭生活的各个方面、各个环节。从物质生活的吃、穿、用、住、行到精神生活的人际关系、家风、家规以及文化生活中的读书、运动、休闲娱乐等，都包含着教育的因素。这种家庭教育的随机性还体现在不受时间和空间的限制，可随时随地对孩子进行教育。"遇物则诲，相机而教"，父母既可在家庭的生活、交往、消费等多种活动中对孩子施加相应的影响，也可在家庭生活的其他方面、层面、角度给予孩子教育。

3. 连续性

家庭教育一个突出的特点就是连续性。家庭教育是一个孩子连续不断地接受教育的过程，对孩子的终身发展将会产生巨大的影响。无论承认与否，一个人总是生活在一定的家庭中。家庭对人的影响总是存在的。家庭教育对一个人而言，是一种连续性的、不间断的教育。这种教育是在有意和无意、计划和无计划、自觉和不自觉之中进行的，不管是以什么方式、在什么时间进行教育，都是家长以其自身的言行随时随地影响着子女。这种教育对孩子的生活习惯、道德品行、谈吐举止等都在不停地给予影响和示范，其潜移默化的作用相当大，伴随着人的一生，可以说是活到老学到老，所以有些教育家又把家长称为终身教师。

这种终身性的教育往往反映了一个家庭的家风，家风往往要延续几代人，甚至于十几代人、几十代人。如中国近代史上，举世公认的改革家、思想家和教育家梁启超的成功，在很大程度上，得益于良好的家风、家教。在他的早期教育中，他的祖父、父母起了非常重要的作用。而这几代人的努力形成的家风也创造了他的后代中"一门三院士，九子皆精英"的教育奇迹。家庭教育的连续性往往对人才群体的崛起有着重要影响。

4. 渗透性

家庭教育的渗透性是指家庭成员的一言一行、家庭生活的方方面面都会对孩子起到潜移默化的作用。在实际生活中，家庭成员之间的关系、个人喜好、生活环境、生活习惯、工作环境、思维方式、精神状态、家风家教、个人素养，尤其父母、（外）祖父母个人的教育思想、人生观、价值观和世界观等都会耳濡目染地渗透到孩子的心灵中去。父母是孩子平时接触最多的成年人，父母的一言一行都在孩子的注视中。不同学科的研究者得出共同的结论：父母的自身素质和道德素养与子女的道德发展有很大的相关性。1992年中国青少年犯罪研究会对全国八省市近2000名违法犯罪青少年调查显示：他们的家庭成员或亲属中有违法犯罪记录的占20.5%，而其中约50%的人认为他们那些犯罪的家庭成员曾向他们有意识地传授犯罪或产生影响，而亲属犯罪后的处境又使他们产生效仿，甚至让他们产生自卑、自暴自弃的心理。[1]因此，父母应该以身作则，为孩子树立良好的行为榜样。

---

① 中国青少年犯罪研究会. 中国青少年犯罪研究年鉴2001：第二卷［M］. 北京：中国方正出版社，2002.

5. 内容的全面性

《家庭教育促进法》里明确指出：家庭教育是指父母或者其他监护人为促进未成年人全面健康成长，对其实施的道德品质、身体素质、生活技能、文化修养、行为习惯等方面的培育、引导和影响。由此可以看出，家庭教育相比学校教育、社会教育而言，涉及的内容更广泛，家庭教育的覆盖面更宽。主要包括生活行为习惯的培养、社会规范和常识的教育、文化知识的教育、个性品质教育、思想道德教育和心理健康教育。总之，孩子的衣、食、住、行、安全、能力、爱好、审美等方方面面，都离不开家庭的教育。正是因为家庭教育具有全面性的特点，所以家庭教育往往对一个人的影响是至关重要的，所以家庭教育相对学校教育、社会教育就显得更为重要。

（三）家庭教育的局限性

毋庸置疑，家庭教育具有学校教育、社会教育无法比拟的特点和优势，但家庭教育的特点决定它是一门多学科的综合体，它涉及心理学、教育学、伦理学、美学、卫生学、营养学、社会学等，因此，教育孩子是一门很深的学问，绝非无师自通的。家庭教育的效果和多种因素相关，在实践过程中，也表现出某些局限性，具体为以下几个方面。

1. 家庭的客观条件影响家庭教育的效果

家庭教育的随机性决定了家庭教育是融于日常生活之中的，家庭教育的过程是一个复杂的过程。系统科学理论认为，世界一切事物和过程都能构成系统，而一切系统都有自己的结构。家庭也是一个系统，也有它自己的结构。随着社会的发展，家庭结构越来越多样化，导致各个家庭的客观条件参差不齐。家庭经济困难、家庭结构不完整、家庭关系紧张、父母品行不端、对孩子不负责任，孩子必然会受到不良的影响。对孩子而言，他们不能选择出生在怎样的家庭，这些客观因素虽然可以通过孩子的主观因素加以改变，但必然会给孩子成长带来一定的影响，这势必会影响家庭教育的效果。

2. 家庭教育过程中容易感情用事

父母和孩子之间情感色彩较浓，这种亲密关系有助于亲子之间相互了解，这对家庭教育来说是有利的一面。但在日常生活中，家长在教育孩子时因过于亲密易感情用事，缺乏应有的理智。主要表现为两种极端。

第一种极端是娇惯溺爱。有不少父母，明明看到了孩子的问题，也认为该管，可往往舍不得去管，怕孩子受委屈、遭磨难，因此对孩子迁就、姑息，放任自流，不管不教。

第二种极端是操之过急，这是感情用事的另外一种极端。做父母的一般都是望子成才心切，因此，往往对孩子要求过急，期望过高，用"恨铁不成钢"的态度教育孩子，恨不得一天就把孩子造就成"孔圣人"。于是，父母不尊重孩子的意见和选择，一切按自己的意愿行事，导致家庭教育方法简单、粗暴。这是一种极端的"感情用事"式的家教，最后会害了孩子。

一项对北京1800多名家长进行的近3年的跟踪调查显示：过分保护型的家庭占30%左右，过分干涉型的家庭占30%左右，严厉惩罚型的家庭占7%—10%，而有恰当家庭教育的只占30%左右。这也意味着，容易感情用事、缺乏理智是不同类型家庭教育中普遍存在的一种情况，也是家庭教育的局限性之一。这种局限性影响和制约着家庭教育功能的发挥。

3. 家长家庭教育能力缺乏

很多父母反映："孩子难管，我说了很多，做了很多，但他/她还是不听，我也没办法……"这说明许多父母是非常重视孩子的教育，但缺乏教育能力，常常觉得在孩子身上下了很多功夫但效果欠佳。家庭教育虽然具有极强的随机性，但它仍然是一门科学，有其固有的特点和规律，需要家长掌握科学的方法，进行系统的学习。但大多数父母并没有接受过专业的培训，家长本身的文化素养也参差不齐，这些差异就导致了孩子的不同发展。父母的家庭教育能力不足是一个客观现实，已引起了国家和社会的重视。《家庭教育促进法》里明确指出，国家和社会为家庭教育提供指导、支持和服务。具备条件的中小学校、幼儿园应当在教育行政部门的指导下，为家庭教育指导服务站点开展公益性家庭教育指导服务活动提供支持。

许多父母不了解孩子，也不善于协调与孩子的关系，常常利用长辈权威凌驾于孩子之上，使孩子难以接受。也有些父母不会对孩子进行客观的评价，看不到孩子身上的优点和积极的方面，眼睛只盯着孩子的缺点，整天指责孩子的不对，严重地影响了孩子的心理和行为。这些都是父母家庭教育能力缺乏的表现。而家庭教育能力是家庭教育成败的关键因素之一。

4. 家庭教育比较封闭，教育内容和方式容易受到限制

每个家庭都是一个相对独立的社会组织单元。相对于学校和社会，家庭是一个较为封闭的、较小的社会组织形式。家长如何指导、管教子女，给子女什么内容的教育，主要取决于家长个人的兴趣爱好、道德修养、文化素质、教育能力等。而家长的这些方面与社会生活的丰富性、复杂性相比，终究是有局限的。这些局限因素容易导致父母在教育观念上保守、教育方式和方法上呆板、内容上不够全面。由于目前我国家庭教育并未纳入学校课程体系，很多家长在教育子女时往往没有科学的方法指导，受自己成长经历的影响，教育子女的观念、方式常常沿用其上一代人的方式，致使一些家长在对孩子进行教育时不能与时俱进，影响孩子形成适应社会迅速发展所需要的素养。

第三节　处境不利儿童的家庭教育特点

谈到家庭教育，自然要了解家庭的特点、结构等。比如说，我们要了解家庭的经济状况，家庭里有多少人、由什么样的人组成，他们结合成什么样的家庭模式，各自承担什么样的职能以及他们之间的关系等。由于我们关注的是处境不利儿童的家庭，这些家庭由于客观原因，其结构和特点和普通家庭有所差异。这些差异对家庭教育而言，既有有利的一面，也有不利的一面。

一、流动儿童家庭的特点

流动儿童家庭的主要特点就是"流"或"动"。由于父母工作的变动，流动儿童不得不跟随父母在各个城市频繁搬家，使他们的家庭呈现出

与常规家庭不同的特点，这对流动儿童的生活产生了一些影响，主要表现在以下几个方面：

（一）家庭环境不稳定

由于流动儿童家庭的住房都是租借的，因为房东、房租或父母工作变动等原因，他们不得不经常搬家，而每次搬家都要重新适应新的环境、学校和社交圈子。总是搬家的孩子有可能会被欺负、被排斥，让孩子觉得恐惧，缺乏安全感。因此，大多流动儿童是不愿意搬家的。而家庭环境不稳定对孩子的发展也是不利的。

（二）居住空间狭小，周围环境脏乱差

流动儿童家庭多生活在"城中村"或城乡接合部，或者是当地居民专门为外出务工人员建的专门出租的简易房子，周围卫生条件很差。有数据显示，流动儿童家庭住房面积多为30—60平方米，往往是一家人生活在一个狭小的房间内，流动儿童大多没有自己独立的住房和学习空间。由于父母工作时间长，他们没有多余的时间整理房间，从而使他们的家庭环境脏乱，而凌乱的家庭环境不仅影响孩子的身体健康，更会对孩子的心理健康、学习发展和人际关系带来不利的影响。

（三）流动儿童有繁重的家务劳动

由于父母工作时间较长，为了减轻父母的负担、让父母安心在外挣钱，大多数流动儿童承担了家中的家务劳动。有调查显示，流动儿童已成为家庭中主要的劳动力。他们都是未成年人，却有大部分流动儿童要负担全家人的一日三餐、要洗全家人的衣物等。虽然适当的家务劳动对孩子的成长是有利的，但他们的家务劳动几乎占用了孩子大部分的课余时间，还有许多孩子在课余时间帮父母做工，晚睡早起，严重影响了流动儿童的身心健康。

（四）流动儿童的课余生活单调

流动儿童家庭生活的社区很少有公共休息和娱乐的场所，流动儿童放学后只能在家写作业、做家务。父母经常加班，很少陪同孩子参加各种娱乐活动。流动儿童家庭经济状况一般不太好，很多流动儿童没有条件参加特长班，他们的课余生活很单调，不能和城市儿童一样参加各种兴趣班和学习班，不能享受优质的生活和教育资源。

但与此同时，我们也应该认识到，流动儿童的家庭也有积极的方面。他们从小身处不同的环境中，他们的环境适应能力更强，也有较强的独立生活能力；他们一直和父母生活在一起，亲子关系和谐，这对家庭教育来说，都是有利的。我们应该重视和发掘出流动儿童家庭教育的有利因素，为流动儿童家庭提供更为合理的家庭教育指导和服务。

二、留守儿童家庭的教育特征

根据权威调查显示，中国农村留守儿童数量超过了6100万人，相当于英国人口的总和。57.2%的留守儿童是父母一方外出，42.8%的留守儿童是父母同时外出。留守儿童中的79.7%由爷爷、奶奶或外公、外婆抚养，13%的孩子被托付给亲戚、朋友，7.3%为不确定或无人监护。[1]由此可以看出，留守儿童的父母在很大程度上对孩子无暇照顾，（外）祖父母代替父母履行抚养未成年孩子的职责。因此，留守儿童家庭最突出的特点就是隔代抚养。孩子不和父母生活在一起，而是和（外）祖父母生活在一起，在家庭教育领域，这种特殊的家庭结构也就决定了它特殊的教育特征。

（一）留守儿童的营养结构不合理

儿童期正是儿童身体发育最关键的时期，合理的饮食结构和营养搭配对儿童的成长来说是非常重要的。但在这关键时期父母却离开了他们，由于祖父母大多年龄比较大，存在养育困难。他们大多凭借自己过往的经验来养育孩子，没有科学的养育观念，缺乏相关的营养学知识，还有很多老年人本身有不良的生活习惯，再加上零食、饮料对留守儿童的冲击，留守儿童的营养健康问题不容乐观，留守儿童超重、肥胖率持续增长，营养不良、贫血等患病率较高。[2]有研究显示，农村留守儿童的营养状况与祖辈的

---

① 李菲. 全国妇联：中国农村留守儿童数量超6000万［EB/OL］.（2013-05-10）［2014-05-05］.http://news.xinhuanet.com/politics/2013-05/10/c_115720450.htm.

② 谭雪梅，颜敏，罗静，等. 农村隔代抚养留守儿童营养状况影响因素的研究进展［J］. 卫生软科学，2022.

健康状况明显相关，祖辈的健康问题越严重，儿童出现营养问题的概率越大。①儿童营养不良导致其身体无法获得足够的营养，不仅会影响儿童身体的正常发育，还会影响智力和各种学习能力的发展，严重的会破坏身体的免疫系统，感染各种疾病。

（二）留守儿童家庭的家庭功能弱化

在我国农村，主要的家庭类型是由父母和子女组成的核心家庭以及（外）祖父母、父母和未婚子女三代组成的主干家庭。这两种家庭中都包含着家庭中最基本的两种家庭关系，即夫妻关系和子女关系。这对家庭教育来说都是有利的。但由于父母一方外出或父母双方外出打破了原有核心家庭和主干家庭的稳定性，使家庭结构发生了变化。留守儿童生活的家庭归纳为以下几种类型：第一，由父亲或母亲单方监护的单亲家庭；第二，由祖父母或（外）祖父母代为监护的隔代家庭；第三，由教师、邻居或父母的同辈亲戚及朋友代为监护的寄养家庭；第四，由儿童自我监护的单身家庭。②其中以父亲或母亲单方面监护的"单亲家庭"和由祖父母或（外）祖父母代为监护的隔代家庭居多。这几种家庭由于结构的不完整使其家庭抚育功能、家庭情感交流功能、教育功能在不同程度上弱化。Shek的研究表明，家庭功能和青少年问题行为存在显著的相关，那些家庭功能不良的青少年有更多的问题行为③。

（三）经济状况出现两极分化

农村父母外出打工的主要目的是为了挣钱，改善家庭的经济状况。他们也是不得已才与孩子分离，有一部分父母重视孩子的教育，在内心认为对孩子是有亏欠的，于是在物质上弥补孩子，除了必要的生活开支和教育开支外，他们给孩子较多的零花钱，任由孩子自己支配，孩子本身自控能力比较弱，（外）祖父母管教不力，导致这部分孩子花钱无度，挥霍浪

---

① 李俊橙. 隔代抚养对留守儿童的影响及其对策研究：基于江西省W县的调查［D］. 南昌：江西财经大学，2018.

② 吕吉、刘亮. 农村留守儿童家庭结构与功能的变化及其影响［J］. 北京：中国特殊教育，2011（10）：59-60.

③ 范方，苏林雁，曹枫林，等. 中学生互联网过度使用倾向与学业成绩、心理困扰及家庭功能［J］. 北京：中国心理卫生杂志，2006.

费，造成很多不必要的开支。另外，孩子看不到父母在外打工挣钱的辛苦，也误认为父母在外打工生活风光，于是向往外面的打工生活，失去学习的动力。另一部分家庭则是由（外）祖父母监护，（外）祖父母尚有劳动能力，收入能满足日常生活开支。这些父母没有亲自抚养孩子，不知道具体的开支有哪些，也由于自身认知的局限性，认为家中的老人和孩子能吃饱穿暖即可，不再支付孩子的生活费用和教育费用。或者有些父母在外工作收入本身就低，工作不稳定，也没有能力承担家中开支，导致这些留守儿童家庭生活比较困难。孩子也会误认为父母没有责任心，对自己缺少关爱，导致亲子关系淡漠甚至恶化。

（四）隔代抚养导致孩子懒惰

个体心理学家阿德勒在《儿童的人格形成及培养》一书中提到，太多的例证告诉我们，在那些患有心理疾病的人身上，我们都能发现（外）祖父母对他们溺爱的影子。"父母管，爷奶惯"，爷爷奶奶、外公外婆带娃容易溺爱孩子，这是一个非常普遍的现象。阿德勒将老人宠溺孩子的深层次动机归结为强烈的自卑感。老人们随着年龄的增长、身体的衰老、个体社会价值感丧失而出现自卑，为了满足自己被崇拜、被需要的价值感，他们常常把自己扮演成平易近人的老人，对孩子的要求也是有求必应。在农村留守儿童家庭中这种现象更为普遍。农村老人大多精神空虚，情感依赖性比较强，他们把对儿女的情感转移在孙辈身上，他们包办孩子的生活的一切，安排他们的衣食住行，无论孩子提什么要求，都能有求必应。长期下来，孩子容易形成自私、任性、懒惰的习气。

三、父母离异家庭的教育特征

随着社会的发展和人们观念的改变，社会和个人越来越容易接受夫妻离异这一现象，离异家庭的数量在不断增多。父母离异导致家庭结构发生变化，离异家庭的结构主要有单亲家庭和重组家庭。对于感情破裂、冲突不断的父母来说离婚是一种解脱，但对于孩子来说，父母离异意味着失去在成长的关键时期理应接受的家庭教育，在成长的过程中不可避免地出现各种问题。但每对夫妻离异的原因都各不相同，我们应客观看待父母离异这一不可避免的现实，我们要了解离异家庭的家庭状况，把握隐藏在其中的教育特征，这有利于我们发现这些家庭中有利的教育因素。

（一）离异家庭的结构非常复杂

离异家庭的结构主要有单亲家庭和重组家庭。父母离异后，孩子跟随父母一方生活，成为单亲家庭。大多父母可能会选择再婚，成为重组家庭。单亲家庭又可分为两种情况，第一种情况是孩子和父母中的一方生活，这种家庭结构相对简单，家庭关系主要是亲子关系，如果父母重视家庭教育，确保家庭功能的正常发挥，就与普通家庭无异。但另一种是孩子的法定监护人由于工作繁忙或有各种原因，不能或不便亲自照顾孩子，而让孩子跟随祖父母或外祖父母生活，成为单亲留守儿童，孩子心理上会受到二次伤害。而重组家庭中的结构和人员关系更为复杂，孩子不仅要处理和自己亲生父母的亲子关系，还要处理和继父母、继父母的父母、继父母的子女等各种微妙的关系。各种关系错综复杂交织在一块，处理不好就会发生冲突，给家庭教育带来难度。

（二）离异家庭生活水平下降

支付孩子的抚养费是每一对父母对其子女最基本的责任和义务。虽然父母分开不生活在一起，但在法律上离异家庭子女的生活费和教育费原则上应由离异双方共同承担。但在现实生活中，许多离异的父母会逃避这个责任，这无疑加重了直接抚养孩子一方的经济负担。一项关于天津市单亲困难母亲生存状况与需求的调查结果显示：离婚后，"孩子抚养费没有足额及时给付的占比48.7%"。很多母亲反映离婚后生活水平明显下降。即使父母再婚这种现状也不会得到改善，因为重组家庭中人员数量增多，导致家庭开支增加，平均到每个孩子身上的费用也会下降。生活费不足不仅会影响家庭食物构成，降低生活水平，也会影响文化投入和教育支出，多数学生的学习成绩明显下降。

（三）离异家庭矛盾冲突较多

离婚本身对孩子来说就是一种伤害，离婚后有些父母会当着孩子的面对对方进行诋毁和抱怨，加剧了孩子和父母之间的矛盾，导致孩子对父母怨恨。这种状况如果没有改善，父母马上再婚对孩子来说无疑又是雪上加霜。再婚夫妻要处理较为复杂的关系，双方都要顾及自己亲生的孩子。这种关系很难处理，容易出现矛盾和冲突。对于孩子来说，也会对继父或继母产生排斥的心理，和没有血缘关系的"兄弟姐妹"生活在一起，孩子们之间也会出现争宠、吵架等各种纷争。总之，离异家庭生活中很容易出现矛盾和冲突，这些对孩子的发展都是非常不利的因素。

四、贫困家庭的教育特征

无论在城镇还是在农村，贫困家庭都存在。贫困家庭主要指那些经济状况比较差，生活水平低，收入勉强维持或不能维持家庭生活开支的家庭。贫困家庭的特点决定了它特殊的教育特征。

（一）收入低

收入低是贫困家庭最突出的特征。贫穷家庭的收入往往勉强维持或不足以维持基本的生活需求，如食物、住房、医疗等。这些家庭的成员往往需要通过亲朋好友的接济来维持生活。贫困多发生在家庭成员中有下岗、患病情形的家庭中。但也有一些是主观的原因，家庭成员有不良的行为习惯，比如好吃懒做、酗酒、赌博等恶习，导致家庭生活困难。儿童没有独立的经济来源，其生存依赖于家庭，家庭的经济状况必然会给他们带来心理上的压力。

（二）贫困家庭成员健康状况不佳

贫困家庭收入低导致家庭物质资源较为缺乏，最直接地表现在他们的食物上，他们在生活中只能勉强解决温饱问题，根本不会考虑各种营养的合理搭配，容易导致儿童营养不良，身体发育受阻，因而容易引发疾病。个体在应对贫困、患病这些压力事件时，会产生一些负面消极情绪，影响健康，还有可能导致疾病的发生，疾病的发生又容易增加开支导致更贫困，形成恶性循环。有研究发现，童年期由于贫困给儿童带来的健康问题也会影响到成人阶段，即使在成年期经济状况有所好转，也不会减弱早期经济状况不佳对健康的消极影响。

（三）教育水平低

贫困家庭往往经济困难，父母无法为子女提供良好的教育资源，孩子无法接触到高质量的教育。在对贫困家庭的访谈中发现，父母由于工作负担重、工作时间长，还有可能要照顾生病的家人，他们没有多余的时间和精力来教育子女。贫困也会导致父母不重视教育，或教育理念落后，教养方式不良。也有部分贫困家庭的父母本身有不良的行为习惯，这些因素都会影响孩子的发展。由于教育水平低，很有可能出现贫困的代际传递。山东大学博士解雨巷在他的研究中发现：农村地区均表现出较城镇地区更为强烈的阶层向下传递的趋势，这说明农村地区贫困阶层更容易陷入贫困陷阱。

（四）家庭生活单调，人际关系单一

贫困家庭的成员虽然也有精神方面的需求，但由于经济困难，没有能力或不愿为家庭的精神生活"买单"。他们不会为家庭的娱乐、郊游等这些活动产生开销，导致家庭生活单调乏味。父母每天在面对家庭物质资源匮乏的现状和压力，也无法顾及与他人的联系，没有朋友，也不愿意和亲属来往，导致家庭与外界的联系减少，人际关系单一，能够获得的社会支持和帮助也会减少，这对应对压力是非常不利的。

当然我们除了看到家庭贫困带来的一些不利影响外，也应看到它的积极因素，贫困家庭的儿童可能会更懂得珍惜他们拥有的东西，例如物质财富、时间、关系等。在面对更多的挑战和不确定性时，他们通常具有更强的适应能力和解决问题的能力，也更容易学会独立和自力更生，通常会有更高的自我效能感和自尊心。

第二章　处境不利儿童家庭的社会支持

对于家庭教育而言，处境不利的各类家庭都不利于开展家庭教育。这些家庭结构复杂、形态各异、人际关系错综复杂，给家庭教育带来一定的难度。各种不利的教育环境相互影响，给处境不利的家庭带来更多的问题和更多的压力，但处境不利家庭中的父母与其家人并非天生就具有应对这些压力和困难的准备和能力，单凭自己的力量无法突破所面对的困境，他们和他们的孩子都需要获得社会多方面的帮助和支持。例如，他们需要情绪上的支持和帮助、家庭教育的指导和服务、经济上的支持、孩子的心理辅导与就业辅导、孩子的职业规划、家庭的健康咨询服务、营养指导等。可见，社会支持包括物质支持和精神支持。而处境不利儿童的家庭在接受支持和帮助时，也会表现出不同的态度。如果只是单纯的资源消费，必然导致支持资源的浪费；相反，积极地运用社会资源，主动参与到社会支持系统中，才能发挥社会支持的重要作用。处境不利的家庭更需要社会支持。

第一节　社会支持概述

关于对社会支持的研究始于20世纪60年代，直到20世纪70年代，社会支持才首次被作为专业概念由Cassel（1976）和Cobb（1976）在精神病学文献中提出，之后，很多著名学者将其作为一门科学从不同的角度进行了广泛深入的探讨和研究。本节主要讨论社会支持的内涵、类型及重要性。

一、社会支持的内涵

从社会支持的功能来看，社会支持是个体经历被爱、有价值感和他人所需要的一种信息，是一种在社会环境中促进人类发展的力量或因素。从社会支持的来源来看，Sarason等（1991）认为，社会支持是个体对想得到或可以得到的外界支持的感知。Malecki等（2002）认为，社会支持是来自于他人的一般性或特定的支持性行为，这种行为可以提高个体的社会适应性，使个体免受不利环境的伤害。我国学者认为社会支持是一个人通过社会联系所获得的能减轻心理应激、缓解紧张状态、提高社会适应能力的影响。其中社会联系是指来自家庭成员、亲友、同事、团体、组织和社区的精神上和物质上的支持和帮助。因此，总的来说，社会支持是指个人面对压力事件时所需要的来自家庭成员、亲友、邻居、社会机构、团体、组织，以及社区的精神和物质上的支持和帮助。

对于处境不利的个体来说，他所处的不利环境在短时间有可能是无法改变的，所以研究者更关注能促进他们自我发展的积极因素，比如经历压力后的成长、积极心理品质、抗逆力、开放型人格特质、心理韧性或复原力等等。在面对不利的环境时，这些心理机制发挥作用，促进个体的心理平衡与自我成长，从而更好地适应环境。个体在应对不利环境给他们带来的压力时，社会支持是一个很好的应对资源。社会支持理论的观点也认为：一个人所拥有的社会支持网络越强大，就能够越好地应对来自环境的各种挑战。

研究者基本已经达成共识：有效的社会支持以及个体对它的感知能减轻焦虑、抑郁等负面情绪，提高个体的自尊心和生活质量，维护身心健康；对于家庭来说，有效的社会支持有利于减轻经济压力，缓解家庭内部的矛盾和冲突，促进家庭关系的和谐。

二、社会支持的类型

通过分析相关文献发现，研究者对社会支持的类型的划定主要还是依据对它们的定义。不同的研究者从不同的角度对社会支持进行分类。有以法令和非法令为基础加以区分的类别；有以根据社会支持的性质划分的社会支持类型，包括定量的、定性的和功能的社会支持；有以社会支持的功能为依据进行分类，有情感、信息、评估等类别；还有以有无预设目的加以区分的正式支持和非正式支持，正式支持是由政府、专业工作人员组成的社会组织或机构提供的支持，非正式支持主要是来自家庭、朋友与邻里提供的支持。

总的来说，可以从社会支持的功能和操作两个方面对其分类。从社会支持的功能角度来看，社会支持可以分为物质支持和精神支持。物质支持包括经济支持、环境建设支持和科技支持。例如物质上的支持主要有提供食物、衣物、居所、玩具、学习用品、书籍、住所环境的改建等。精神支持是指通过言语、行动或其他方式帮助他人面对心理困境和挑战，提供心理安慰和鼓励的一种行为，包括情感支持、信息支持、鼓励和帮助解决问题。精神支持可以来自家人、朋友、同事、医生、心理治疗师等的支持。从社会支持的操作角度来看，社会支持系统中常见的有家庭、社区、学校和社会团体等类型。

（一）家庭

家庭是个体生存发展的重要场所。个体所能获得的最直接的支持必然来自家庭。家庭又是一个可大可小的系统。小的家庭系统仅包括父母与儿女，大的家庭系统包括除了父母和子女之外所有血缘关系的亲属，比如祖父母、（外）祖父母、叔伯、姑婶、姨舅等。小家庭可以提供物质、情感支持。大家族可以提供信息支持、鼓励、帮助和解决问题等。在我国，处境不利儿童及家长所能获得的支持大多来自家庭。比如留守儿童大多是祖辈照顾；离异家庭中带孩子的一方也很多选择和孩子的祖辈生活在一起；贫困的家庭也常常接受亲属的接济等。因此，家庭的支持对处境不利的儿童及其父母是非常重要的。

与儿童关系最为密切的是父母和同胞手足，其次是（外）祖父母，最后才是叔伯、姑婶等亲属。在传统家庭里，母亲多承担照顾、教育子女、管理家庭等责任，而父亲则承担着供给财物、保护家庭等职责。但随着社会的变迁、生存压力的加大，母亲除了承担已有的职责外，也要参与到生产劳动中，所以母亲会面临更大的压力，如果父亲能提供充足的物质和精神支持，无疑会减轻母亲的压力。在各类处境不利的家庭中，由于父母工作繁忙，同胞手足之间相互照顾、相互支持和相互鼓励显得更为重要。也有研究者发现，父母的经济收入和自身的素养会影响所能获得的家庭和其他社会支持的多少。因此，父母不仅要努力提升自己的劳动技能，以提高自己的收入，还要不断提升自身文化修养、教养知识与技能，同时还要教育孩子们要团结协作，提升家庭应对挫折的能力。

各类处境不利的家庭中，其家庭功能在不同程度都有一定的弱化。儿童得到（外）祖父母的支持，是有利于家庭功能的正常发挥的。留守儿童大多由（外）祖父母照顾，因此和（外）祖父母感情深厚。离异家庭中带孩子的父亲或母亲，常常会和他们的父母生活在一起，不仅可以相互照顾，减轻经济压力，也可以缓解由于离婚带来的痛苦和焦虑。贫困的家庭也有可能遭受其他亲朋好友的歧视，能给他们提供支持的也只能是儿童的祖辈。但（外）祖父母能够提供的支持的程度，需要看他们是否愿意以及他们的健康状况，所以作为家庭主导的父母要积极地维护好家庭关系，使家庭保持和谐稳定。这样才能得到更多的支持。

处于大家庭中的家庭成员，虽然和儿童的直接交流并不多，但可以提供较多的信息支持，比如孩子的营养健康咨询、教育建议、升学、就业方面的信息支持。家庭成员在家庭面临重大决策时可以提供建议，在家庭遭遇重大变故时可以提供实际的物质支持和帮助等。同时，大家庭中某一成员成就突出，对家族中其他未成年人也能起到榜样和激励的作用。个人的发展一定离不开社会关系，通过家族个人有机会接触到更多形形色色的人和团体，这往往意味着更多的社会机遇和更强的社会适应能力。但近代以来，家庭的规模在不断缩减，家族的力量在不断减弱。

（二）社区

在社会学看来，社区通常是指聚居在一定地域范围内的人们所组成的社会生活共同体。[①]个体不仅属于家庭，也属于一定社区。社区中人与人的

---

① 郑杭生. 社会学概论新修［M］. 北京：中国人民大学出版社，1998.

交往可以促进个体社会化的进程。社区是人们社会生活的最基本的环境。人们的日常生活大都在一定的社区范围内进行。社区环境对个体的思想观念、道德素养、行为规范、生存和发展有着深刻的影响，社区环境的优劣也关系着年轻一代的全面发展和健康成长。一个和谐融洽、积极向上、团结互助的社区环境能够激发儿童的奋斗精神和前进动力，有利于培养出有教养、讲文明、懂礼貌的下一代。相反，如果社区环境恶劣，酗酒、赌博、抢劫、打架斗殴等现象时常发生，邻里关系紧张，必然对儿童产生潜移默化的不利影响。

《民政部关于在全国推进城市社区建设的意见》中提出：以人为本、服务居民。坚持以不断满足社区居民的社会需求，提高居民生活质量和文明程度为宗旨，把服务社区居民作为社区建设的根本出发点和归宿。坚持实事求是，一切从实际出发，突出地方特色，从居民群众迫切要求解决和热切关注的问题入手，有计划、有步骤地实现社区建设的发展目标。可以看出，政府赋予社区更多的对个人和家庭的支持和服务功能。社区的支持主要体现在以下几个方面：

1. 基本需求支持。为社区居民提供食物、水和日常生活用品等基本生活需求的援助。社区可以与当地超市和食品企业合作，确保在情况危急时社区居民能够获得必要的资源。

2. 教育支持。社区可以通过建设社区图书馆、学校和文化中心，给居民提供优质的教育资源；也可以提供各类文化活动，如故事会、亲子阅读等，以促进孩子全面发展。近年来，随着家庭教育指导和服务领域的拓展与深入，社区在家庭教育指导和服务中的优势和作用逐渐凸显出来。

3. 医疗支持。组织健康教育活动，提高社区居民的健康意识；与医疗机构合作，为社区居民提供健康咨询、检查、疫苗接种和医疗服务。

4. 环境建设支持。通过组织社区清洁活动、环境保护讲座和社区建设项目，帮助改善社区的环境和设施。

5. 心理支持。提供心理咨询和支持服务，帮助社区居民应对压力和困难。

6. 社交互动支持。社区环境为儿童提供了与他人进行社交互动的机会，对他们的社交能力和情感发展起到积极的影响。在社区中参加各种社交活动，如社区集会、户外运动和社团活动，儿童可以结交新朋友，扩大自己的社交圈子。

社区环境中，我们也不能忽视邻居朋友提供的支持和帮助，例如，提供信息支持、日间的照顾、危机处理、情绪放松、休闲娱乐等。还有邻居朋友的社会资源对处境不利的儿童家庭也有一定的支持功能。

（三）学校

学校的教师都是受过专业训练，儿童也有相当长时间在学校接受教育。因此，学校无疑是处境不利儿童及其家庭的一个重要的社会支持资源。学校为处境不利儿童家庭提供的支持主要表现在以下几个方面：

1. 提供精神支持。处境不利会使父母在教育自己子女时难度加大，会使他们产生焦虑、紧张等负面情绪，甚至会失去信心。学校的支持和帮助会给他们精神上激励。处境不利儿童多少都会有一些情感被忽视的情况，学校中与同学的交流、与老师的交流，在一定程度上能弥补他们情感上的缺失。

2. 提供身心发展的相关信息。学校为了实施更为有效的教育，经常要对儿童进行身心发展状况的鉴定，来了解儿童不同年龄阶段的身心发展特点，这也可以帮助父母客观全面地了解儿童。

3. 提供家庭教育指导服务。学校是专业化的教育机构，有经过专业培训的师资，有可供家庭活动的场所，有可供家庭阅读的书籍报刊，有可供师生和家长互动的平台，也能接触到各专业的教育专家，有能获取更优质教育资源的渠道。学校也可以扶持家长开展各种教育活动。此外，学校还可以开展家庭教育的专题讲座，帮助家长树立正确的家庭教育观念，掌握科学的家庭教育方法，走出教育孩子的误区，提升家庭的教育素养。学校也可举办家长会、家庭教育经验交流会等活动，帮助家长解决教育难题。学校还经常举办亲子活动，加强父母和儿童之间的沟通和交流。

4. 提供心理健康咨询。心理健康支持是学校支持体系的重要组成部分。学生在成长过程中不可避免地会面临各种心理问题，例如抑郁、焦虑、自卑等。学校设立了心理咨询中心，学生可以在这里寻求专业心理咨询师的帮助，倾诉自己的烦恼和困扰。心理咨询师会通过与学生的交流和引导，帮助他们解决问题、调整情绪，提升学生心理素质，保持积极的心态。

（四）社会团体

社会团体，是指为一定目的而由一定人员自愿结合组成，按照其章程开展活动的非营利的社会组织。在中国，社会团体必须经过相关部门的注册和审批，才能合法地开展活动。包括各类学会、协会、研究会、促进会、联谊会、联合会、基金会、商会等称谓的社会组织。不同类型的社会团体，都在不同方面对社会的发展和进步作出了重要贡献。

1. 提供专业支持。各类学会、协会、研究会、促进会主要是由大学教师、各行业专家等组成的专业学术组织。这些组织可以在教育、医疗、福利等方面给处境不利儿童的家庭提供直接或间接的专业指导和服务。

2. 各类慈善基金会和商会多由社会上有爱心的成功人士组成。他们可以对各类弱势家庭提供物质上的支持和帮助。同时，这些人中可能和处境不利儿童有共同的遭遇和经历，他们共情能力强，容易从彼此的互动中得到情绪的支持，有助于缓解压力，并在个人、社交或职业方面获得较好的适应，也可以为处境不利儿童提供就业指导、就业帮扶、就业机会等。

3. 代表和维护成员利益。社会团体可以代表成员，向政府和社会各界表达诉求，维护成员的合法权益，帮助弱势群体解决生存和发展难题。

三、社会支持的重要性

处境不利的各类家庭结构复杂、形态各异、人际关系错综复杂，给家庭教育带来一定的难度。各种不利的教育环境相互影响，给处境不利的家庭带来更多的问题和更多的压力，但处境不利家庭中的父母与其家人并非天生就具有应对这些压力和困难的准备和能力，单凭他们自己的力量无法突破所面对的困境，他们和他们的孩子都需要获得社会多方面的帮助和支持。例如，他们需要情绪上的支持和帮助、家庭教育指导和服务、经济上的支持、就业辅导、孩子的心理辅导、孩子的职业规划、家庭的健康咨询服务、营养指导等。而处境不利儿童的家庭在接受支持和帮助时，也会表现出不同的态度。如果只是单纯的资源支持，容易导致支持资源的浪费；相反，积极地运用社会资源，让处境不利儿童的家庭主动参与到社会支持系统中，才能发挥社会支持的重要作用。社会支持对处境不利儿童的家庭尤为重要。

从对社会支持定义的不同表述可以看出，社会支持的客体应界定为生活有困难的社会弱势群体。很明显，在处境不利的各类家庭中，未成年人和他们的父母都是社会弱势群体，都应该接受社会的支持。家庭与生态系统理论认为，家庭是一个社会系统，是由相互关联的部分构成的整体结构，各部分之间相互影响，每一部分都会影响整体功能的发挥。又因为父母是家庭的主导，社会支持主要通过父母的接受、理解、实践对未成年人发生作用，从而促进家庭整体功能的正常发挥。

在现实生活中，父母面临的压力会更大。父母要承担家庭中所有开支和负担。他们既要忙于工作，又要照顾家中老人、未成年人，甚至是患病生活不能自理的家庭成员等，生活极其困难。另一方面，他们还要协调家庭成员之间的各种关系，更重要的是还要承担未成年人的家庭教育。在教育领域，四类处境不利家庭中的父母是最"弱势"的群体。他们接触不到优质的社会教育资源，他们在权力、信息、能力等方面处于劣势；利益受到侵害时，他们不能正确地表达诉求，不能维护他们合法正当的权益；由于自身教育素质和教育能力偏低，面对孩子的学习和心理上的问题，他们束手无策，从而产生心理恐慌、焦虑和行为的扭曲；处境不利的各类家庭中都存在着不同程度的问题，导致社会经济地位低，因而未成年人的父母更容易受到外界的指责和歧视，继而出现情绪的异常。因此他们在教育子女过程中容易陷入困境，当然这有个人的原因，也有社会的原因。广大父母也并非不想改变这些困境，但无论是哪方面的原因导致的，这些困境依靠他们自身的力量难以化解。因此有研究者认为，社会对家庭支持的对象应首先考虑父母。社会支持通过父母发挥它的重要作用。

因此，社会支持的重要作用主要表现在以下几个方面：

1. 社会支持系统的运用可以给家庭提供直接的经济帮助，改善家庭的物质生活条件，改善家庭的营养结构，有利于家庭成员的健康。同时，政策的支持和帮扶可以改善家庭成员的居住环境和教育条件。

2. 社会支持可以给家庭提供优质的教育资源、家庭教育指导和服务，可以帮助父母形成正确的教育观念，提升父母的道德水平和教育能力，促进未成年人身心的健康成长。

3. 社会支持还能给家庭提供心理健康咨询和服务，有效的社会支持有助于减轻父母养育儿童过程中的焦虑和压力，这些积极正面的影响也能使儿童间接受益。

4. 社会支持给家庭提供的婚姻家庭、人际关系、就业指导等服务，可以帮助家庭建立良好的人际关系，促进家庭和谐，增进生活幸福。这些对儿童的发展都是有利的。

值得注意的是，我们应该从整体上理解和把握社会支持的重要作用。社会支持不是单独进行的，也不是被动的，社会支持需要接受者主动应对才能发挥作用。社会支持系统对家庭的支持和帮助需要经历家庭接受、理解、消化、执行、反馈等过程。因此，对处境不利儿童家庭的社会支持是一个长期的过程。

第二节　国家对处境不利儿童的政策支持

政策是国家机关、政党及其他政治团体在特定时期为实现或服务于一定社会政治、经济、文化目标所采取的政治行为或规定的行为准则，是一系列谋略、法令、措施、办法、条例等的总和。[1]任何政策的制定都有一定的目的，都是为了解决某一方面的问题。在我国，有关儿童的政策是以儿童有幸福的童年、身心健康成长为目的，为专门服务于儿童、解决儿童问题，采用立法和其他措施保障儿童获得最大利益的一切立法及行为的总的原则和规范。[2]

---

① 陆士桢，魏兆鹏，胡伟. 中国儿童政策概论［M］. 北京：社会科学文献出版社，2005.
② 关颖. 家庭教育社会学［M］. 北京：教育科学出版社，2014.

一、国家有关儿童保障的法律

国家在保护儿童权益方面承担着最重要的责任。我国历来重视儿童的生存权、保健权和受教育权、抚养权。为了确保儿童的权益得到充分的保障，我国出台了一系列专门的法律法规，在我国的一些基本法律中也穿插了一些关于未成年人保护的规定。

我国《宪法》明确规定："婚姻、家庭、母亲和儿童受国家的保护。""父母有抚养教育未成年子女的义务，成年子女有赡养扶助父母的义务。"

《中华人民共和国义务教育法》第十一条、第十二条规定：凡年满六周岁的儿童，其父母或者其他法定监护人应当送其入学接受并完成义务教育。地方各级人民政府应当保障适龄儿童、少年在户籍所在地学校就近入学。父母或者其他法定监护人在非户籍所在地工作或者居住的适龄儿童、少年，在其父母或者其他法定监护人工作或者居住地接受义务教育的，当地人民政府应当为其提供平等接受义务教育的条件。

我国在1990年签署的《儿童权利公约》，于1992年4月2日在我国生效。《儿童权利公约》规定了世界各地所有儿童应该享有的数十种权利，其中包括最基本的生存权、全面发展权、受保护权和全面参与家庭、文化和社会生活的权利。《儿童权利公约》还确立了四项基本原则：不歧视，儿童的最大利益，确保儿童的生命权、生存权和发展权的完整，尊重儿童的意见。

1991年，我国颁布《中华人民共和国未成年人保护法》，2006年第一次修订，2012年修正，2020年第二次修订，2024年第三次修订，2024年4月26日起施行。新修订的未成年人保护法条文增加到132条，其特点包括充实总则规定、加强家庭保护、完善学校保护、充实社会保护、新增网络保护、强化政府保护、完善司法保护等。这部法律中有关家庭保护的内容比较充实，并加强了家庭教育的内容。一是对父母或者其他监护人的学习及家庭教育指导提出要求：未成年人的父母或者其他监护人应当学习家庭教育知识，接受家庭教育指导，创造良好、和睦、文明的家庭环境。二是在职责方面，明确规定：为未成年人提供生活、健康、安全等方面的保障；关注未成年人的生理、心理状况和情感需求；教育和引导未成年人遵纪守法、勤俭节约，养成良好的思想品德和行为习惯；对未成年人进行安全教育，提高未成年人的自我保护意识和能力；尊重未成年人受教育的权利，保障适龄未成年人依法接受并完成义务教育；保障未成年人休息、娱乐和体育锻炼的时间，引导未成年人进行有益身心健康的活动；妥善管理和保护未成年人的财产；依法代理未成年人实施民事法律行为；预防和制止未成年人的不良行为和违法犯罪行为，并进行合理管教；其他应当履行的监护职责。三是进一步充实了未成年人特殊情况下的监护和委托监护内容，如第二十二条规定：未成年人的父母或者其他监护人因外出务工等原因在一定期限内不能完全履行监护职责的，应当委托具有照护能力的完全民事行为能力人代为照护；无正当理由的，不得委托他人代为照护。未成年人的父母或者其他监护人在确定被委托人时，应当综合考虑其道德品质、家庭状况、身心健康状况、与未成年人生活情感上的联系等情况，并听取有表达意愿能力未成年人的意见。第二十四条规定：未成年人的父母离婚时，应当妥善处理未成年子女的抚养、教育、探望、财产等事宜，听取有表达意愿能力未成年人的意见。不得以抢夺、藏匿未成年子女等方式争夺抚养权。未成年人的父母离婚后，不直接抚养未成年子女的一方应当依照协议、人民法院判决或者调解确定的时间和方式，在不影响未成年人学习、生活的情况下探望未成年子女，直接抚养的一方应当配合，但被人民法院依法中止探望权的除外。四是新增网络保护内容。新修订的未成年人保护法规定：网络游戏、网络直播、网络音视频、网络社交等网络服务提供者应当针对未成年人使用其服务设置相应的时间管理、权限管理、消费管理等功能。总之，新修订的未成年人保护法增加、完善了多项规定，着力解决社会关注的涉及未成年人侵害问题，适应我国社会发展的大趋势。

1995年，我国颁布《中华人民共和国教育法》。其中第五章第三十八至四十条规定：国家、社会对符合入学条件、家庭经济困难的儿童、少年、青年，提供各种形式的资助。国家、社会、学校及其他教育机构应当根据残疾人身心特性和需要实施教育，并为其提供帮助和便利。国家、社会、家庭、学校及其他教育机构应当为有违法犯罪行为的未成年人接受教育创造条件。在家庭教育方面，第五十条明确规定：未成年人的父母或者其他监护人应当为其未成年子女或者其他被监护人受教育提供必要条件。未成年人的父母或者其他监护人应当配合学校及其他教育机构，对其未成年子女或者其他被监护人进行教育。学校、教师可以对学生家长提供家庭教育指导。

我国于1999年颁布的《中华人民共和国预防未成年人犯罪法》中，明确地界定了不良行为和严重不良行为的含义，强化了家庭、学校、社会对未成年人犯罪的预防教育、不良行为的干预和严重不良行为的矫正，并对父母或者其他监护人的教育、惩戒做了专门规定。第四十三条规定：对有严重不良行为的未成年人，未成年人的父母或者其他监护人、所在学校无力管教或者管教无效的，可以向教育行政部门提出申请，经专门教育指导委员会评估同意后，由教育行政部门决定送入专门学校接受专门教育。

2020年颁布的《中华人民共和国民法典》中关于未成年人保护和教育的规定有：父母对未成年子女负有抚养、教育和保护的义务。未成年人的监护人履行监护职责，在作出与被监护人利益有关的决定时，应当根据被监护人的年龄和智力状况，尊重被监护人的真实意愿。关于家庭关系方面的规定有：父母不履行抚养义务的，未成年子女或者不能独立生活的成年子女，有要求父母给付抚养费的权利。父母有教育、保护未成年子女的权利和义务。非婚生子女享有与婚生子女同等的权利，任何组织或者个人不得加以危害和歧视。不直接抚养非婚生子女的生父或者生母，应当负担未成年子女或者不能独立生活的成年子女的抚养费。继父母与继子女间，不得虐待或者歧视。有负担能力的祖父母、祖父母，对于父母已经死亡或者父母无力抚养的未成年孙子女、外孙子女，有抚养的义务。有负担能力的兄、姐，对于父母已经死亡或者父母无力抚养的未成年弟、妹，有扶养的义务。父母与子女间的关系，不因父母离婚而消除。离婚后，子女无论由父或者母直接抚养，仍是父母双方的子女。离婚后，父母对于子女仍有抚养、教育、保护的权利和义务。离婚后，子女由一方直接抚养的，另一方应当负担部分或者全部抚养费。离婚后，不直接抚养子女的父或者母，有探望子女的权利，另一方有协助的义务。父或者母探望子女，不利于子女身心健康的，由人民法院依法中止探望。

2021年国家颁布的《家庭教育促进法》不仅明确父母或者其他监护人应当承担对未成年人实施家庭教育的主体责任，用正确思想、方法和行为教育未成年人养成良好思想、品行和习惯。同时，还规定了家庭教育的内容。比如，要求家长培养未成年人树立维护国家统一的观念，铸牢中华民族共同体意识，培养家国情怀；培养未成年人良好社会公德、家庭美德、个人品德意识和法治意识；关注未成年人心理健康，教导其珍爱生命等。同时进一步明确了家庭教育的主体责任："未成年人的父母或者其他监护人负责实施家庭教育。国家和社会为家庭教育提供指导、支持和服务。国家工作人员应当带头树立良好家风，履行家庭教育责任。"

二、关于儿童保障和发展及家庭教育相关文件

（一）有关儿童发展的相关文件

1992年，国务院颁布我国第一部儿童工作纲要——《九十年代中国儿童发展规划纲要》，在社区、家庭保障部分提出：在城市以社区为依托，举办新婚夫妇学校、孕妇学校和婴幼儿、小学生、中学生的家长学校，向不同年龄阶段儿童的家长提供较全面的家庭教育知识和方法；在农村，通过父母学校与县、乡、村的家长学校、家庭教育辅导站、辅导员相结合的方式，推广正确的保育、教育方法。师范院校在试点的基础上，逐步开设家庭教育课程，有关学术机构和学术团体要开展家庭教育的理论研究，为改善儿童成长的家庭、社会环境提供理论支持。《九十年代中国儿童发展规划纲要》还提出：保护处于困难条件下的儿童。要特别关注离异家庭的儿童保护和教育，帮助单亲家庭的家长为儿童创设良好的家庭环境。妥善安排流浪儿童的生活和教育。重点扶持各省的儿童福利事业单位。

1993年中共中央、国务院印发的《中国教育改革和发展纲要》中提出：全社会都要关心和保护青少年的健康成长，形成家庭教育与学校教育、社会教育协调一致的良好环境。家长应当对社会负责，对后代负责，讲究教育方法，培养子女具有良好的品德和行为习惯。在地区发展格局

上，从各地经济、文化发展不平衡的实际出发。因地制宜，分类指导。鼓励经济、文化发达地区率先达到中等发达国家80年代末的教育发展水平，积极支持贫困地区和民族地区发展教育。

2000年，中共中央办公厅、国务院印发了《中共中央办公厅国务院办公厅关于适应新形势进一步加强和改进中小学德育工作的意见》中指出：切实加强和改善对家庭教育的指导和管理。各级党委和政府要关心支持家庭教育，各级教育行政部门要承担组织和指导家庭教育的责任。同时也提出了具体的要求：各级工会、共青团、妇联等群众团体要开展丰富多彩的家庭教育活动。广播、电视台（站）要积极创造条件，开办家庭教育节目。要通过多种教育方式，普及家庭教育知识，帮助家长树立正确的人才观、成才观和教育思想，掌握科学的教育方法。学校要通过家长委员会、家长学校、家长接待日、家访等形式同学生家长建立经常性联系，及时交流情况，认真听取家长对学校管理和教育教学的意见、建议。学校要对班主任、任课教师的学生家访提出具体要求。

2004年，中共中央、国务院颁布《关于进一步加强和改进未成年人思想道德建设的若干意见》。在第五部分"重视和发展家庭教育"中，专门强调了家庭教育在未成年人思想道德建设中具有特殊重要的作用，全面系统地论述了家庭教育的重要性以及对实施的形式和途径进行了指导。主要内容包括以下几个方面。一是要把家庭教育与社会教育、学校教育紧密结合起来。二是明确推进家庭教育的责任。指出各级妇联组织、教育行政部门和中小学校要切实担负起指导和推进家庭教育的责任。三是明确家庭教育指导的要求和任务，要与社区密切合作，办好家长学校、家庭教育指导中心，并积极运用新闻媒体和互联网，面向社会广泛开展家庭教育宣传，普及家庭教育知识，推广家庭教育的成功经验，帮助和引导家长树立正确的家庭教育观念，掌握科学的家庭教育方法，提高科学教育子女的能力。四是阐述了家庭教育理论研究的重要性。指出充分发挥各类家庭教育学术团体的作用，针对家庭教育中存在的突出问题，积极开展科学研究，为指导家庭教育工作提供理论支持和决策依据。五是指出全社会应重视家庭教育。党政机关、企事业单位和社区、村镇等城乡基层单位，要关心职工、居民的家庭教育问题，教育引导职工、居民重视对子女特别是学龄前儿童的思想启蒙和道德品质培养，支持子女参与道德实践活动。注意加强对成年人的思想道德教育，引导家长以良好的思想道德修养为子女作表率。要把家庭教育的情况作为评选文明职工、文明家庭的重要内容。六是关注处境不利的弱势群体。特别要关心单亲家庭、困难家庭、流动人口家庭的未成年子女教育，为他们提供指导和帮助。总之，这个《关于进一步加强和改进未成年人思想道德建设的若干意见》的提出，更加顺应新的社会背景，给家庭教育指导工作指明了方向，也指出了家庭教育社会支持体系中更规范化的要素。

2010年，中共中央、国务院颁布《国家中长期教育改革和发展规划纲要（2010—2020年）》中提出：充分发挥家庭教育在儿童成长过程中的重要作用。家长要树立正确的教育观念，掌握科学的教育方法，尊重子女的健康情趣，培养子女的良好习惯，加强与学校的沟通配合，共同减轻学生课业负担。其主要亮点有三个：一是提出学前一年毛入园率将达95%，加大政府投入，完善成本合理分担机制，对家庭经济困难幼儿入园给予补助。二是到2020年普及高中教育，提供更高水平的普及教育，惠及全民的公平教育，更加丰富的优质教育，体系完备的终身教育。三是提出以制度保障为学生减负，"减轻学生课业负担是全社会的共同责任，政府、学校、家庭、社会必须共同努力，标本兼治，综合治理"。

2011年，国务院颁布的《中国儿童发展纲要（2011—2020）》从儿童健康、教育、法律保护和环境四个领域提出了儿童发展的主要目标和策略措施。国家加快完善保护儿童权利的法律体系，强化政府责任，不断提高儿童工作的科学化水平，我国儿童生存、保护、发展的环境和条件得到明显改善，儿童权利得到进一步保护，儿童发展取得了巨大成就。但由于社会经济、文化等因素的影响，城乡区域间儿童发展不平衡，贫困地区儿童整体发展水平较低；贫困家庭儿童、孤儿、弃婴、残疾儿童、流浪儿童的救助工作迫切需要制度保障；人口流动带来的儿童问题尚未得到有效解决；社会文化环境中仍然存在不利于儿童健康成长的消极因素，等等。因此，该文件的思想强调了处境不利儿童的发展。

在儿童与健康部分提出："实施贫困地区学龄前儿童营养与健康干预项目，继续推行中小学生营养改善计划。"

在儿童与教育部分，强调：确保受人口流动影响儿童平等接受义务教育。坚持以流入地政府管理为主、以全日制公办中小学为主解决流动儿童就学问题。制定实施流动儿童义务教育后在流入地参加升学考试的办法。加快农村寄宿制学校建设，优先满足留守儿童住宿需求。保障特殊困难儿童接受义务教育权利。落实孤儿、残疾儿童、贫困儿童就学资助政策。

在儿童与福利部分，提出：加强流浪儿童救助保护工作。完善流浪儿童救助保护网络体系，健全流浪儿童生活、教育、管理、返乡保障制度，对流浪儿童开展教育、医疗服务、心理辅导、行为矫治和技能培训。建立和完善流动儿童和留守儿童服务机制。积极稳妥推进户籍制度和社会保障制度改革，逐步将流动人口纳入当地经济社会发展规划。建立16周岁以下流动儿童登记制度，为流动儿童享有教育、医疗保健等公共服务提供基础。整合社区资源，完善以社区为依托，面向流动人口家庭的管理和服务网络，增强服务意识，提高服务能力。健全农村留守儿童服务机制，加强对留守儿童心理、情感和行为的指导，提高留守儿童家长的监护意识和责任。

在儿童与社会环境方面强调了家庭教育的重要性，提出：将家庭教育指导服务纳入城乡公共服务体系。加大公共财政对家庭教育指导服务体系建设的投入，鼓励和支持社会力量参与家庭教育工作。开展家庭教育指导和宣传实践活动。多渠道、多形式持续普及家庭教育知识，确保儿童家长每年至少接受2次家庭教育指导服务，参加2次家庭教育实践活动。加强家庭教育研究，促进研究成果的推广和应用。为儿童成长提供良好的家庭环境。倡导平等、文明、和睦、稳定的家庭关系，提倡父母与子女加强交流与沟通。

在儿童与法律保护方面，提出：完善具有严重不良行为儿童的矫治制度。建立家庭、学校、社会共同参与的运作机制，对有不良行为的儿童实施早期介入、有效干预和行为矫治。加强对具有严重不良行为儿童的教育和管理，探索专门学校教育和行为矫治的有效途径和方法，保障专门学校学生在升学、就业等方面的同等权利。

2016年，国务院印发《关于加强农村留守儿童关爱保护工作的意见》，提出加强农村留守儿童关爱保护工作，要建立完善农村留守儿童关爱服务体系。一是强化家庭监护主体责任，对外出务工父母履行监护职责提出具体要求，明确加强家庭监护监督指导的具体措施。二是落实县、乡镇人民政府和村（居）民委员会职责，明确县级人民政府统筹协调和督促检查责任，要求乡镇人民政府（街道办事处）和村（居）民委员会及时掌握农村留守儿童基本情况，加强对家庭监护的监督、指导，确保农村留守儿童得到妥善照顾。三是加大教育部门和学校关爱保护力度，明确教育部门、中小学校在农村留守儿童学习教育、心理健康、生活照顾、安全管理等方面的职责任务。四是要求各级工会、共青团、妇联、残联、关工委等群团组织发挥优势，积极为农村留守儿童及其家庭提供关爱服务。五是通过政府购买服务等方式，支持社会工作专业服务机构、公益慈善类社会组织、志愿服务组织等社会力量为农村留守儿童提供专业服务；支持社会组织、爱心企业举办农村留守儿童托管服务机构。

2016年6月13日，国务院发布《关于加强困境儿童保障工作的意见》，针对困境儿童生存发展面临的突出困难和问题，从保障基本生活、保障基本医疗、强化教育保障、落实监护责任、加强残疾儿童福利服务五方面提出具体措施。在教育方面提出：强化教育保障。对于家庭经济困难儿童，要落实教育资助政策和义务教育阶段"两免一补"政策。对于残疾儿童，要建立随班就读支持保障体系，为其中家庭经济困难的儿童提供包括义务教育、高中阶段教育在内的12年免费教育。对于农业转移人口及其他常住人口随迁子女，要将其义务教育纳入各级政府教育发展规划和财政保障范畴，全面落实在流入地参加升学考试政策和接受中等职业教育免学费政策。在家庭教育方面，提出：依托职工之家、妇女之家、儿童之家、家长学校、家庭教育指导中心、青少年综合服务平台等，加强对困境儿童及其家庭的教育指导和培训帮扶。鼓励爱心家庭依据相关规定，为有需要的困境儿童提供家庭寄养、委托代养、爱心助养等服务，帮助困境儿童得到妥善照料和家庭亲情。积极倡导企业履行社会责任，通过一对一帮扶、慈善捐赠、实施公益项目等多种方式，为困境儿童及其家庭提供更多帮助。

2019年，民政部发布《关于进一步加强事实无人抚养儿童保障工作的意见》，文件强调进一步加强事实无人抚养儿童保障工作，完善教育资助救助。将事实无人抚养儿童参照孤儿纳入教育资助范围，享受相应的政策待遇。优先纳入国家资助政策体系和教育帮扶体系，落实助学金、减免学费政策。对于残疾事实无人抚养儿童，通过特殊教育学校就读、普通学校就读、儿童福利机构特教班就读、送教上门等多种方式，做好教育安置。将义务教育阶段的事实无人抚养儿童列为享受免住宿费的优先对象，对就读高中阶段（含普通高中及中职学校）的事实无人抚养儿童，根据家庭困难情况开展结对帮扶和慈善救助。完善义务教育控辍保学工作机制，依法完成义务教育。事实无人抚养儿童成年后仍在校就读的，按国家有关规定享受相应政策。

2021年9月8日，国务院印发的《中国儿童发展纲要（2021—2030）》在儿童健康、安全、教育、福利、家庭、环境、法律保护七个领域提出了主要的发展目标、策略和措施，进一步加强对特殊儿童群体受教育权利的保障。提出保障农业转移人口随迁子女平等享有基本公共教育服务。加强家庭经济困难学生精准资助，完善奖学金、助学金和助学贷款政策。加强对留守儿童和困境儿童的法治教育、安全教育和心理健康教育，优先满足留守儿童寄宿需求。在家庭教育方面强调："坚持学校教育与家庭教育、社会教育相结合。加强家园、家校协作，推动教师家访制度化、常态化。"并提出进一步完善流动儿童的服务机制，面向流动儿童家庭的管理和服务网络，提升专业服务能力，促进流动儿童及其家庭融入社区。加强对留守儿童的关爱和保护。最大的亮点是增加"儿童与家庭"这部分内容，提出：父母或其他监护人应将立德树人作为家庭教育的首要任务。发挥父母榜样和示范作用，教育引导儿童传承尊老爱幼、男女平等、夫妻和睦、勤俭持家、亲子平等、邻里团结的家庭美德，培育良好亲子关系；尊重儿童主体地位，保障儿童平等参与自身和家庭事务的权利。教育引导父母或其他监护人落实抚养、教育、保护责任，树立科学育儿理念，掌握运用科学育儿方法。在社会方面提出：进一步构建覆盖城乡的家庭教育指导服务体系；强化对家庭教育指导服务的支持保障，鼓励机关、企事业单位和社会组织面向本单位职工开展家庭教育指导服务；完善支持家庭生育养育教育的法律法规政策，推进家庭教育立法及实施；加强家庭领域理论和实践研究。充分发挥学术型社会组织作用，鼓励有条件的高校和科研机构开设家庭教育专业和课程。

2023年7月发布的《流动儿童蓝皮书：中国流动儿童教育发展报告（2021—2022）》基于第七次全国人口普查结果，围绕流动儿童的发展特征、入学政策、升学政策、财政政策、关爱保护等问题，呈现了不同地区、不同阶段流动儿童教育的现状，回顾了"积分制"、异地中高考、"双减"等重要政策的效果，特别关注了区域教育和社会力量改善流动儿童教育的成功案例，较为客观、全面、深入地描绘我国流动儿童教育的样貌和动态，并对当下流动儿童教育领域存在的问题和未来发展提出建设性的对策和建议。

2023年10月，民政部、教育部、国家卫生健康委、共青团中央和全国妇联联合发文《加强困境儿童心理健康关爱服务工作的指导意见》指出："切实把困境儿童心理健康关爱服务工作摆在更加突出的位置。"其主要内容涉及以下几个方面。一是加强心理健康教育。各地教育、民政等部门要重点关注困境儿童心理需求，提出有针对性的措施。鼓励学校为有需求的困境儿童选配有爱心有经验的心理教师或思政课教师作为成长导师，安排品学兼优的学生结为互助伙伴。各地民政部门和共青团、妇联组织要利用入户走访、主题活动、家庭教育指导、关爱帮扶等时机，加强对困境儿童及其父母或其他监护人心理健康常识普及，并主动与困境儿童父母或其他监护人交流儿童身心发展情况。二是开展心理健康检测。学校要引导有需要的困境儿童主动接受心理健康测评，掌握心理健康测评情况。儿童福利机构、未成年人救助保护机构要定期对机构内儿童进行心理健康测评。三是及早开展有效关爱。要充分发挥学校教师、儿童主任、儿童社会工作者、志愿者等作用，为有需求的儿童分类制定心理关爱方案，提供心理辅导、情绪疏导、心理慰藉等帮扶服务。同时还提出，对于困境儿童可能存在心理异常的，畅通家庭、学校、社区、社会心理服务机构等与医疗卫生机构之间预防转介干预就医通道，对患有精神障碍且经过门诊或住院治疗的困境儿童，出院回归社区、学校后，学校教师、儿童主任、儿童社会工作者、志愿者等，与困境儿童建立结对关爱服务关系，开展定期随访、跟踪服务。进一步健全心理健康服务阵地等，从多个方面进行保障。

（二）有关家庭教育工作的主要文件

1992年，国务院颁布了我国第一部儿童工作纲领《九十年代中国儿童发展规划纲要》，标志着政府开始主导家庭教育指导工作。1996年，全国妇联、教育部颁布了第一个家庭教育工作专项文件——《全国家庭教育工作"九五"计划》，同时制定了《全国家庭教育工作评估指标》和《全国家庭教育工作评估方案》。在之后的三年中，两个部门联合配套颁布了《家长学校工作意见》《家长教育行为规范》，开展了全国家庭教育工作的检查与评估，从此家庭教育逐渐走上了政府主导、管理和指导的发展轨道。2011年，将"构建基本覆盖城乡的家庭教育指导服务体系"作为2011—2015年推进家庭教育五年规划的总体目标，家庭教育工作进入了扩大覆盖范围、建立指导体系、明确公益性质、提高专业水平为主要任务的新的阶段。

2010年，全国妇联、教育部、中央文明办、民政部、卫生部、国家人口计生委、中国关工委联合发布《全国家庭教育指导大纲》，规定了家庭教育的指导原则、指导内容要求及保障措施。分别详细阐述了新婚期、孕期、0—18岁不同年龄阶段及各类特殊儿童、特殊家庭和灾难背景下的家庭教育的重点、内容要点及要求。在保障措施中提出通过加强组织领导、明确责任分工、注重资源整合、抓好队伍建设、做好宣传工作五个方面来保证家庭教育工作有序、有效地推进。

2013年，教育部等五部门发布的《关于加强义务教育阶段农村留守儿童关爱和教育工作的意见》提出：支持做好留守儿童家庭教育工作。各级妇联组织、关工委组织要充分发挥在家庭教育指导服务工作中的独特优势，协调有关方面大力宣传家庭教育在留守儿童成长中的重要作用，促进家庭教育、学校教育和社会教育的有机衔接。综治组织、教育部门、共青团组织要协调配合妇联组织和关工委组织面向不同年龄阶段家长、不同类型家庭，围绕留守儿童健康状况监测、生活习惯养成、学习兴趣培养等方面开展富有特色的家庭教育指导服务活动。

2014年，教育部发布《完善中华优秀传统文化教育指导纲要》。《纲要》指出：加强中华优秀传统文化教育，要坚持与培育和践行社会主义核心价值观相结合；坚持与时代精神教育和革命传统教育相结合；坚持与学习借鉴国外优秀文化成果相结合；坚持课堂教育与实践教育相结合；坚持学校教育、家庭教育、社会教育相结合；坚持针对性与系统性相结合。

2015年，教育部发布《关于加强家庭教育工作的指导意见》的内容分为五个部分：充分认识加强家庭教育工作的重要意义、进一步明确家长在家庭教育中的主体责任、充分发挥学校在家庭教育中的重要作用、加快形成家庭教育社会支持网络、完善家庭教育工作保障措施。其中，在"加快形成家庭教育社会支持网络"部分专门提出：给予困境儿童更多关爱帮扶。要特别关心流动儿童、留守儿童、残疾儿童和贫困儿童，鼓励和支持各类社会组织发挥自身优势，以城乡儿童活动场所为载体，广泛开展适合困境儿童特点和需求的家庭教育指导服务和关爱帮扶。

2016年11月，全国妇联联合教育部、中央文明办、民政部、文化部、国家卫生和计划生育委员会、国家新闻出版广电总局、中国科协、中国关心下一代工作委员会共同印发《关于指导推进家庭教育的五年规划（2016—2020年）》，提出到2020年，基本建成适应城乡发展、满足家长和儿童需求的家庭教育指导服务体系。规划提出建立健全家庭教育公共服务网络，依托城乡社区公共服务设施、城乡社区教育机构、儿童之家、青少年宫、儿童活动中心等活动阵地，普遍建立家长学校或家庭教育指导服务站点，确保中小学家长学校每学期至少组织1次家庭教育指导和1次家庭教育实践活动，幼儿园家长学校每学期至少组织1次家庭教育指导和2次亲子实践活动，中等职业学校每学期至少组织1次家庭教育指导服务活动。

2022年，全国妇联教育部等十一部门印发《关于指导推进家庭教育的五年规划（2021—2025年）》。确立今后一段时期内家庭教育发展的根本目标是构建覆盖城乡的家庭教育指导服务体系、健全学校家庭社会协同育人机制。规划指出，完善家庭教育政策措施。推动将家庭教育指导服务纳入城乡社区公共服务、公共文化服务、健康教育服务、儿童友好城市（社区）建设等。探索设立家庭教育指导机构。在巩固发展学校家庭教育指导方面，规划指出，推动中小学、幼儿园普遍建立家长学校，每学期至少组织2次家庭教育指导服务活动。在规范强化社区家庭教育指导方面，依托城乡社区综合服务设施、文明实践所（站）、妇女儿童之家等普遍建立家长学校，每年至少组织4次普惠性家庭教育指导服务活动。在完善3岁以下婴幼儿家庭育儿指导服务机制方面，规划指出，推动妇幼保健机构、基层医疗卫生机构开展婴幼儿早期发展服务。

2023年，教育部等十三部门发布《关于健全学校家庭社会协同育人机制的意见》（以下简称《意见》）。该《意见》认为，健全学校家庭社会协同育人机制事关学生全面发展健康成长，事关国家发展和民族未来。在学校方面，《意见》指出：学校充分发挥协同育人主导作用。要及时沟通学生情况。加强家庭教育指导，积极开发提供家庭教育指导资源，宣传科学教育理念、重大教育政策和家庭教育知识。特别关注农村留守儿童、残疾儿童、孤儿和特殊家庭儿童等困境儿童。用好社会育人资源。学校要把统筹用好各类社会资源作为强化实践育人的重要途径。在家庭方面，《意见》指出：注重家庭建设，坚持以身作则、言传身教，构建和谐和睦家庭关系。要树立科学家庭教育观念，掌握正确家庭教育方法，家长要对子女多陪伴多关爱。留守儿童家长要定期与子女保持联系，给予关心关爱；主动协同学校教育，家长要积极参加学校组织的家庭教育指导和家校互动活动，自觉学习家庭教育知识和方法。根据子女年龄情况，主动利用节假日、休息日等闲暇时间带领或支持子女开展户外活动和参观游览。在社会社区方面，《意见》指出：积极构建普惠性家庭教育公共服务体系，建设覆盖城乡社区的家长学校等家庭教育指导服务站点，积极配备专兼结合的专业指导人员，配合家庭教育指导机构有针对性地做好指导服务，重点关注留守儿童、残疾儿童和特殊家庭儿童。开放大学、老年大学、社区学院等单位应设立家庭教育指导课程，积极发挥指导作用；推进社会资源开放共享，各类爱国主义教育基地、法治教育基地、研学实践基地、科普教育基地和图书馆、博物馆、文化馆、非遗馆、美术馆、纪念馆、科技馆、演出场馆、体育场馆、国家公园、青少年宫、儿童活动中心等，要面向中小学生及学龄前儿童免费或优惠开放；净化社会育人环境。深入开展儿童图书、音像等出版物清理整顿，健全网络综合治理体系。加强校园周边环境治理，强化安全风险防控，不得在学校周边设置营业性娱乐场所和酒吧、互联网上网服务营业场所等不适宜未成年人活动的场所等。

2023年，教育部等十七部门发布的《全面加强和改进新时代学生心理健康工作专项行动计划（2023—2025年）》中，在优化社会心理服务方面，再次强调加强家庭教育指导服务。妇联、教育、关工委等部门组织办好家长学校或网上家庭教育指导平台，推动社区家庭教育指导服务站点建设。家长学校或家庭教育指导服务站点每年面向家长至少开展一次心理健康教育。

2023年7月，教育部、国家发展改革委、财政部在《关于实施新时代基础教育扩优提质行动计划的意见》中提出，全面推进协同育人。推动形成政府统筹协调、学校积极主导、家庭主动尽责、社会有效支持的协同育人格局，落实各方相应责任及沟通机制。推广使用家庭教育指导手册，开展家庭教育主题宣传周活动，研发家庭教育指导课程，提升教师家庭教育指导能力，加强社区家庭教育指导服务站点建设。打造社会实践大课堂，加强研学基地建设，积极探索数字化社会实践育人体系。

从以上各种相关文件中的工作目标和保障措施中不难看出，国家对困境儿童的发展和家庭教育事业越重视，这也标志社会的进步和文明的发展。随着社会的发展，从政策的制定取向来看，在强调家庭对孩子的主体责任的同时，越来越重视社会各界对家庭的支持，尤其重视家庭教育指导服务体系的构建，为父母及家庭履行对子女的抚养教育职责提供帮助。尤其在近些年，国家和社会更关注各类儿童的心理健康，尤其是处境不利儿童的心理健康问题，也强调家庭及家庭教育在对维护儿童心理健康中有着不可替代的重要作用。

第三节　学校对家庭教育的支持

学校对处境不利儿童的家庭的支持主要体现在家庭教育指导服务方面。虽然从政策上国家重视加强家庭、学校、社会协同育人，但实施需要一个过程。由于儿童接受教育的主要场所是学校，因此中小学幼儿园始终是指导家庭教育的主渠道。学校和幼儿园指导家庭教育较之其他机构在教育条件、教育师资、管理规范等方面具有更多的优势。因此，本节主要阐述学校对处境不利儿童提供的支持和服务。

一、以学校为基础的家庭支持服务的理论基础

布朗芬布伦纳提出的社会生态系统理论认为，个体发展处在直接环境（养育家庭）到间接环境（社会文化）之间的几个环境系统中，每个系统都和其他系统以及儿童个体本身发生交互作用，这种作用导致儿童拥有不同的发展水平。环境不仅包括家庭、朋辈群体等一般情况下较为熟悉的情景，还包括更大的系统。这个更大的系统包括家庭、学校、社区和其他社会机构。

布朗芬布伦纳提出个体发展模型，强调发展个体嵌套于相互影响的一系列环境系统之中，在这些系统中，系统与个体相互作用并影响着个体发展。这个嵌套式的环境系统包括微观系统、中间系统、外层系统和宏观系统。

（一）微观系统

微观系统包括个体活动和交往的直接环境，主要是指儿童家庭内部的互动和相互关系。对大多数婴儿来说，微观系统仅限于家庭。随着婴儿的不断成长，活动范围不断扩展，幼儿园、学校和同伴关系不断纳入到婴幼儿的微观系统中来。学校可以通过对父母提供积极教养方式来改善亲子关系，因此，对学生来说，学校是除家庭以外对其影响最大的微观系统。

（二）中间系统

中间系统是指各微观系统之间的联系或相互关系。即与微观系统结构之间的连接，这个连接包括家庭和其他社会机构的连接、家庭和学校的连接。布朗芬布伦纳认为，如果微观系统之间有较强的、积极的联系，儿童的发展可能实现最优化。也就是说，家庭与学校的关系取决于家庭内部微观系统中各关系的好坏。学校也是家庭和整个社会服务系统的唯一连接。因此，学校对儿童的家庭提供支持服务是非常重要的。

（三）外层系统

外层系统是指那些儿童并未直接参与但却对他们的发展产生影响的系统。外层系统包括学校、社区、邻居、社会福利系统、健康服务系统、父母工作环境等。个体不直接作用于这一系统，但外层系统可以作用于微观系统从而影响个体的发展。例如，父母的工作环境就是外层系统影响因素。父母的工作环境、工作情感及态度、对工作的投入度都会影响儿童在家庭的情感关系。

（四）宏观系统

宏观系统包括更大的文化与社会体系，如意识形态、信仰系统、风俗和法律、道德文化价值观体系及政府政策。总的来说，宏观系统指的是儿童所处的文化背景。宏观系统所定义的这些大的原则对其他所有层次及其互动都有着相互叠加的影响。而一个社会所处的文化背景及核心价值观是需要学校这个专门机构去引领的。图2-1描述了布朗芬布伦纳的社会生态模型中各系统结构的相互影响。

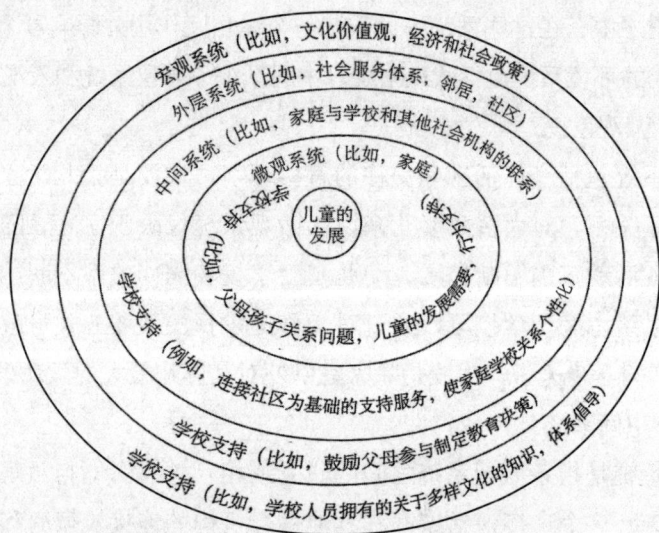

图2-1 布朗芬布伦纳的社会生态理论模型

布朗芬布伦纳的模型中还包括时间系统。这个系统包括了孩子成长环境中与时间相关的多元定义。他强调了儿童的变化或者发展，将时间和环境相结合来考察儿童发展的动态过程。随着时间的推移，儿童生存的微观系统环境不断发生变化，个体知识经验不断积累，对环境的选择也在不断变化。布朗芬布伦纳将这种环境的变化称为"生态转变"，他将转变分为两类：正常的（如入学、进入青春期、参加工作、结婚、退休）和非正常的（如家庭中有人去世或病重、离异、迁居、彩票中奖），这些转变，常常成为发展的动力。

社会生态系统的提出对儿童、家庭的发展都具有指导性的意义。根据布朗芬布伦纳的社会生态模型，儿童是处在包括学校、家庭和社会机构这种较大的系统互动中，儿童的发展和这个大系统的每一个小系统以及各小系统的相互联系密切相关。而学校对各系统功能的发挥都有着积极的促进作用，而这种积极作用通过各系统和儿童发生连接而间接地影响儿童的发展。这给探索学校如何有效地给处境不利儿童和家庭提供支持服务奠定了理论基础。

二、以学校为基础的家庭支持服务的原则

学校开展对家庭的指导服务，需要教师从内心乐意包容、接纳每一个家庭；需要按照学生身心发展规律和家庭教育指导的成人教育规律科学实施；需要基于家长需求提高实用性，最大限度让家长参与实践，在实践中提升能力。

（一）耐心包容的原则

儿童的发展是一个长期、漫长的过程，学校对家庭的支持也不能立马生效。每一个家庭中父母的受教育程度、知识背景、能力素养和职业特点的差异也非常大，对学校提供的支持和服务的态度、接受能力和实践的能力也会千差万别。因此，学校对家庭的支持要持之以恒，尤其在家庭教育指导方面，不能半途而废，教师要允许家庭的多样化，包容父母家庭教育能力的差异，允许有不同的进度。

（二）科学的原则

学校要结合每个家庭的需求情况，遵循孩子的身心发展规律和家庭教育指导的规律有针对性地、科学地提供各项支持和服务。物质支持要尽可能满足儿童的生活需要、促进儿童的发展。在家庭教育指导方面，切实做

好家庭教育指导服务的校本研修，开发丰富的家庭教育指导课程，提供服务时也要考虑成年人的特点、受教育水平、认知能力等各方面的差异，确保家长听得懂、会运用。同时，也要用好激励机制，培养家庭教育的先进典型，发挥家庭"同伴"的示范作用，引导家长共同进步。

（三）实践的原则

学校教师对家庭的支持和服务以及后期的使用和效果反馈不能全程跟踪，学校对家庭支持的宗旨是增强家庭接受服务的能力，从而提升父母独立教育孩子的能力。而能力是在实践中运用才能发展起来的。又因为家庭的理论学习能力、理论运用实践的能力也有差异，父母的工作时间、工作性质也有差异，这些都会影响支持和服务的效果。因此，学校对家庭提供的服务应体现实践性，加强技能掌握的指导，使家长在实践中体验、感悟，进而提升接受支持和服务的能力。尤其处境不利的离异家庭、流动家庭、留守儿童家庭和贫困家庭中出现的教育问题都比较特殊，不具有共性，具体问题要在具体的情境中才能得以解决，所以对这些家庭的教育指导和服务更要在实践中进行。

三、学校为父母和家庭提供的支持和服务

处境不利儿童的父母和家庭的情况和需求复杂多变，因此，不可能采用一个简单通用的需求分类系统。要提升支持和服务的效果，以学校为基础的家庭服务系统要求能够识别出父母和家庭的基本需求和共同需求。要根据不同类型家庭的需求有针对性地提供支持和服务。但总的来说，学校对处境不利儿童的家庭提供的支持和服务应围绕着以下几个方面。

（一）针对学生的特点设计有效的家庭教育方案

家长在实施家庭教育过程中往往缺乏目的性和系统性，从而影响家庭教育的效果。让学生获得高效优质的家庭教育计划，应该是家庭较大的需求之一。而学校的教师一般是受过专门训练的，具有较高的文化素养，懂得教育学、心理学的知识。他们明确教育目的，了解孩子的年龄心理特征，能够根据学生的身心发展规律制订高效优质的家庭教育方案。

（二）为父母与教师提供定期、持续交流和合作的机会

苏联教育家苏霍姆林斯基曾把学校和家庭比作两个"教育者"，认为这两者"不仅要一致行动，要向儿童提出同样的要求，而且要志同道合，抱着一致的信念"。这就是说，要保持家庭教育和学校教育的一致性。学校教育系统、规范，多从大处着眼，理论性强；家庭环境则具有具体、生动、现实性强的特征。学校的教育在校园之外能否继续辐射和强化亦有赖于家庭环境的配合。如果两者相得益彰则可能形成良性循环。因此，家庭和教师需要定期、持续地交流。而学校要为父母与教师提供交流的机会。学校可以组织专题讲座，邀请相关的教育专家向家长们传授养育知识、教育知识和教育理念，提供家庭教育指导的建议等。也可以定期组织教育活动、家长会、教育沙龙、家访，与家长保持密切的沟通，及时了解学生的心理情况，了解学生的学习进展和问题，并提供相应的解决方案。此外，学校还可以与社区协作，推动各类家庭教育工作坊或研讨会的开展，为家长们提供更多的学习和交流机会。

（三）提供课程与资源支持和服务

学校可以开设系统的家庭教育课程，帮助家长了解儿童的身心发展规律及各年龄阶段的身心发展特点。学校也可以提供相关的学习资源和工具，帮助家长们更好地陪伴和教育孩子。例如，为家长们提供家庭教育手册、教育软件或在线学习平台等，使他们能够更好地了解和应对孩子的成长需求和教育需求。学校图书馆或网站上也可以提供家庭教育相关的书籍和资料，供家长们参考和借阅。

（四）提供咨询服务

学校有责任帮助处境不利儿童及其家人解决问题，为他们提供情感、心理辅导和咨询及相关协助。由于处境不利儿童所处的生活环境和教育环境不佳，可能会出现一些心理健康问题，这些对父母来说，会增加教育的难度，给父母带来焦虑。因此，家长也有可能出现心理问题。所以并非只有孩子需要接受心理辅导服务，父母也有这方面的需求。学校可以聘请专业的咨询师或家庭教育顾问，为家长们提供个别或集体的咨询服务。家长可以借此机会与专业人士交流问题、提出困惑，寻求解决方案和建议。咨询的范围可以包括危机调停、冲突解决和有关教育发展、学生发展及个人发展的相关问题，也可以包括自己教育孩子过程中出现的特殊的难题。

（五）帮助父母应对儿童的问题行为并促进其社会化发展

儿童发展无法避免问题行为。家庭的不稳定、父母情感缺失、父母离异、贫困等这些不利因素会使家庭关系更加复杂，儿童如果不懂得如何使用一系列正确的沟通方式和社会技能来表达自己的需要、取得关注或提出问题，那么他们就更容易产生问题行为。当儿童长大一些，如果还没有习得有效的沟通方式和社会技能，那么他们的问题行为将更严重，有可能出现社会交往障碍。如果父母没有先进的教育理念和科学的教育方法技能，面对问题行为往往束手无策。这个时候就需要教师和家庭通力配合，相互协作才能应对。此外，教师也要保持客观、开放的态度，并乐于为家庭提供各种服务。

第四节　社区对处境不利儿童及家庭的支持和服务

家庭的日常活动大多在一定的社区范围内进行，由于居住空间相近，社区内邻里之间相互照顾，取长补短，社区这一得天独厚的优势便可以很好地助力家庭教育。社会心理学认为，形成社区的最重要条件并不仅仅是一群人共同居住的地域，而是人们之间的互动及在此基础上形成的具有一定强度和数量的心理关系。[①]社区居民往往会产生把自己归入某一地域人群的心理倾向，也就是社区归属感，归属感的产生容易形成稳定的对社区的义务感、责任感，这非常有利于家长的自我教育和自我服务。在本社区范围内，社区组织比较有权威也具有较大的号召力，易于组织和发动本社区成员参与各项活动，也易于全方位地组织和协调各种文化体育设施以及与学校和其他社会机构之间的协作，便于教育资源的整体开发和合理配置。

---

① 中国大百科全书总编辑委员会，《社会学》编辑委员会. 中国大百科全书·社会学 [M].北京：中国大百科全书出版社，1991.

就目前的情况看，以社区为依托的家庭教育指导模式数量都比较多，发展速度快、规模大，具有明显的优势和发展前景。

社区能为家庭提供全方位的支持和服务，但要发挥好社区的作用，社区应该满足家庭的个性化需求，因此，社区不仅要满足大部分家庭的共性需求，还要通过调查了解特殊家庭的特殊需求，以便展开有针对性的支持和服务。首先，社区可以安排专业人士和专家定期举办讲座和研讨会，向家长传授有效的教育知识与技能、沟通技巧、冲突解决策略和压力管理方法。其次，社区还可以组织家庭聚会、集体活动和亲子项目等，鼓励家庭成员之间进行互动和沟通，帮助他们建立良好的家庭关系，提升家庭和社区的凝聚力。此外，社区可以提供家庭教育与心理咨询服务，在面对生活中的困难和挫折时，家庭成员可能会感到沮丧、孤独和无助。此时，社区可以派遣专业的心理健康专家为家庭成员提供心理咨询和支持，并为他们提供应对困境的技巧和资源。通过这种方式，社区可以帮助家庭成员改善情绪状态，增强抗压能力，从而提高整个家庭的幸福感和生活质量。另外，可能有部分家庭在养育孩子方面有困难，社区可以提供有关养育孩子的有偿专业服务，比如托管孩子（包括孩子的课余时间）。对于困难家庭的子女，社区可以提供相关的教育援助，包括学费减免、提供补助、奖学金等。同时，社区还可以组织志愿者为困难家庭的子女提供学习辅导，帮助他们提高学习成绩，从而提高他们的就业竞争力。对困难家庭，社区可以提供公益性岗位，为他们提供一定的收入来源。公益性岗位可以是社区保洁、绿化、安保、家政等，这些工作对于社区的发展很重要，同时也能为困难家庭提供一份稳定的收入。

但我们在看到社区对家庭的支持和服务的优势的同时，也应看到社区的"短板"，尤其是在指导家庭教育方面的缺陷。首先，随着城市化进程的加速，城市中新建居民区越来越多，居民流动性比较大，导致邻里之间并不认识、缺乏交流、关系疏远。农村中大多年轻人常年外出打工，邻居之间也不熟悉。因此，不管在农村还是在城市，原先的那种街坊居民间相依相存的紧密关系在很大程度上减弱，甚至不复存在，导致居民社区归属感减弱、社区凝聚力下降，社区自身的某些优势在家庭教育指导和服务中体现得并不充分。其次，对于不同家庭来说，其家庭结构不同，可能面临的问题也各不相同，家庭的需求也会有些差异，人们对社区参与家庭教育的认同度不足，导致不同类别家长参与度不高，多是偶尔参与社区开展的活动，缺乏可持续性，其效果也难以得到保障。此外，社区内缺乏专业技术人员。社区内的工作人员大多不是专业教师，缺乏专业能力，即使能了解家庭的需求，但面对父母在养育子女上的困惑却无法提供科学专业的帮助。需要提供哪些支持、如何提供以及如何利用现有的资源值得我们深入思考，大多是邀请专家学者来解决这些疑惑。但专家学者多是理论上的指导，没有专业人员的理解和转化，家长很难将那些理论知识转化为实践能力，导致效果不佳，降低家长的信心和参与度。社区拥有独特的教育资源，由于缺乏专业人员，使社区缺乏潜在资源的挖掘和现有资源的整合能力，导致仅有的资源无法高效利用，潜在的资源无从开发，其结果是一方面加重资源的短缺，另一方面出现资源严重浪费的情况。

因此，社区在提供支持和服务的同时，也应该弥补自身不足。如今是信息时代，社区可以搭建网络信息平台，比如设立社区公众号，特设家庭教育板块，既可以实现社区内家庭的互动和交流，也可以解决家长不便参与培训和学习的困境；社区可以调动辖区内专业人员和相关企业的积极性，着力开发相关产品和服务项目；也可以以委托项目和购买服务的方式实现社区与专业组织间的优势互补。因此，社区要与学校及各专业组织合作，共同提高社区支持和服务的质量。

第三章　处境不利儿童的心理发展现状

和普通家庭的儿童相比，我们关注的处境不利的四类家庭的儿童均面临家庭环境的改变，这些外部环境条件的变化不可避免地会对其心理发展带来不同程度的影响。前面我们从外部环境的角度，了解了流动儿童、留守儿童、离异家庭儿童和贫困家庭儿童的家庭特点及社会发展状况。本部分主要从个体角度出发，了解四类处境不利儿童心理发展的具体现状和特点。具体来说，我们主要从四个方面了解四类儿童的心理发展情况，即处境不利儿童的认知能力发展情况、处境不利儿童的心理健康状况、处境不利儿童对环境和自我的认知、处境不利儿童的情绪发展状况。

第一节　处境不利儿童的认知能力发展

认知能力是一个心理学概念，主要指人脑加工、储存和提取信息的能力。也是人们对事物的构成、性能与他物的关系、发展的动力、发展方向以及基本规律的把握能力。普遍认为，人的认知能力包括知觉、记忆、注意、思维和想象。和以上因素相关联的理解能力、记忆能力、推理能力、思维能力、语言表达能力、空间定位能力和创造性等也应该属于认知能力的范畴。人类认识客观世界，从外界获得知识，主要依赖于人的认知能力。认知能力的高低决定着儿童的学业成绩的高低，也预示着儿童未来在社会中的生存和发展能力的高低，基本的逻辑思维能力和与世界交互的能力的高低。认知能力和我们常说的智力有一定的区别，认知能力的发展与人的学习和经验有关，是可以通过后天的学习和训练得以提高的；而智力多是遗传和环境的综合作用，是相对比较稳定的。处境不利的四类儿童群体中，常常出现学业成绩不良、早早辍学、家庭关系不好、社会适应不良等现象，这些现象无不和较低的认知能力有关。

一、处境不利儿童的学业成绩

认知能力包括语言、记忆、理解、应用、分析、评价和创造等多个层次。学生的认知能力水平越高，他们在学习中的表现和成绩也会相应提高。研究表明，学生的认知水平与他们的考试成绩之间存在着一定的正相关关系。儿童的学业成绩不仅和认知能力相关，还受学习方法、学习态度、父母教养方式、家庭环境、归属感、自尊水平等多方面因素的影响。但这些其他的因素无不体现着学生的认知能力。因此，我们可以通过学生的学业成绩间接了解儿童的认知能力。

（一）流动儿童的学业成绩特点

大多的研究不断表明，流动儿童的学业成绩总体上是低于城市儿童的。且年级越高，每门科目成绩的均值越低。这意味着随着年级的升高、学习内容难度的增加，流动儿童学校成绩竞争的劣势越来越突出。有研究者指出，流动儿童进入城市生活时，会面临文化适应方面的压力，而这种压力会影响学业成绩。流入到城市的年龄越大，适应就越困难。

在性别方面，男生学业成绩显著低于女生。究其原因，主要体现在三个方面：第一，女孩具有较强的共情能力，更能体谅父母的不易。流动儿童到城市学习的费用远远高于在家乡求学，部分家庭受"重男轻女"观念的影响，女孩能跟随父母到城市学习更不容易，因此流动女孩更懂得珍惜学习机会，学习更自觉；第二，受性别刻板印象的影响，女孩被要求更"懂事、听话"，男孩则可以"放纵"[①]。因此，在学校里，女生表现得更懂事，更懂得自我约束，会更自觉地执行教师的命令，完成教师布置的作业，因而学业成绩更好。第三，男孩的家庭归属感低于女孩，而家庭归属

---

① 谭千保，陈利君，占友龙. 流动儿童的学校适应不良图式及其对学校适应的影响［J］. 长沙：中南林业科技大学学报（社会科学版），2013.

感能正向预测学业成绩。在访谈中发现，大多数父母是因为留守在老家的儿童已经出现严重的心理问题和行为偏差后才把他们接到城市中。这些儿童长期和父母分离，本身和父母关系就疏远。即使和父母生活在一起，也由于父母工作繁忙，往往会忽略儿童的情感需求，导致儿童很难形成归属感。一般来讲，女生比男生更倾向从父母那获得情感支持，与父母关系的紧密性在女性青少年发展过程中起到更为关键的作用。

流动儿童的学业成绩还存在着学校类型和年级的差异，主要表现在以下几个方面：第一，小学阶段城市公立学校流动儿童的学业成绩比农民工子弟学校中流动儿童的成绩高，但不存在显著差异。这说明，小学阶段流动儿童的学业成绩和就读的学校、外部的教育条件关系不大。第二，初中阶段农民工子弟学校中流动儿童的成绩普遍低于公立学校流动儿童的学业成绩，且具有统计学意义。第三，城市农民工子弟学校流动儿童学业成绩不如农村公立学校学生的学业成绩。

此外，在学科方面也有差异。初中阶段不论是在城市公立学校，还是在农民工子弟学校，流动儿童语文、数学和英语学科的成绩均不如同区非流动儿童，而在政治和历史学科上没有显著差异。无论是小学还是初中阶段，流动儿童学业成绩的个体差异都显著高于公立学校非流动儿童。

学生学业成功的关键影响因素之一就是学习投入。学习投入是指学生在学习过程中积极参与各项学习活动，深入地进行思考，充满活力地应对挑战和挫折，并伴有积极的情感体验。它是认知投入、行为投入和情感投入三者相互影响和作用的统一体。[1]学习投入不仅能预测学生近期的学业成绩，而且可以预测十年后学生的升学工作情况。与城市儿童相比，流动儿童学习自觉性、自信心稍差，学习投入程度不高。有研究表明，农民工子弟学校流动儿童学习投入显著低于公立学校流动儿童；流入到城市时间越长的流动儿童学习投入情况越好；兄弟姐妹越多的流动儿童学习投入程度越低；四年级流动儿童学习投入程度最高；流动男童学习投入程度显著低于流动女童；父母学历越高的流动儿童，其学习投入程度越高；学业成绩

① 张娜. 国内外学习投入及其学校影响因素研究综述 [J]. 开封：心理研究，2012.

越好的流动儿童，其学习投入程度越高；担任学生干部的流动儿童学习投入程度较高。[①]

通过对流动儿童学业成绩的特点分析，可以看出，流动儿童的认知能力总体处于偏低水平。记忆能力受儿童流动的影响不大，但在语言理解能力、逻辑思维能力和推理能力方面受儿童流动的影响较大。

（二）留守儿童的学业成绩特点

很多学者认为父母外出务工，使家庭环境发生巨大变化，将会对儿童教育造成不良影响，最直接的表现就是学业成绩不佳。也因此，农村留守儿童的辍学率相对较高，就读重点学校的比例较低，高中净入学率较低。然而，我国农村留守儿童分布的地域比较广，由于儿童的学业成绩是多方面因素综合作用的结果，所以各地区留守儿童的学业成绩特点存在着明显差异，由于研究条件的限制，本部分只列出众多研究中得出的留守儿童学业成绩的一般特点。

在小学阶段，留守儿童与非留守儿童的学业成绩并无显著差异，但在初中阶段的非留守儿童总成绩均值高于留守儿童总成绩。但通过对比不同时期的研究结果我们发现，虽然留守儿童的学业成绩总体上略差于非留守儿童的学业成绩，但近年来，留守儿童的各科成绩的及格率、平均成绩和优秀率都有了一定程度的提升。现代社会网络的普及，使儿童的学习方式多样化，留守儿童在网络中扩大了社会交往，儿童可以通过多种途径接触到更多的新鲜事物和更优质的学习资源，这在一定程度上促进了认知能力的发展。所以近些年留守儿童的学业成绩得到明显提升。

在监护类型上，目前留守儿童中父母外出情况大概分为三种：父母均外出、父亲外出或母亲外出。在父母均外出的家庭中，儿童的实际监护类型有以下几种：由祖辈监护、由哥哥姐姐监护、由其他亲戚监护和自己监护。很多研究表明，父母均外出务工的留守儿童的平均成绩不如父母都未外出的非留守儿童的平均成绩；父母均外出由他人监护的留守儿童的学业成绩不如单亲留守儿童；父亲外出由母亲监护的留守儿童的学业成绩要优

① 刘在花. 流动儿童学习投入现状、产生机制及干预研究［J］. 北京：教育科学研究，2021.

于母亲外出由父亲监护的学生成绩。一项对西部地区留守儿童的成绩的调查显示，在双亲都外出打工的情况下，无论是总成绩均值还是各科均值，由其他亲戚监护的儿童成绩最高，其次是由哥哥姐姐监护的儿童，之后分别是由自己监护和由祖辈监护的儿童。

在性别差异上，一项对某地区部分七年级和八年级的留守儿童的成绩调查结果显示：无论是七年级还是八年级，女生的各科的平均成绩明显高于男生的成绩，七年级时，女生仅有地理成绩低于男生。

在学科差异上，上海海洋大学硕士生王晨茹将父亲、母亲和（外）祖父母照看下的留守和非留守儿童语文、数学和英语成绩进行比较后发现：由母亲照看下的留守儿童的语文成绩要明显优于由父亲单独照看和由（外）祖父母照看的留守儿童的语文成绩，而由父亲单独照看和由（外）祖父母照看的留守儿童的成绩无显著差异；在数学和英语成绩方面，由母亲照看的最好，其次是由父亲照看的，但两者差异不大，而由（外）祖父母照看的留守儿童的这两科成绩要明显落后许多。这说明，母亲陪伴缺失对语文成绩的影响较大，父母陪伴同时缺失对儿童的数学、英语成绩影响较大。

在联系频率上，与父母每天都联系的儿童的语文、数学成绩都较好，与父母每个月联系一次的儿童英语成绩和总评成绩最好；一个月以上联系一次的儿童各科成绩均不好，甚至低于几乎不联系的儿童。这说明，父母都外出打工一定要经常和孩子联系，给孩子进行学习上的指导，有益于儿童学业成绩的提高。但也不要联系太频繁，太频繁可能会占用孩子的学习时间。因此要把握好和孩子联系的频率。

留守儿童中还有一种特殊的群体，即"继亲留守儿童"，也就是父母离异后分别再婚，亲生的父亲或母亲外出打工，儿童和继父或继母生活在一起。这种情况，亲生父母离异后，由父亲抚养，但父亲外出打工，委托给继母抚养的居多。这种继亲留守儿童的学业成绩要差于其他留守儿童，甚至会出现极端情况。除了个别情况，大部分继亲留守儿童的成绩表现一般，在升学中不占优势，因此，他们可能早早辍学或者到技校学习。这种情况也值得大家关注和重视。

（三）离异家庭儿童的学业成绩特点

随着社会离婚率逐渐上升，离异家庭也越来越多。离异对于成年人来说已经是一种常见的现象，然而，对于儿童来说，父母的离异却可能成为他们巨大的心理阴影。大部分研究认为，父母离异会对儿童心理发展带来消极影响，儿童会出现学习障碍问题、不良情绪和心理问题，导致学习成绩下降；但也有观点认为，给孩子带来消极影响的不是离婚事件本身，而是父母之间的冲突。父母离异有可能使孩子摆脱充满冲突的家庭环境，更有利于儿童的身心发展。但大部分离异家庭中的儿童会面临更大的压力，儿童学习成绩下降是个不争的事实。

英国的一项最新研究发现，离婚对孩子的数学成绩影响最显著。威斯康星大学麦迪逊分校的研究人员金贤植称，父母经常争吵、心情不好、生活不稳定等因素会严重影响孩子的成长，给孩子带来心理问题，由此影响孩子的阅读、理解、计算和逻辑思维能力。

我国学者的研究也表明，从总体上看，离异家庭儿童的成绩要差于完整家庭儿童的成绩；美国学校心理学家约翰·哥德堡研究发现：在学业方面，一年级离异家庭的女孩在学业成就测量（即Wide Range Achievement Fest）中三项成绩都较低；三年级离异家庭的女孩在数学、阅读以及所有教师评定的学业成就上得分均较低；五年级离婚家庭的女孩与完整家庭的女孩相比则没有学业上的差异。而一、三、五年级离婚家庭的男孩在所有教师评定的学业成就上都比完整家庭男孩的得分低，这说明随着孩子年龄的增长，父母离婚对女孩学业成就的影响越来越小，而对男孩学业成就的消极影响在各年龄阶段都存在。父母离异后，其子女分别由不同的抚养者抚养，对学生成绩的影响是不相同的。由母亲抚养的离异家庭儿童的成绩非常明显地优于由父亲抚养的离异家庭儿童的成绩，他们之间存在着非常显著的差异。父母离异时，儿童年龄越小，对儿童学业成绩的影响就越小。另外，父母的文化程度越高，离异对孩子成绩的消极影响越小。离异家庭中儿童的成绩和非离异家庭中儿童的成绩相比，离散程度较大，也就是说，个体差异较大，容易出现极端现象，特别优秀和特别差的比例要大些。

父母离异对儿童的学业成绩的影响，还可以通过学生的升学情况反映出来。在对三类大中专院校进行的随机调查中发现，在一本院校中父母离异的占比达7.8%，在二本院校里检出率达16.7%，而在职业院校检出率达到35%。虽然有部分大学生的父母是在孩子高考后离婚的，但是离婚前冲突和矛盾已经存在，可见，虽然我们不能只看到离异带来的消极影响，但对大多数家庭来说，离异对孩子的消极影响会大于积极影响。

（四）贫困家庭儿童的学业成绩特点

家庭投资理论认为，家庭的物质投资和情感投资在儿童的健康成长和全面发展过程中起着非常重要的作用。家庭经济收入高的父母会给子女提供更优质的教育，花更多的时间陪伴子女，从而促进其学业成绩的提升；而贫困家庭父母的经济水平较低，教育支出较少，且这种长期贫困的环境也会对孩子学业成绩造成连续、长期的影响。[1]因此，大多研究认为，无论是在城市还是在农村，家庭的物质投资和情感投资与儿童的健康成长和全面发展是正相关。

笔者在曾经走访过的一些中小学班级中发现，贫困学生中有一半以上成绩都处于班级中等偏下水平，而且贫困家庭儿童辍学现象频发。贫困还产生代际传递，即思想观念、文化习俗、行为方式通过父母和环境代代相传。家庭贫困不会直接影响儿童的教育，但可以通过教育观念和教育方式对孩子产生更为深远的影响。笔者查阅不同时期的文献资料发现，贫困儿童的学业成绩比非贫困儿童的学业成绩普遍偏低，在贫困生内部，不同贫困程度对学生的学业成绩有着不同程度的影响。[2]大部分研究得出的结果基本一致：贫困家庭中女生的学业成绩优于男生的学业成绩；贫困家庭中小学生的学业成绩要优于初中生的学业成绩；城市中贫困儿童和农村中贫困儿童的学业成绩无显著差异。但并不是所有贫困家庭的孩子的学业成绩都偏低，也有"寒门出贵子"的例子。有研究发现，高社会支持会降低贫困对儿童学业成绩的消极影响。

---

[1] 周霄，伍新春，王文超，田雨馨. 社会支持对青少年创伤后成长的影响：状态希望和积极重评的中介作用［J］. 北京：心理发展与教育，2017.
[2] 李薇，季旭峰. 地方本科院校家庭经济困难学生的心理资本研究［J］. 南京：南京晓庄学院学报，2014.

二、流动儿童和留守儿童的创造力特点

（一）创造力概念

1869年，英国心理学家Golton的著作《遗传与天才》开启了部分心理学家对遗传与天才的相关性研究和对人类创造力的探讨。1950年，Guilford在担任美国心理学会会长的就职演说中以创造力为题，倡导创造力的重要性，呼吁学界加强对创造力的研究。自此创造力日益受到心理学界的重视。

在创造力的定义上，研究者往往会因研究兴趣、研究视角、研究重点、研究方法、判断标准等方面的不同，对创造力的定义也各不相同。有人认为创造力是感觉的重新整合，是对经验的重新整合，是新关系的产生，是发现事物新联系的能力，是用新颖的方法解决问题的能力，是产生新思维的活动，等等。学界主要出现两种倾向，一是不把创造力看作一种能力，认为它是一种或多种心理过程，从而能创造出新颖和有价值的东西；二是认为它不是一种过程，而是一种产物。斯皮尔曼将创造性思维视为一种通过意识或潜意识寻找或创造关系的过程。吉尔福特以其智力三维结构模型为基础，认为创造性思维的核心是发散思维。吉尔福特还指出，可用思维的流畅性、变通性、新异性作为评价创造性思维水平的指标。托兰斯将创造力或创造思维定义为：敏锐地感觉到问题的存在、事物的不完善、知识的空白、成分的残缺、关系的不协调等。Rhodes（1961）收集了有关创造力定义的文献，认为有关创造力的定义涉及四个P，即：创造者（Person）、创造的历程（Process）、创造的产品（Product）、创造的环境（Place）。虽然中外学者至今对创造力仍未有一致的看法，但近年来大多数学者都是以产品的角度来定义创造力的评断标准。在整理各位学者对创造力的定义后，发现大部分的学者均同意创造力可从产品（product）的角度来观察，虽然学者的描述用词不同，但都认为创造性产品应具备两大特征：①新颖性（novel），相关用词包括崭新（new）、独创性（originality）等；②适用性（applicability），相关用词包括有价值（valuable）、适当（appropriate）、重要（significant）、适应（adaptive）、实用（utility）等。詹志禹（2002）通过延伸Mayer（1999）对创造性产品的两大特征的分

析，认为此种分类刚好暗合演化论中的变异与选择概念，因此以演化论的观点整理出创造性产品的两个必要特征，一是"新颖的变异"，二是"经得起某种选择压力"。换句话说，创造性产品必须新颖而且有价值。因此，从产品的视角观察，创造力也可以简单定义为：产生新颖且有价值的产品的能力。人们尝试去定义21世纪的孩子茁壮成长需要什么技能，当时给的答案是3R，即阅读（reading）、写作（writing）和算术（arithmetic）。经过现在社会的洗礼，后来被修改为4C，即创造力（creativity）、批判性思维（critical thinking）、协作（collaboration）和合作（cooperatoin）。

总之，创造力是人类特有的一种综合性本领。创造力是指产生新思想、发现和创造新事物的能力。理解创造力这一概念要把握以下几点：

①创造力是一种有别于智力的能力，是智力测验无法测出来的能力，创造力测验的内容不是测验智力的内容；

②创造力指在各种创造性活动中展现的能力，既有科学创造活动，又有技术创造和艺术创造活动，还有其他方面的创造活动；

③新颖独特是指前所未有、与众不同，这是创造力的根本特征；

④创造产品（包括物质的和精神的）有社会或个人价值。

（二）国内关于流动儿童和留守儿童创造力的研究

20世纪以来，伴随着农民外出务工，出现了两类特殊的群体——流动儿童和留守儿童。对于流动儿童而言，有的一出生就居住在流入地；有的到入学年龄才到流入地生活。流动儿童中的绝大多数将跟随父母长期在城市居住，成为城市的新市民。他们从农村迁移到城市生活，前后经历了两种文化环境（即使是出生在流入地的那部分儿童，他们也大都有随父母回到老家暂住的经历），其心理发生了很多变化，既有别于农村儿童，又不同于城市儿童。一方面，流动可能带给他们更多的见识、更开阔的眼界、更高的环境开放性以及更好的家庭经济条件，这些都可能促进他们的创造力发展。另一方面，由于流动儿童在城市属于弱势群体、边缘人群，且居住环境不好，教育条件有限，他们对城市只是局部的适应等，因此其创造力也可能受到抑制反而下降。

儿童的成长生活环境总体概括为家庭环境、学校环境和社会环境。对应于农村儿童来说家庭环境由父母和其他近亲构成，学校环境由教师和同学构成，而社会环境主要就是农村社会大环境。[①]儿童的生活环境本来是一个整体，这个整体产生的推动力可以促进儿童身心健康成长。儿童的创造力也必须通过后天的学习、训练和开发，在具体的生活情境中解决学习生活问题才得以发挥和显露出来。但对于留守儿童而言，由于长期和父母分离，家庭环境遭受破坏，这在一定程度上会抑制儿童创造力的发展。

那流动儿童和留守儿童的创造力会不会随着环境的改变而发生变化呢？如何变化呢？是提升了还是降低了？通过查阅上百篇相关的研究文献后发现，大部分研究者都是通过城市儿童和农村儿童的对比研究，得出大致的结论：流动儿童的创造力低于城市儿童，又高于没有流动的农村儿童。不同的研究者又从不同的角度进行了更深入的研究。

申继亮教授和他的团队从流动与否、流动时间的不同对儿童的创造性思维、创造性倾向带来的差异方面进行了深入的研究，研究结果如下：第一，通过流动儿童、城市儿童和农村儿童创造性思维的比较得出，在思维的流畅性、灵活性和独特性三个方面，结果都较为一致，三个指标得分都是城市对照组得分最高，其次是流动儿童，最后是农村儿童。流动儿童中男生的创造性思维得分略高于女生，但差异不显著。农村儿童和城市儿童一致，女生的创造性思维得分高于男生。在言语和非言语任务上，流动儿童得分都高于农村儿童，但低于城市儿童。在言语任务上，流动儿童和农村儿童的差异不显著，但在非言语任务上，差异显著。这说明随流动带来的环境变化对于言语和非言语任务都有积极的影响，但对非言语任务的影响的程度更大。这和之前的研究结果即农村环境下儿童更擅长完成言语任务，城市环境下儿童更擅长完成图形任务是一致的。第二，在创造性倾向部分及各个指标上，流动儿童和农村儿童的得分均低于城市儿童，但五年级流动儿童的得分比农村儿童得分稍好，并无显著差异；而六年级流动儿童的得分却比农村儿童稍差。这说明，儿童流动与否对创造性倾向的影响

---

① 聂茂，厉雷，李华军. 伤村：中国农村留守儿童忧思录［M］. 北京：人民日报出版社，2008：35.

可能和年龄因素有关。第三，在创造性思维和创造性倾向的总分和各个指标上，短期流动儿童的得分显著低于中期和长期流动儿童的得分，而后者没有显著差异。此外，随着儿童流动时间的增加，儿童在非言语任务上的表现会更好。这进一步说明了流动会促进儿童创造力的提升。①

首都师范大学硕士王芳在她的学位论文中对流动儿童的创造性思维也进行了研究。在创造性思维总体水平上的结果和前面的结果相同，即流动儿童的创造性思维水平低于城市儿童，高于农村儿童。她又在年级差异方面做了深入的研究，认为四年级流动儿童的创造性思维水平最高，显著高于三年级，五年级流动儿童的创造性思维水平显著高于三年级儿童，但均高于农村同年级的儿童的创造性思维水平；四年级儿童创造性思维的流畅性水平显著高于三年级儿童和五年级儿童，五年级儿童的流畅性水平显著高于三年级儿童；三年级流动儿童的流畅性水平显著高于同年级农村儿童；四年级的流动儿童具有最低的流畅性水平，显著低于农村儿童和城市儿童；三年级流动儿童灵活性水平显著高于同年级农村儿童，三年级城市儿童和流动儿童的创造性思维灵活性水平无显著差异。四年级流动儿童的灵活性水平显著低于同年级城市儿童和农村儿童；流动儿童的独创性水平显著高于农村儿童，城市儿童和流动儿童在独创性水平上差异不显著。②

通过对相关的研究结果分析可以看出，研究者们的结论大致相同，流动儿童的创造性思维水平低于城市儿童，高于农村儿童。从这个结果上看，流动使儿童从农村转移到城市生活，让儿童见识到更多的新鲜事物，增长了见识，开阔了视野，又接触到了更加优质的教育资源，这在一定程度上促进了儿童创新性思维的发展。但以上的研究中都出现了流动儿童的创造性思维水平发展呈现出倒U型曲线的趋势，三年级到四年级时创造性思维水平先上升，四年级到五年级有下降的趋势，但五年级流动儿童的创造性思维水平高于三年级流动儿童。这是因为在三年级以后，儿童的思维能

① 申继亮，等. 处境不利儿童的心理发展现状和教育对策研究［M］. 北京：经济科学出版社，2009.

② 王芳. 流动儿童的创造性自我效能感和创造性思维研究［D］. 北京：首都师范大学. 2014.

力先进入一个快速发展期，随后变缓甚至下降，但是整体上仍然保持增长的趋势，可以较为合理地解释上述出现的结果。在思维的流畅性和灵活性方面却出现了四年级流动儿童不如农村儿童的情况，这可能与学习任务繁重和父母管教过严，还有城市流动儿童的生活空间相对狭小和封闭等因素有关，但仍需继续研究。

关于留守儿童的创造力的研究相对较少，但通过和流动儿童的创造力的比较研究，可以看出，农村儿童的创造力水平整体较低。在一项深入的研究中可以看出，在农村留守儿童和农村非留守儿童的创造力水平的差异不显著。这可能与农村儿童生活和教育环境有关。在家庭中，父母或监护人受教育的程度普遍偏低，他们不太重视教育，更不重视对学生创造力、想象力的培养。一方面，在相关的教育学、心理学、社会学研究的文献中不难看出，学校教育并不太利于学生创新能力的培养，农村小学更是如此。在学校教育中总存在着求同思维与求异思维的矛盾，从整体看，大部分教师希望学生保持一致的思维水平与习惯，追求一致思维，便于整体教学和班级的整体进步，而创造力的发展需要大力提倡求异思维、发散思维，要求学生能除旧布新、打破成规、各抒己见，在不同的思想中碰撞出思维的火花。另一方面，自从大量的农村学校撤点并校后，我国的农村教育普遍呈现城市化教育发展的趋势，即推行教育城镇化。教育城镇化的外在表现是农村学校硬件设施水平逐渐向城市靠拢，而内在倾向则是农村教育逐渐被城市教育模式所主导，学校越来越重视考试与甄别选拔，对学生的应试能力要求也愈加严苛，在一定程度上导致了农村孩子特有的自由与野性被压制，这些无疑都对农村学生创造力的发展产生了不利影响。

创造力不存在年级差异，也就是说小学高年级儿童的创造力并不随年龄的增长而显著增长。这与小学期间创造力的发展规律有关，创造力的发展并非一直呈直线上升的趋势，而是呈波浪式前进。[①]这与农村儿童所处的教育条件有关，研究表明，儿童创造力的培养最终要依赖教师，对家庭条

---

① 林崇德，胡卫平. 创造性人才的成长规律和培养模式［J］. 北京：北京师范大学学报（社会科学版），2012.

件等外在因素并不着重要求。分析显示，大量的责任负担、时间的限制、教学基本技能的负担、缺乏知识和担心原则是限制教师促进学生创造力发展的主要障碍。对农村教师而言，教学基本技能的负担和缺乏专业知识是阻碍学生创造力发展的主要因素。同时，学生基本上跟着固定的班级和教师随班上升，教师长期不重视学生的创造力发展，而且农村教师的专业能力，尤其是教育理论和心理学知识的欠缺，很大程度上使教师忽略了对儿童创造力的培养。

第二节　处境不利儿童的心理健康状况

积极心理学认为，儿童的发展受他们教养体系（如家庭、学校和社区等）的影响较大。如和谐的父母关系、良好的家庭经济状况、良好的教养方式、和谐的亲子关系都会为儿童的成长提供心理成长的动力。从处境不利儿童的界定中可以看到，生活不稳定、贫困、留守、家庭经济状况不良、父母离异等因素被视为一种危险因素或环境，儿童容易受到它们的伤害，且几乎没有能力控制，这些不利处境会增长个体对外部世界的不客观知觉的可能性，甚至降低对社会的积极体验、与世界相互作用的适应性。总而言之，危险性因素会增加儿童产生不良心理和行为后果的可能性。和普通儿童相比，各类处境不利儿童有更低的自尊水平和更差的学校适应能力，在问题行为、歧视知觉水平、抑郁和焦虑及孤独感的评分上则高于普通儿童。

但是，对中外处境不利个体的研究发现，并不是所有的个体都出现预期的不良发展结果，相反，部分儿童却能够适应，甚至在挫折与压力、逆境与困难中成长得更好，如桑兰、霍金、张海迪、徐白仑、吴运铎等。在某些条件下，处境不利会成为个体心理和人格发展的保护性或促进性因素，换言之，处境不利也有可能使儿童获得成长。

对于处境不利儿童，应注意减少由危险因素而产生的连锁反应，如离异家庭的儿童应得到监护父母良好的照顾，并且保持健康而良好的亲子关系，以减低父母离异带来的消极连锁影响；社会支持网络如亲属、社会团体或者国家的物质资助及情感支持，成功的学校教育都会帮助处境不利儿童应对生活中的不利因素。了解各类处境不利儿童的心理健康状况有助于减少危险因素对儿童发展的消极影响。

一、心理健康的标准

心理健康与身体健康一样，是近年来人们关注较多的话题。1946年，在第三届国际心理卫生大会上，世界卫生组织首次提出心理健康的概念。心理健康是指在身体、智能以及情感上，在与他人的心理健康不相矛盾的范围内，将个人心境发展成最佳状态。一般来说，心理健康的人都能够适应环境、情绪正常、人格完整、关系和谐、善待自己、尊重他人。但由于年龄阶段和社会文化的差异，不同地区不同年龄阶段的人心理健康的标准也有所差异。美国的人本主义心理学家马斯洛和米特尔曼在深入研究的基础上提出了心理健康的十大标准：充分的安全感；充分了解自己，并对自己的能力作适当的评估；生活的目标切合实际；与现实的环境保持接触；能保持人格的完整与和谐；具有从经验中学习的能力；能保持良好的人际关系；适度的情绪表达与控制；在不违背社会规范的条件下，对个人的基本需要作恰当的满足；在集体要求的前提下，较好地发挥自己的个性。

结合我国青少年心理特点，我国青少年心理健康标准为：智力发育是正常的，也就是说个人的智力发展水平要与同年龄的孩子相一致；稳定的情绪，每个人都会经历失败挫折，但是这样的负面情绪持续时间不能长久；能够认识到自己的价值，有理想，对未来充满信心，有斗志；人际关系比较良好，能够向他人学习，而且友善、宽容；稳定协调的个性，能够对自己的个性和心理特征有明确的调节，或者是控制；热爱生活，能够充分发挥自己的潜能，不会因为挫折或失败而失去生活的信心。所以说满足上述六点特征或者标准的就是心理健康的青少年。

值得注意的是，心理健康的人并非没有痛苦和烦恼，而是他们能够及时地从痛苦和烦恼中解脱出来，积极地寻求改变不利现状的新途径；他们能够深切领悟不同人生阶段冲突和困难的严峻性，以及不可回避性，也能深刻体察人性的善恶本质；他们是能够自由、适度地表达自己的感受和情绪，并且有效地展现个性，能与他人、环境和谐地相处；他们能够不断地学习，善于利用各种资源，不断地充实自己；他们有战胜困难的勇气和自信，也明白知足常乐的道理；他们不会钻牛角尖，而是善于从不同角度看待问题。

二、处境不利儿童的心理健康状况

（一）抑郁症

抑郁症（Depressive Disorder）是一种常见的精神障碍，几乎人人在一生的某个阶段都或多或少地体验过，主要表现为长时间的情绪低落，抑郁悲观。轻者闷闷不乐，几乎对所有活动的兴趣和乐趣明显减少，重者痛不欲生、悲观绝望，觉得度日如年、生不如死。患者可能会出现自我评价降低，觉得自己无用，没有价值，常伴有自责自罪，严重者出现罪恶妄想和疑病妄想，部分患者出现幻觉，思维变得迟缓，反应迟钝，思路闭塞，自觉"脑子像涂了一层糨糊一样"。临床上可见言语减少，语速明显减慢，声音低沉，应答困难，严重者无法与人交流；意志活动减退，临床表现行为缓慢，生活懒散，不想做事，不愿和周围人接触交往，常独坐一旁，或整日卧床，闭门独居、疏远亲友、回避社交；甚至生活不能自理，可能发展为不语、不动、不食，称为"抑郁性木僵"；同时伴随着认知功能损害，主要表现为记忆力下降、注意力不能集中、反应时间延长、抽象思维能力差、语言流畅性差，还可能会出现空间认知障碍、理解能力障碍、计算能力障碍、决策困难等。进而可能会导致沟通能力下降，难以理解别人发出的信息以及难以表达自己的想法和意见；有的还会出现一些躯体症状，主要有睡眠障碍、乏力、食欲减退、体重下降等。睡眠障碍主要表现为早醒，一般比平时早醒2~3小时，醒后不能再入睡。有的表现为入睡困难，睡眠不深，整晚似睡非睡；少数患者表现为睡眠过多。体重减轻与食欲减退不成一定比例，少数患者可出现食欲增强、体重突然增加的情况。

对于儿童来说，还有可能表现为学业成绩突然下滑，兴趣、爱好、性格突然改变，整日无精打采，精力不济，衣冠不整，蓬头垢面，常感到莫名的烦躁，容易被激怒等。儿童群体中还容易出现"阳光型抑郁症"，也就是在人前表现比较积极、开朗、乐观、热情、健谈，但在人后常常莫名地感到情绪低落、绝望，甚至崩溃大哭，有过轻生的想法或行为。这需要引起家长和教育工作者的重视。

这些症状给患者带来极大的痛苦，患者的社交、职业功能受损，给家庭和社会带来巨大的损失。迄今，抑郁症的病因并不非常清楚，但可以肯定的是，生物、心理与社会环境等诸多因素是抑郁症的发病因素。但是这些因素并不是单独起作用的，强调遗传与环境或应激因素之间的交互作用，以及这种交互作用的出现时点在抑郁症发生过程中具有重要影响。

据《国民抑郁症蓝皮书（2022—2023年）》显示：近三年，全球精神障碍疾病负担更加沉重，抑郁症患者激增5300万人，增幅高达27.6%；其中重度抑郁症增加了28%；其中50%的抑郁症患者是在校学生，18岁以下的抑郁症患者占总人数的30%。我国抑郁症患病率高，患病人群庞大。2023年10月发布的《2023年度中国精神心理健康》蓝皮书显示：我国抑郁症患病人群高达9500万人，40%的中国青少年感到孤独，高中生抑郁检出率为40%，初中生抑郁检出率为50%，大学生轻度焦虑风险达38%。可见，儿童群体已是抑郁症发生的"重灾区"。Kimcohen（2003）的研究显示，有75%的重度抑郁患者首次抑郁发作是在童年期或青春期，只有25%的患者首次发作是在成人期。

研究普遍认为，处境不利儿童和普通儿童相比会有更多的消极情绪，在长期应对消极情绪带来的压力过程中，极易出现心理健康问题，尤其是易患有抑郁症。

有研究结果显示，处境不利儿童的抑郁显著高于其他普通儿童。曾守锤（2010）对上海市6—11岁流动儿童的社会适应状况研究发现，流动儿童抑郁症状的检出率为4%。①华中农业师范大学肖蕊2012年在其硕士论文中提

---

① 曾守锤. 流动儿童的社会适应状况及其风险因素的研究［J］. 上海：心理科学，2010.

到，调查显示：64.68%的流动儿童有不同程度的心理问题，其中抑郁的检出率高达19.67%。这说明，流动儿童抑郁的发生率逐年增多。但是，流动儿童随着流入城市年限的增加，抑郁状况会减轻。一项在一年内对流动儿童进行三轮调查的追踪研究显示，尽管相较于常住本地的儿童，流动儿童的抑郁感、孤独感等负面情绪要高一些，但与初始水平相比，流动儿童的抑郁感及孤独感表现出随时间推移下降的趋势。[1]一项对流动儿童进行的追踪研究发现，在为期一年的城市适应过程中，流动儿童的总体心理健康状况发生了变化，他们的整体抑郁状况也明显下降；[2]另一项对流动儿童进行的间隔近一年的追踪调查结果显示，抑郁的后测分数比前测水平低，经过近一年的城市适应后，流动儿童抑郁程度有所降低。[3]

同时发现，流动儿童的抑郁水平有性别和年级的差异。王中会等人（2014）对北京市小学三年级到初中三年级的685名流动儿童研究发现，男生的抑郁得分显著高于女生。[4]也有研究指出，四年级学生的抑郁水平最高。

2013年，全国妇联课题组研究报告显示，我国农村留守儿童超过6102.55万[5]，并呈逐年增长趋势。研究显示，留守儿童经常面临抑郁情绪的困扰。抑郁状态为抑郁症的早期症状，儿童如果长期处于抑郁的情绪状态有可能会演化成抑郁症。通过查阅文献发现，关于留守儿童抑郁问题的研究比其他几种处境不利儿童的研究要多很多，这说明抑郁问题在留守儿童中非常普遍。几乎所有的研究结果都有一个共同的指向：留守儿童抑郁检出率高于非留守儿童，而且呈现逐年增加的趋势。2012年，一项关于安徽省农村留守儿童的抑郁状况的调查显示，留守儿童抑郁症状检出率为12.1%，高于非留守儿童8.0%的抑郁检出率。在2021年11月23日举行的"全

---

① 周皓. 流动儿童的心理状况与发展——基于"流动儿童发展状况跟踪调查"的数据分析［J］. 北京：人口研究. 2010.

② 袁晓娇，方晓义，刘杨，蔺秀云. 流动儿童压力应对方式与抑郁感、社交焦虑的关系：一项追踪研究［J］. 北京：心理发展与教育，2012.

③ 范兴华，陈锋菊，唐文萍，黄月胜，袁宋云. 流动儿童歧视知觉、自尊与抑郁的动态关系：模型检验［J］. 中国临床心理学杂志，2016.

④ 王中会，蔺秀云. 流动儿童心理韧性对其抑郁、孤独的影响［J］. 北京：中国特殊教育，2014.

⑤ 全国妇联课题组. 全国农村留守儿童、城乡流动儿童状况研究报告［J］. 中国妇运，2013.

国乡村儿童心理健康教育痛点及公益帮扶模式探索"论坛上，香江社会救助基金会发布了首份《乡村儿童心理健康调查报告》。该报告显示，乡村儿童的抑郁检出率为25.2%，留守儿童的心理健康风险更大，留守儿童抑郁检出率为28.5%，高于非留守儿童。通过分析各类研究得出：在性别方面，不论哪个年龄段留守女生的抑郁水平都高于留守男生；在年龄方面，不论哪个年龄段留守儿童的抑郁水平都高于非留守儿童。但是在小于14周岁的各个年龄阶段，留守儿童的抑郁水平和非留守儿童的抑郁水平的差异不显著，而在14岁、15岁、大于等于16岁年龄组中，留守儿童与非留守儿童抑郁症状检出率的组间比较，差异有统计学意义，也就是说，在14岁、15岁、大于等于16岁年龄组中，留守儿童的抑郁水平显著高于非留守儿童；在监护类型上，同辈监护和亲戚监护抑郁的检出率最高。同时，也可以看到，亲子关系不好、有过被忽视和躯体虐待、应对压力方式消极的儿童，抑郁状况更为严重，抑郁检出率都比较高。

国内外研究发现，父母离异对儿童的心理和发展有积极的影响和消极的影响，尽管有研究发现，除了遭受特殊困难外，单身女性对子女的抚养比完整家庭的抚养能更好地使儿童发展自尊、智力。[①]但不得不承认的是，大部分情况下，父母离异对儿童发展的消极影响多于积极影响，离异家庭儿童更易出现心理困扰和心理问题。瑞典公布的一项进行十年之久的调查结果显示，单亲家庭的孩子患抑郁症的可能性比一般家庭的孩子要高两倍以上。国内的研究也表明，离异家庭儿童的冲动性紧张倾向突出，人际关系敏感问题突出，抑郁倾向严重，还会出现明显的焦虑、睡眠及饮食状况不佳。

在有关抑郁发生的影响因素的研究中，家庭经济困难是一个危险因素。家庭压力模型认为家庭低收入、失业等会造成持续的经济压力，易使父母产生情绪困扰，影响亲子关系，父母倾向采用消极的教养方式，都会导致儿童更容易出现抑郁或焦虑问题。在贫困家庭生活中的儿童抑郁检出率也较高。

---

① 林崇德. 离异家庭子女心理的特点［J］. 北京：北京师范大学学报, 1992.

（二）社会适应

社会适应一词最早由赫伯特·斯宾塞提出，是指个体逐渐地接受现有社会的道德规范与行为准则，对于环境中的社会刺激能够在规范允许的范围内做出反应的过程。从心理学角度来看，社会适应是指个体在社会生活发展过程中，通过认知、情感、行为等方面的调整，逐步适应社会的规范和价值观念，同时也反过来影响和改变社会。个体需要从环境中有效地获取信息，运用自己的认知能力将其转换成有用的知识，理解社会的规则和价值观念。个体的情感和策略也需要适应社会的变化，以保持自己的情感稳定和应对社会的变化。社会适应对个体有着重要意义。如果一个人不能与社会取得一致，就会产生对所处环境中的一切格格不入的心理状态，久而久之，容易引起心理问题。[①]

社会适应是一个非常复杂的过程。社会心理学研究认为，人们在社会生活中遇到冲突或挫折时，往往通过文饰作用、认同作用、代替作用、投射作用、压抑作用和反向作用等，可以使个人与社会取得良好的适应。[②]社会总是不断变化的，个体的观念、行为方式随社会环境发生变化而改变，以适应所处的社会环境。因此，个体的观念、认知方式、家庭环境、学校环境、社会环境等因素都会影响着社会适应的进程。由于家庭环境、教育环境不利以及社会偏见的存在等因素，处境不利儿童往往会出现社会适应困难，导致社会适应能力的下降或缺陷。培养他们的社会适应能力是教育研究的重要课题。研究发现，处境不利儿童的社会适应困难主要表现在以下几个方面。

1. 社交焦虑

社交焦虑是一种与人交往时（尤其是在大众场合）会不由自主地感到不舒服、不自在、紧张、害怕的情绪体验，以致手足无措、语无伦次。社交焦虑的人每天的各种社会活动，比如走路、说话、购物，以及打电话对他们来说都是很大的挑战。他们不仅与"权威人士"交往困难，与普通人

---

① 陈会昌. 中国学前教育百科全书·心理发展卷［M］. 沈阳：沈阳出版社. 1995.
② 李鑫生，蒋宝德. 人类学辞典［M］. 北京：北京华艺出版社. 1990.

交往也会出现障碍。即使他们离开了让他们焦虑的情境，也会在头脑中不断分析和"回放"焦虑情境，使社交焦虑情绪得到强化。社交焦虑的个体与他人交往的时候往往还伴随有生理上的症状，如出汗、脸红、心慌等。为了回避社交焦虑情绪，他们往往选择独处，不愿与人交往，长期持续下去导致社交恐惧，还有可能继发抑郁症状，给他们的社交、上学、工作带来困难。

社交焦虑是一种消极的情绪，如果得不到有效及时的控制，会发展成社交焦虑症。社交焦虑症是一种常见的精神障碍，是指在社交场合感到过分的紧张和恐惧的病症。社交焦虑在任何年龄段都有可能出现，但社交焦虑症95%的患者在20岁发病。因此，在患者儿童时期就应该采取措施去控制和减少社交带来的负面情绪。

社交焦虑的形成过程比较复杂。儿童在成长过程中经常遭受挫折、缺少社会支持、自我意识感强、自卑、模仿与暗示都可能强化社交焦虑。有研究显示，社交焦虑受家庭影响明显。有社交焦虑的人其父母往往会传达一种负性体验，比如父母婚姻冲突、抱怨经济困难、父母过度的保护或抛弃、父母的消极控制和评价、儿童期受虐待、儿童期频繁搬迁、儿童缺少父母的关爱、儿童学业屡次失败等。

2. 人际关系障碍

人际关系在我们的生活中发挥着重要作用，它与我们的生活幸福感、情感支持和心理健康密切相关。然而，并非每个人都能轻松地与他人建立和维护健康和谐的人际关系。流动儿童生活环境经常变化、离异家庭儿童家庭人际关系复杂、留守儿童人际交往范围狭窄、贫困家庭儿童过度自卑等都是影响人际关系质量的不利因素。因此，处境不利儿童比普通儿童更容易形成人际关系障碍，所谓人际关系障碍是指一种阻碍个体与他人建立和维持正常人际关系的心理或行为特征。主要表现在三个方面：一是沟通困难。沟通是交流思想、情感和信息的过程，是人际关系建立和维护的关键。然而，一部分人可能会面临沟通困难的情况，他们或是不愿沟通，抑或是缺乏沟通能力和技巧，不会恰当地表达自己的情绪、感受和想法，容易造成误解和冲突。二是依赖倾向。人际关系中的适度依赖是正常的，但某些个体可能出于种种原因过度依赖他人。他们可能缺乏自信、没有自我意识、自我评价低，需要他人的肯定和支持才能感到安全和满足。个人的情绪受他人左右，一旦关系中断或结束，就会体验到强烈的不安和痛苦。这种依赖倾向可能导致不健康的人际关系，因为他们把个人满足感基于他人的反馈而非自己的内心。最大的危害是无法建立起真正的自我，活不出自己，走不出一条属于自己的路。三是冲突处理困难。人际交往中难免会出现冲突和争执，但有些人可能没有良好的冲突处理能力。他们可能会回避冲突，或者在处理冲突时表现出攻击性、冷漠或过度妥协。这种困难可能导致关系破裂和人际障碍的进一步恶化。

3. 网络成瘾

网络成瘾是指上网者长时间地、习惯性地沉浸在网络中，对互联网产生强烈的依赖，以至于达到了痴迷的程度而难以摆脱的行为状态和心理状态。目前，网络成瘾的主要表现形式是手机成瘾。手机成瘾指个人不合理地使用或不受控制地使用智能手机。手机用户为满足某种特定需求，无法控制自己使用手机，导致一系列行为和社会适应问题。社会置换假说认为个体长时间沉浸在手机所构建的虚拟世界中，会减少传统的面对面互动，阻碍人际关系和社交技能的发展。个体对手机的过度依赖，会使人际互动过程中缺乏真实性、诚意性和公平性，导致实际交往行为的疏离，人际交流互动机会的减少，会使他们的社会关系变得更疏远。已有研究表明，手机依赖能够预测社交焦虑，并且两者之间可能存在某些中介变量，手机依赖通过作用于中介变量进而影响个体的社交焦虑。西班牙也有一篇研究报告指出，在重度手机成瘾者中，身体会出现莫名的痛苦，社会能力也会大大减弱。

在走访的部分家庭中，不少处境不利儿童都有严重的手机依赖倾向。这些处境不利儿童的父母大多忙于生计，没有时间陪伴孩子，在孩子放学在家的时候，就让手机陪伴他们，而孩子年龄尚小，抵抗不住诱惑，也没有自主管理能力，就更容易产生手机依赖倾向。他们长时间地沉迷手机，在被迫与手机分离后，会表现出极大的不安和烦躁，甚至还会有一些攻击性行为。在与他们面对面交往的时候，他们表情呆滞，不愿主动交流，对一些语言的理解能力也较差。

（三）问题行为

美国心理学家Wickman最早开展问题行为研究。随着研究的深入和内容的丰富，问题行为，也可称为行为问题、行为偏差、不良行为、危险行为，是指那些和普通个体的一般行为相比所表现出的过度、不足或不恰当的行为。儿童的问题行为分成内化问题行为和外化问题行为两大部分。内化问题行为是个人对其外部环境的消极反应，并在这之后而形成的一种内部行为。比如焦虑、抑郁、恐惧、社交退缩等。Rubin指出外化问题行为是一种外在的行为表现，当个体面对消极环境时可能产生攻击或者破坏的行为，并且这种行为是指向他人及外部环境的，如攻击、违纪等行为。

从心理学、社会学、教育学的角度来看，问题行为是一种情绪失调、社交失败和教育失败的表现。问题行为严重影响儿童的身心健康，对儿童的成长极为不利。有研究显示，个体在儿童期的问题行为可以预测其成长过程中出现的同伴排斥、不安全关系等人际交往困难甚至有违法犯罪问题。[①]因此，问题行为还会给社会带来不良的影响，影响社会安定与和谐。

由于研究者研究角度的不同，对问题行为的研究和理解不相同，在问题行为的分类上也各不相同。概括来说，儿童常见的问题行为主要有注意力问题行为、交往性问题行为、情绪性问题行为和破坏性问题行为四种。在注意力方面，表现为注意力不集中，学习或活动过程中不断地有各种小动作，注意力容易分散，容易被其他同学的言行或者外界的其他信息所吸引；行为散漫，不能很好地控制自己的言行，学习或活动过程中往往会做一些与学习或活动无关紧要的事情，即使被提醒也不能及时停止，注意力不能很好地实现及时转移；在社会交往方面，表现为无法与他人（如教师或同学）建立并保持良好的人际关系，不会与人友好交往，不愿与人合作，行为冲动，容易与同伴发生不愉快；以自我为中心，在与同伴交往过程中比较强势，易怒或有攻击性，与同伴交往中不懂得交往的规则，不

---

① 马心宇，陈福美，玄新，王耘，李燕芳. 父亲、母亲抚养压力在母亲抑郁和学龄前儿童内外部问题行为间的链式中介作用［J］. 北京：心理发展与教育，2019.

会积极处理交往中出现的问题，常出现无故迟到、撒谎、偷窃、不遵守规则、伤害别人等违规犯错或反社会行为。在情绪方面，表现为情绪反复无常、低落抑郁、容易紧张，常常因为过度焦虑而引起明显的生理性反应、恐惧性反应或者产生强迫行为。比如经常吸吮手指、啃指甲，打扮成异性、迷恋游戏机或恋物癖等。在行为的破坏性方面，表现为故意破坏他人的物品，以引起他人的关注或对他人进行报复；故意破坏活动规则，干扰或者阻止活动的正常进行。

有研究发现，流动儿童的外化问题行为发生率较高，这可能是因为流动儿童面对着城乡差异无所适从，而父母很少关心他们，情感体验缺失，这可能致使儿童通过采取过度的、反叛的或极端的行为来引起父母的注意。父母处理问题的方式往往简单、粗暴，儿童易产生抵触情绪，亲子关系变得更差，儿童的外化问题行为更加难以得到控制。离异家庭的儿童的内化问题行为较严重，表现出焦虑、抑郁、孤僻、冷漠、意志薄弱等问题。父母离异，家庭结构发生重大变化，儿童可能刚开始也会以外化的形式来引起父母的注意和关爱，但外化行为得不到父母的关注，或者改变不了现状时就转化为了内化问题行为。而留守儿童缺失亲情关爱，长期得不到父母对他们的关爱，内化和外化的问题行为都比较严重。贫困儿童常常面临生存的压力，他们往往会以自己特有的方式来应对生活的困境，他们的问题行为外化程度比较高，主要表现为偷盗、辍学、离家出走、打工等。

第三节　处境不利儿童对环境和自我的认知

与一般普通家庭的儿童相比，我们关注的四类处境不利的儿童均面临着家庭环境的改变，这些改变不可避免地对其心理发展带来不同程度的影响。以往的研究大多认为处境不利对儿童的心理发展的消极影响会更多，但由于儿童对环境的认知的差异，也有部分儿童会采用积极的方式应对环境的改变，这些处境不利的家庭也培养出不少优秀、卓越的人物。因此，处境不利对儿童的心理起积极还是消极的影响，取决于儿童对环境的认知。

一、歧视知觉

所谓歧视就是不平等看待，指人对人就某个缺陷、缺点、能力、出身以不平等的眼光对待。歧视来源于偏见，偏见进一步就会发展为歧视。每个人都有歧视他人的行为，不过表现在不同的领域里，表现程度也各不相同。歧视多带贬义色彩，也是一种伤害性行为，它的伤害性体现在对被歧视者身心健康的消极影响。从社会的角度看，歧视是不同利益群体间发生的一种情感反应及行为，歧视一般由歧视方和被歧视方两个利益群体构成。一般情况下，歧视方由于担忧被歧视方对自己的地位、权利、利益、习惯、文化等造成威胁或挑战，而在言论或行为上对被歧视方进行丑化、中伤、隔离，甚至伤害。歧视实际上是歧视方在寻找说不出口的理由，使不合理、不合法、不公平、不正义的事情维持下去。达到维护歧视方的地位、权利、利益、习惯、文化的目的。

歧视是社会生活中的一种复杂现象，涉及的范围广泛，在任何时候、任何场合都有可能发生。从程度上看，歧视的形式可以是轻微地忽视他人，也可以是激烈地攻击和伤害。在形式上可以是外显的语言和行为，也可以是微妙的、不易觉察到的想法和态度。由于社会文明的发展，各种歧视比如性别歧视、年龄歧视、地域歧视等越来越不被社会接受，人们也不会轻易表现出外显的歧视行为，从而使歧视行为具有隐蔽性。因此，在研究歧视对个体发展的影响时，首先需要掌握个体是如何对他人的行为动机、目的意图进行理解和判断的。

歧视虽然源于偏见，但和偏见有本质的区别。在内涵上，偏见是一种主观的看法，而歧视是一种更严重的行为；在来源上，偏见来源于人的认知和思维方式，而歧视来源于偏见；偏见的影响主要是对个体的认知和行为产生影响，而歧视的影响则更直接，它会对某些群体的利益和权益产生影响。在现实中，人们通常把歧视和"污名化"联系在一起。"污名"一词最早可追溯到古希腊时代，原指"用身体标志来标明道德上异常的或者坏的东西"。1963年，美国社会学家戈尔登（E. Goffman）最早提出"污名"的概念，认为污名指"一种令人大大丢脸的特征，是特征和成见之间的一种特殊关系"，正是这种特征使其拥有者在人际交往中"身份受损"。而"污名化"就是目标对象由于其所拥有的"受损的身份"而在社会其他人眼中逐渐丧失其社会信誉和社会价值，并因此遭受到排斥性社会回应的过程。[①]可见，歧视和"污名化"既有区别又有联系。"污名化"是被贴标签的人在社会其他人眼中失去社会信誉和社会价值的过程；而歧视是社会对被贴标签的人所展现的贬低、疏远和敌对的态度或实行伤害性行为。歧视是"污名化"的结果。

而歧视知觉和歧视是两个完全不同的概念。歧视的主体是歧视行为的发起者，而歧视知觉的主体是受害者。知觉是指个体的主观感受。研究者们对歧视知觉的定义大致是相同的。总的来说，歧视知觉（Discrimination Perception）是指个体对自己及自己所属的群体受到了周围世界的负面评价或不公平对待的知觉。有研究发现，弱势群体成员一般认为他所属群体受到的歧视多于自己受到的歧视，于是，研究者们通常会将歧视知觉分为群体歧视知觉和个体歧视知觉两种类型进行研究，群体歧视知觉主要针对的就是个体对自身所处群体遭到其他群体的不公平对待的主观感受，而个体知觉歧视主要指的是个体对于自身遭到区别对待的主观体验。

近年来，研究者大多聚焦处境不利群体来研究歧视知觉。蔺秀云（2009）在分析歧视知觉与心理健康现状相关性的基础上，指出歧视知觉对流动儿童心理健康水平有显著的直接影响，而且还可以通过应对方式和自尊对心理健康水平产生间接影响。[②]白佳蕊（2019）通过问卷形式探索流动儿童歧视知觉与生活满意度的关系，并探索提升流动儿童幸福感的途径。[③]张磊等人（2015）选取28名留守儿童进行质性研究分析，通过研究指出歧视知觉会导致初中留守儿童产生攻击、回避、违规违纪等问题。[④]韩黎

① 欧文·戈夫曼. 污名——受损身份管理札记［M］. 北京：商务印书馆，2009. ，
② 蔺秀云，等. 流动儿童歧视知觉与心理健康水平的关系及其心理机制［J］. 北京：心理学报，2009.
③ 白佳蕊. 流动儿童歧视知觉与生活满意度的关系：有调节的中介模型［D］. 天津：天津师范大学，2019.
④ 张磊等. 初中留守儿童的歧视知觉及其对问题行为的影响——一项质性研究分析［J］. 北京：中国特殊教育，2015.

和龙艳（2020）则指出歧视知觉能够显著正向预测留守儿童情绪和行为问题。[①]郭湘（2023年）对632名农村留守儿童进行调查研究得出，歧视知觉以正向预测孤独感，而孤独感对群体歧视知觉与学习、认知、积极情绪、人际关系适应起完全中介作用。[②]

综上所述，研究者们均认为歧视知觉会对处于处境不利的特殊群体的儿童产生消极的影响。但Branscombe等人提出的拒绝-认同模型（Rejection Identification Model，简称RIM）认为，个体对外界的歧视知觉可能会产生两种不同的结果：一种是让其意识到外界自己或所处群体的排斥，从而对心理健康产生消极影响；另一种则是这种来自群体外的歧视知觉会提高个体对于自身所在群体内的认同感，会抵消歧视对个体的一些负面影响，可以起到保护个体身心健康发展的作用。（见图3-1）

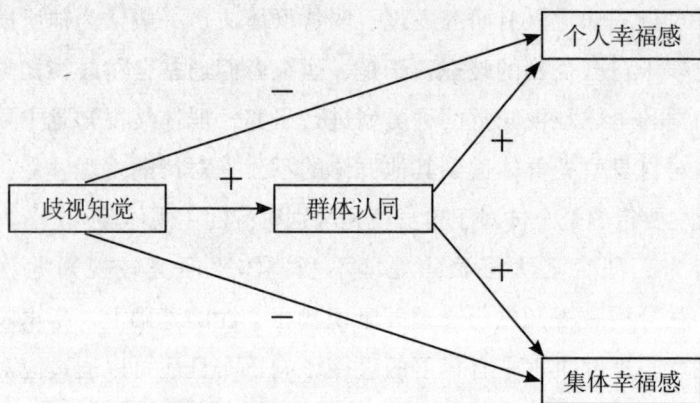

图3-1　拒绝-认同模型（Branscombe etal.，1999）

对处境不利儿童的歧视知觉的研究较多，通过阅读大量的文献资料，结合实际情况归纳总结出，处境不利儿童的歧视知觉具有以下特点：第一，对于流动儿童。流动儿童的歧视知觉有年级和性别的差异。初中流动儿童比小学流动儿童具有相对较高的歧视知觉体验；流动男生的歧视知觉

---

① 韩黎，龙艳. 歧视知觉与留守儿童情绪和行为问题的关系：一个有调节的中介模型［J］. 北京：中国特殊教育，2020.

② 郭湘. 农村留守儿童歧视知觉、孤独感和社会适应水平的关系研究［D］. 天津：天津师范大学，2023.

略高于流动女生；农民工子弟学校的流动儿童比公立学校的流动儿童遭遇更多的歧视；随着流入时间的发展，流动儿童的群体歧视知觉有逐年下降的趋势。第二，对于留守儿童。性别和留守时间的长短对留守儿童的歧视知觉没有太大影响，但在年级上有显著差异，初中阶段的歧视知觉高于小学阶段；随着年龄的增长，留守儿童的个体和群体歧视知觉有增长的趋势。第三，对于离异家庭儿童。小学五、六年级的歧视知觉高于初一和初二年级，其他年级之间无显著差异；无论是个体歧视知觉还是群体歧视知觉，男孩均高于女孩；随着年级的增加，离异家庭中的男孩和完整家庭中的男孩的差异进一步增大，而离异家庭中的女孩与完整家庭中的女孩差异逐渐减少；随着父母离异时间的增加，歧视知觉有下降的趋势。第四，对于贫困家庭儿童来说，年级和性别对个体和群体的歧视知觉均不存在显著差异。

总的来说，流动儿童和离异家庭儿童的个体歧视知觉水平高于留守儿童和贫困儿童，其中贫困儿童最低；四组儿童的群体歧视知觉均高于普通儿童。性别只对离异家庭儿童的歧视知觉有显著的影响。这些结果提示我们，物质资源缺乏并不能带给儿童更多的歧视知觉，儿童亲情缺失、适应环境困难可能是决定歧视知觉水平高低的重要因素。为了帮助儿童顺利适应社会，我们不应简单地提供物质帮助，而是应该更多地提供足够的情感资源和精神支持。离异家庭的女孩可能比男生能更好地适应父母离异和单亲家庭生活，因此在离异家庭中应重点关注男生心理适应问题。

二、生活满意度

积极心理学是近些年备受关注的一个新兴研究领域。积极心理学主张研究人类积极的品质，充分挖掘人固有的、潜在的、具有建设性的力量，以促进个人和社会的发展。积极心理学研究的一个主要方面就是积极情绪，它主张研究个体对待过去、现在和将来的积极的态度和体验。对待过去，主要研究满足、满意等积极体验；对待当前，主要研究幸福、快乐等积极体验；对待将来，主要研究乐观和希望等积极体验。①因此，生活满意度是积极心理学研究的热点问题之一。那么什么是生活满意度呢？

所谓生活满意度是个体根据自身的标准对自己总体或某一领域生活状况的主观评价。不同的标准会导致不同的认知判断，可能有不同程度的满意度。

一般又可分为一般生活满意度和特殊领域生活满意度。一般生活满意度是个体对自身生活质量的整体的认知评估；特殊领域生活满意度是对不同生活领域生活的具体评价，如家庭满意度、朋友满意度、学校满意度、工作满意度等。一般生活满意度是由特殊生活领域的满意度决定的，一般生活满意度较特殊生活满意度更为抽象和稳定。

对生活满意度的相关研究集中在前因变量的探讨上，影响儿童生活满意度的因素有很多，大致可分为主观因素和客观因素。客观因素主要包括生活事件、社会支持与社会排斥、家庭环境、父母的教养方式、社会经济地位等；主观因素主要有自尊、人格特质（如气质性乐观与气质性悲观）、情绪智力、自我效能感、歧视知觉等。

生活满意度可以用生活满意度量表来测量和评估，这个量表是纽加滕等人于1961年编制的。包括三个独立的分量表，其中一个是他评量表，即生活满意度评定量表；另外两个是自评量表，即生活满意度指数A和生活满意度指数B。生活满意度评定量表包括五个维度，即热情与冷漠，决心与不屈服，愿望与实现目标间的吻合程度，自我评价，心境状态。每个子量表按1级~5级评分，5分表示满意度最低，25分表示满意度最高。除此之外，比较有代表性是《学生生活满意度量表》《多维学生生活满意度量表》《综合生活质量量表——学校版》等。这些量表的信度、效度以及跨文化的稳定性都已得到了一定程度的验证。

研究儿童的生活满意度，了解儿童对自己生活的主观评价和体验，在一定程度上可以反映出其接受教育的效果，给学校教育提供参考和依据。

---

①卡尔·爱尔兰. 积极心理学（第二版）［M］. 丁丹，等译. 北京：中国轻工业出版社. 2013.

对于处境不利儿童，由于其所处的环境不利、面临的环境复杂，了解他们的生活满意度，以便及时发现问题并采取有针对性的措施以改善环境的不利方面，这对儿童的身心健康发展有重要意义。

不同类型处境不利儿童的生活满意度表现出较大的差异。一是对流动儿童。有研究显示，小学流动儿童的生活满意度较高，随着年级的升高，流动儿童的生活满意度有下降的趋势。这可能和中学流动儿童可能会面临更多的问题有关，比如升学问题、就业问题等；在流动儿童群体中，男生的生活满意度高于女生；农民工子弟学校就读的流动儿童的生活满意度要低于公立学校就读的儿童；随着流入城市时间的增加，流动儿童的生活满意度逐渐升高。二是留守儿童。和非留守儿童相比，五年级、六年级留守儿童的生活满意度无明显差异，但初中生却存在显著差异；五年级留守儿童的生活满意最高，随着年级的升高，留守儿童的生活满意度在明显降低，这可能和学生进入青春期，面临更多的心理矛盾和冲突有关；不论单亲在外打工还是双亲在外打工，只要有一人在外打工，儿童的生活满意度就会降低；儿童留守时间越长，生活满意度越低。也有研究认为，父母外出打工人数和留守时间可能不是留守儿童生活满意度降低的直接原因，可能是父母的亲情缺失和由于留守而造成的生活困难才是影响生活满意度的重要原因。三是离异家庭儿童。由于受父母离异这一消极事件的影响，离异家庭儿童的生活满意度要低于完整家庭的儿童；四年级儿童的生活满意度要显著高于其他年级的儿童；离异家庭男孩和女孩的主观幸福感没有显著差异，这说明他们对自己的生活还是比较满意的；随着父母离婚时间的增长，儿童的生活满意度有上升的趋势，这可能是因为随着年龄的增加，孩子对父母离异这一消极事件的认识越来越客观和成熟所导致的。在一些访谈中发现，不少孩子认为父母离异是一件好事，没有了冲突和矛盾，家庭环境反而会更好。四是贫困家庭儿童。在性别方面，贫困家庭儿童的生活满意度没有明显的差异；初中阶段生活满意度高于小学阶段，这和前面几类儿童的情况刚好相反。

总的来说，与普通儿童相比，处境不利的这几类儿童的生活满意度相对较低。留守儿童的生活满意度最低，其次是离异家庭儿童和流动儿童，贫困家庭儿童的生活满意度最高。虽然家庭经济状况会影响儿童的生活满意度，但和情感资源缺乏相比，影响要小很多。家长们应该明白，造成儿童生活满意度降低的，主要是情感的缺失，儿童体会不到家庭的温暖，从而降低自己对家庭的归属感和依恋感。因此，家长们不论在不在儿童身边，都应该给儿童提供更多的情感支持，而不是简单地提供经济的支持。尤其是离异家庭儿童和留守儿童，父母们总觉得不能陪伴儿童很对不起孩子，为了弥补愧疚，就在物质上尽量满足孩子，这样不仅不能提升孩子的生活满意度，有可能会带来更多的问题行为。

三、公正感

1. 关于公正和公正感的内涵

公正是一个古老的伦理问题，在汉语词典里，公正即为公平正直，没有偏私。公正涉及的范围非常广泛，因此在各个领域都有研究，哲学、伦理学、政治经济学、社会心理学、教育学、法学，甚至宗教学中都有过对公正问题的研究。在汉语中，和公正意思最接近的词语是公平，公平指的是指人们处理事情合情合理，不偏袒哪一方。在英文中，这两个词都叫"justice"，在意义上没有区别。在汉语中，这两个概念虽然相似，但在内涵和用法上有微妙的差别。公平、公正都是一种价值判断，公正是一种社会价值判断，而公平是一种个人价值判断。公正取决于社会价值判断标准，而公平则由个体的认知水平决定。任何一个社会都有自己的公正标准。所以，公正并不必然意味着"同样的""平等的"。

自从阶级社会出现以后，公平公正一直是人们孜孜不倦追求的目标，但任何一个社会的发展都是受多方面因素影响的，做到绝对的"处事不偏不倚、合情合理"是不太现实的，因此，公正是一种理想，只存在于人们的理想中。在现实生活中，大多数人可能更关注自己能否体验到被公平对待，这种体验到的公正就叫作公正感。具体来说，公正感是个体的一种主观体验，是指个体对社会是否公正的认知和看法，也是一个人对自身或自身所处的群体是否被公正对待的主观判断。公正感的产生和发展不仅受到外在客观因素的影响，如社会制度、社会结构和社会文化等，还受个体主观心理因素的影响，如社会比较能力和认知能力等。美国的心理学家亚当斯（Adanms）在1965年提出了公平理论。该理论认为，人们的工作积极性不仅取决于他们所获得的实际报酬，还取决于他们对报酬的分配是否感到公平。人们总会自觉或不自觉地将自己付出的劳动代价及其所得到的报酬与他人进行比较，还会对所获得的报酬与自己工作投入的比值同自己在历史上某一时期内的这个比值进行比较。如果自己的报酬作社会比较或历史比较的结果表明收支比率相等时，便会感到受到了公平待遇，因而心理平衡，心情舒畅，工作努力；如果认为收支比率不相等时，便会感到自己受到了不公平的待遇，产生怨恨情绪，影响工作积极性。因此，从某种意义来讲，动机的激发过程实际上是人与人进行比较，做出公平与否的判断，并据以指导行为的过程。可见，社会比较能力和认知能力对公正感的产生和发展有着重要意义。

因为公正在本质上涉及社会利益分配的问题，因而是一个非常敏感的话题，这种利益分配是否被社会成员认为是公正合理的，不仅关系到他们的满意度、行为表现，还会影响社会的安定。公正感的不对称效应也指出，感知到社会系统与社会设置中存在不公正后，社会成员即便知道其行为会违反社会规范或道德准则，他们也愿意继续甚至强化其攻击行为，因为他们拒绝接受既定的社会规范，并给予其攻击行为合法的地位。可见，关注社会成员的公正感有着非常重要的意义。与普通儿童相比，处境不利儿童群体在生存环境方面处于明显的劣势。流动儿童和留守儿童群体是在社会发展过程中产生的，社会在应对的过程中没有历史经验可以借鉴，因此他们更容易感受到社会中不公平现象。现实生活中处境不利儿童表现出更多的情绪问题，大多和他们感知到自己不被社会公平对待有关，如果他们的生存环境得不到改善，不满的情绪得不到及时的释放，那么他们就容易产生一些反社会行为。因此，了解处境不利儿童的公正感不仅有利于儿童身心健康发展，而且还有利于社会的长远发展和安定团结。

2. 处境不利儿童公正感的特点

通过查阅文献发现，国内关于处境不利儿童的公正感的研究不多，更多的是倾向于公正世界信念的研究。公正世界信念（belief in a just world，BJW）是指人们相信自己生活在一个公正的世界，在这个世界中人们得其所应得，所得即应得。研究者们认为，公正世界信念是一种积极的心理资源，对于处境不利儿童的群体，公正世界信念能够帮助他们有效应对生活中的负性事件，对缓解其情绪问题具有重要意义。①华销嫣等人在2018年的研究中发现，流动儿童的一般公正世界信念得分高于留守儿童和农村儿童，后两类群体之间差异无统计学意义。其原因可能在于，进入城市以后的流动儿童享受到了比在农村更优越的生活学习条件，他们相信自己的努力会得到回报，并将其作为自己奋斗的动力。

申继亮和他的团队从处境不利儿童自身角度出发，考察了其主观知觉到外部世界的公正程度。分别从年级、性别、时间因素等方面考察了四类儿童公正感的特点及差异。在性别方面，留守儿童和离异家庭儿童在公正感方面有显著的性别差异，而流动儿童和贫困家庭儿童没有明显的性别差异。这可能是男孩生性比较乐观，独立，倾向于内部归因，离开了父母的管束，他们觉得更自由；而女孩往往心思比较细腻，观察细致，情绪体验深刻，倾向于外部归因，渴望得到父母的关爱，也在意他人的评价，经常与他人进行社会比较，因而更易知觉到不公正的现象。在年级方面，随着年级的升高，流动儿童和离异家庭儿童的公正感有逐渐下降的趋势；留守儿童的公正感随着年级的升高有上升的趋势；而贫困儿童公正感在五年级最高，在初二阶段最低。在时间方面，随着流入城市时间的增多，流动儿童的公正感出现增高的趋势；留守时间越长，儿童的公正感越低；父母离异时间的长短对儿童的公正感也有一定的影响，父母离异半年以上儿童的公正感较低。其他方面，流动儿童就读的学校类型对公正感有一定的影响，农民工子弟学校流动儿童的公正感低于当地公立学校的流动儿童。总的来说，处境不利各类儿童的公正感均低于普通儿童，与流动儿童、留守儿童和父母离异儿童相比，贫困家庭儿童具有较高的公正感。

---

① 周春燕，郭永玉. 家庭社会阶层对大学生心理健康的影响：公正世界信念的中介作用 [J].北京：中国临床心理学杂志，2013.

四、自尊

1. 自尊的内涵及重要性

自尊（self-esteem），即自我尊重，也叫自尊心，是个体对其社会角色进行自我评价的结果。另一种观点认为自尊即自我价值感，是对自己综合价值的肯定。自尊是通过社会比较形成的。魏运华提出："自尊是个体在社会比较中所获得的有关自我价值的积极的评价和态度。"[①]由于自尊多与积极情绪相联系，整体上和特定方面是对自我的积极评价。

自尊是心理健康的核心，是心理幸福的根源。大量的实证研究证实，自尊与心理健康的关系极为密切。缺乏自尊（即低自尊）与许多重要的消极情绪和行为（如抑郁、焦虑、自杀意念、机能失调、问题行为等）紧密联系在一起，也就是说，高自尊的个体，消极情绪就较少，生活满意度就高，心理就越健康。心理学家Bednar·R.（1989）曾指出，人都有一种保持积极的、健康的、向上的自我形象的需要，这种需要既可以防止与避免生存环境带给人的伤害与压力，也是个体发展的基本动力。外形的修饰固然是一种维护良好自我形象的有效手段，但那只是一种表面手段，人维持良好形象的内在的、深层的心理机制其实就是自尊。自尊会驱使人去追求和呈现一种良好的社会形象，从而更好地适应社会环境，而良好的社会适应是心理健康的重要标志之一。自尊也是缓冲焦虑的一种具体体现。值得注意的是，高自尊感不是指优越感，高自尊的人虽然也对自己的现状非常满意，但并非停滞不前，也不一定觉得自己比别人好，而是拥有自信和自我肯定，即使遇到困难和挫折，他们在与社会环境的良性互动中可以较容易地化解掉这种冲突，并很快恢复心理平衡，从而保持心理的和谐与健康。

布朗芬布伦纳的生物生态学理论（bioecological theory）认为，儿童的发展受到与其有直接或间接联系的生态环境的制约。家庭是儿童社会化的主要场所，自尊也是社会化的重要内容，因此，儿童自尊水平的发展首先会受到家庭因素的影响。家庭中各种因素（亲子关系、父母教养方式、家

① 魏运华. 自尊的结构模型及儿童自尊量表的编制 [J]. 心理发展与教育，1997.

庭结构、家庭收入等）和父母本身的特点（父母的性格、职业、受教育程度等）都会对儿童自尊的形成和发展产生直接或间接的影响。心理学家认为，自尊是通过社会比较形成的，自尊来源于社会比较。因此，儿童生活的社区、所处的学校、同伴群体以及所处的社会文化都会对自尊产生一定的影响。我们关注的四类处境不利儿童，其家庭生活环境和教育环境以及同伴关系都与普通儿童有较大的差异。流动儿童流动频繁，不断地适应新环境；留守儿童亲情缺失；离异家庭关系复杂；贫困家庭经济收入低，这些因素都或多或少地对他们自尊的发展产生一定的影响。

2. 关于处境不利儿童自尊现状的研究

目前，在众多关于儿童自尊的研究中，涉及这四类处境不利儿童的研究还比较少。为数不多的研究大多是社会调查研究，可能是由于调查对象选取来自不同的地区，有一定的文化差异，出现了不一致的结果。在关于流动儿童心理健康的研究中，国务院妇女儿童工作委员会办公室于2003年对流动儿童群体的自尊进行调查发现，流动儿童的自尊水平处于中上等，与儿童的年龄和性别没有显著关系。而在陈美芬的研究（2005）中，却发现，务工人员子女的自卑感强，缺乏自信心。许晶晶（2006）针对流动儿童的自尊及家庭因素对其产生的影响做了更深入细致的研究。结果发现，流动儿童的总体自尊均低于城市儿童但与农村儿童无差异，不受流动时间长短的影响。结果还显示，家庭的经济状况和父母的教养方式对儿童的自尊有预测作用。杨芷英（2018）对北京市3500名8—14岁流动儿童的调查结果显示：流动儿童的自尊水平处于中上水平，在六年级时达到最高点，在性别上无明显差异。苏秋雅（2015）在对流动儿童自尊现状的研究中发现，不同学业成绩水平的流动儿童其自尊总分和能力自尊、成就感存在统计学差异，也就是说，学业成绩水平越高，其自尊水平也越高；流动儿童的亲子、师生、同伴关系较紧张，对其自尊和自信的养成不利；流动儿童的自尊水平与所感知的母爱、主观幸福感呈正相关。郭志英（2023）探讨了流动儿童家庭亲密度与其自尊的关系发现，流动儿童的自尊水平在七年级最高，随着年级的升高有降低的趋势；家庭亲密度和父母温暖关爱对其自尊水平的提升都有积极的促进作用。研究者们认为，流动儿童的家庭经济状况、亲子关系以及父母的教养方式等方面都不利于儿童自尊的发展，流动儿童的自尊水平低于城市儿童。但研究中出现两种相反的结果，也有研究者认为，流动儿童中过分的自尊可能和自卑有关，流动儿童家庭经常搬家，总是去适应新的环境，家庭环境不利，可能经常遭遇同伴的歧视和嘲笑，在人际交往、特长爱好、社会活动方面也会处处感到不如城市儿童，自卑感就会明显上升。而这种自卑感需要更多的自尊来弥补，他们表现出来的过高的自尊其实是一种心理保护机制，能够使他们避免受到心理伤害。

在对留守儿童自尊的研究中，大多数研究者的观点都非常一致，普遍都认为，留守儿童的自尊水平总体呈现偏低水平，随着年级的升高有逐渐降低的趋势。这说明，父母外出打工可能对留守儿童自尊的影响较明显，从而让他们变得自卑和敏感。赫振等（2007）对7个省市的10所小学进行调查研究发现，留守时间在半年以上的留守儿童的自尊水平显著低于非留守儿童。

关于贫困家庭儿童和离异家庭儿童的自尊的研究比较少，但有取样为大学生的研究。结果大多表明，贫困大学生的自尊水平显著低于非贫困大学生。这可能是因为城市中的贫富差距过大，贫富社区又相距较近，甚至是同一个社区、同一个学校。大学里的同学都来自不同的地方，家庭经济水平各不相同，大家朝夕相处，不可避免会产生不平衡感。这种不平衡感往往会导致学生产生低自尊，甚至产生攻击性行为等。有关离异家庭儿童直接研究自尊的不多，但大多研究发现离异家庭儿童的学业成绩、心理弹性、行为、自我概念和社会适应能力等方面都不如完整家庭儿童，因此可以得知离异家庭儿童的自尊水平要低于完整家庭儿童。而在访谈的过程中也发现，虽然现在社会比较包容离异这种行为，但对离异家庭及儿童仍有一些偏见，不少离异家庭子女会为父母离异感到羞耻，觉得丢人，怕被人笑话，对自己没有信心，表现出较强的自卑感。

在一项对四类处境不利儿童自尊水平的对比研究中发现，贫困家庭儿童的自尊水平显著高于其他几类儿童，甚至高于对照组普通儿童；随着年级升高，公立学校流动儿童的自尊水平呈"V"字形变化，初一最低；女生自尊水平较高；公立学校流动儿童的自尊水平要高于农民工子弟学校流动儿童；随着流动时间的增加，流动儿童的自尊水平有提高的趋势；留守儿童自尊水平在性别方面没有明显的差异；随着年级的升高，留守儿童的自尊水平在提高；在留守时间方面，有研究认为留守时间在2—4年的儿童的自尊水平最高；离异家庭男生的自尊水平低于完整家庭男生；贫困家庭儿童的自尊水平不受年级和性别的影响。

五、自我意识

1. 自我意识的概念

自我意识是意识的一种形式，指主体对自身的意识。既包括对自己身心状态的认识，也包括对自己和周围人的关系的认识。重要的内容包括自我观念、自我知觉、自我评价、自我体验、自我监督和自我调节控制等。自我意识不是天生的，而是在儿童不断社会化的过程中逐渐产生和发展起来的，它对人格的形成、发展起着调节、监控和矫正的作用，因此良好的自我意识对人良好个性的形成起着至关重要的作用。儿童的自我评价对自我意识起着关键的作用，因此，儿童的自我评价能力是衡量自我意识发展水平的主要标志。[①]

从表现形式上看，自我意识表现为认知的、情感的、意志的三种形式，分别称为自我认识、自我体验和自我调控。自我认识是个体对自己身心状态的认识。自我认识主要解决"我是一个什么样的人"的问题，并在此基础上形成自我评价，自我评价是自我意识的核心成分，决定了一个人自我意识发展的水平，也是自我体验和自我调控的前提。自我体验是自我意识的情感成分，在自我认识的基础上产生，反映个体对自己所持的态度。它包括自负、自爱、自尊、自信、自卑、自我满足、自豪感、成就感、自我效能感等多个方面，其中，自尊是自我体验中最主要的方面。[②]自我调控是自我意识的意志成分，是个体对自己的行为和心理活动有目的、有意识地调节与控制。自我控制是个体意志品质的集中体现，是自我调控

---

① 车文博. 心理咨询大百科全书［M］. 杭州：浙江科学技术出版社，2001.
② 苏京，詹泽群. 大学生心理健康教育第1册［M］. 天津：天津科学技术出版社，2009.

中最主要的方面，也就是我们常说的自制力。一般来说，自制力强的人，在任何阶段都有明确的追求目标，能够很好地控制自己的情绪，遇事沉着冷静，果断而坚毅，决不半途而废。自制力差的人，往往目标不清，易受暗示影响，做事拖拉、缺乏主见、优柔寡断，对自己的情感和行为都缺乏控制能力，遇到困难容易放弃。自我认识是基础，决定着自我体验的心境；自我体验又强化着自我认识；自我调控对自我认识、自我体验都有着调节作用。三个方面相互协调，整合一致，形成完整的自我意识。

从内容上看，自我意识包括生理自我、心理自我和社会自我。生理自我是指个体对自己生理需求、生理属性和感觉的认识。包括对自己吃饭、睡觉、外貌长相，以及感觉的认识。心理自我就是个人对自己心理属性的意识，包括感知、思考、记忆、情感和决策等。社会自我是指个人对自己的社会属性的意识，包括对自己的社会角色、自己所承担的社会义务和权利的意识等；也包括对自己在群体中的地位、作用以及自己和他人相互关系的认识、评价和体验。如果一个人认为自己不善于沟通和交流，就不愿与人交流，也不太容易和他人建立良好的关系，个体就会体验到孤独、不安。

从自我观念来看，自我意识可分为现实自我、投射自我和理想自我三个维度。现实自我是个体从自己的立场出发对现实中的我的看法。投射自我是指个体通过他人对自己的看法，或想象他人对自己的评价，投射自我和现实自我之间往往有差距。理想自我是个体从自己的立场出发对将来的我的认识，理想自我是个体想要的完善的形象，是个人追求的目标。理想自我与现实自我也不一定是完全一致的。[①]

2. 自我意识的心理功能

自我意识水平的高低不仅是个体心理发展水平的重要标志，而且将影响和制约人生选择和行为取向。自我意识的心理功能主要表现在以下三个方面：

（1）支配个体的行为。意识决定行为，行为是意识的反映。当个体知道自己想要什么，并且知道自己的价值观时，他们可以更加清晰地指导

①苏京，詹泽群. 大学生心理健康教育第1册［M］. 天津：天津科学技术出版社，2009.

自己的行为，并避免做出与自己价值观不符的行为。因此，自我意识影响着我们的决策和行为；当个体对我们自己和周围环境的关系有清晰的认知时，自我意识使得人类能够意识到自己的行为对他人和社会产生的影响。这种意识促使人们规范自己的行为，遵守社会规则和价值观，并尽力让自己的行为符合道德准则。自我意识还可以激发我们的自信心，使我们更有动力去追求自己的目标和梦想。

（2）决定个体的归因。归因是个体对他人的行为过程或自己的行为过程所进行的因果解释和推论。不同的个体对自己经历的归因各不相同，不同的归因会影响个体选择的行为方式，不同的归因便取决于个体独特的自我意识。自我意识会直接影响我们的自我评价。当我们意识到自己的优点和不足时，我们会对自己的能力和价值进行评估。这种自我评价会影响我们对事件的归因，我们可能会更倾向于将成功归因于自己的努力和能力，而将失败归因于外部因素或偶然因素。

（3）反映心理健康水平

自我意识的内容几乎涵盖了个体内心世界的方方面面，也是人格的核心部分，对个体人格的发展和塑造起着至关重要的作用。自我意识的发展程度集中反映了个体的心理成熟程度和心理发展水平。大量的心理学实验也证明，个体社会适应不良及人际关系不协调主要是由自我意识不恰当所造成的。只有科学合理的自我意识才能正确认识、悦纳自己，合理分析自己与周围环境的关系，从而保持良好的社会适应和人际关系，维护自身心理健康。①

3. 处境不利各类儿童自我意识的特点

（1）流动儿童的自我意识。流动儿童在城市中生活，家庭环境不稳定，经常要重新适应新的环境，可能会面临教育资源机会的不平等，有时还会受到社会和同伴的歧视，这些都有可能使他们产生不安全感、自卑感，从而缺乏自我认同感和自我价值感，丧失自信，影响自我意识的发展。通过查阅大量的文献资料，几乎所有的研究者都得到相对一致的结

---

① 罗新兰，等. 大学生心理健康教育［M］. 杭州：浙江大学出版社，2014.

论：流动儿童的自我意识总体水平是低于同区城市儿童，在性别和年级上没有太大的差异。具体表现为：一是自我评价低。流动儿童进入城市后，总会无意识地将自己与周围本地儿童进行比较，他们的穿着、普通话、学业、兴趣特长、家庭条件等可能不如周围城市儿童，而儿童的心理还没有成熟，不可能客观、全面地认识这些差异，所以，常常导致严重的自卑，认为自己各方面不如他人。由于社会文化、家庭环境、思维方式和行为习惯的差异，导致流动儿童可能经常遭到同伴的嘲笑或歧视，或是听到一些消极评价，这些都会导致流动儿童自我评价降低。二是自我体验消极。自我体验是指个体对自己的主观感受和情感体验。流动儿童在与环境互动的过程中，总会遇到一些负性事件，而流动儿童性格内向、自卑，也缺乏应对的心理素质和能力，因而容易出现自我否定、怀疑等消极情绪，消极的自我体验还可能导致焦虑、抑郁等心理问题，进一步影响个体的身心健康。三是自我控制感强。自我控制是个体对自己行为的控制，也就是我们常说的"自制力"。流动儿童经常帮父母做家务，父母忙于生计没有太多时间管束孩子，因此，流动儿童在社会生活方面表现出较强的自制能力，这容易帮助他们形成坚强等积极品质，但也容易使他们在学校的行为产生另一种自制——拘谨，在学校里不敢表现自己，即使受到不公正的对待，也比较隐忍，不会去维护自己的合法权益。

（2）留守儿童的自我意识。儿童期是自我意识发展的重要时期，父母亲情缺位，不能得到父母在生活上的照顾、心灵上的关怀和思想上的教育，家庭功能受损，这会在一定程度上影响留守儿童自我意识的发展。在前期的关于留守儿童自我意识的研究中发现，留守儿童的自我意识水平总体偏低。但在近些年出现了一些变化。李俊玲等人在2017年对某地区留守儿童进行调研发现，留守儿童的自我意识水平和非留守儿童之间没有显著差异。李连升等人的研究也显示，留守儿童自我意识除智力与学校情况、合群两因子得分低于非留守儿童外，总分及各因子分差异不大。[①]这说明

---

① 李连升，李铿. 农村留守儿童社会支持与自我意识现状及其关系研究［J］. 中国初级卫生保健，2017.

随着时代的发展，很多留守儿童已经越来越能接受父母外出打工这一客观现实，父母也能认识到家庭教育的重要性，能经常与孩子电话沟通联系。确认孩子心理健康状况良好，他们的认知、情感和动机等发展趋向成熟，也能对自己的行为、能力以及对自己所处环境进行正确的认识和评价，因此，孩子的自我意识水平得到提升。但是，留守儿童仍然存在着学习和人际关系方面的问题，可能是因为父母不能亲自监护孩子，孩子本身自律能力不强，没有养成良好的学习习惯，孩子在学习上遇到困难，也不能得到父母及时有效的帮助，因而学习成绩不好，同伴对他们评价较低，再加上孩子本身自卑、内向，影响人际关系的建立。在访谈中发现，有不少孩子在周末和假期与手机为伴，他们没有同伴关系的需求。这也是一个值得我们关注的问题。同时也有进一步的研究发现，留守儿童的自我意识在低年级、在性别上无显著差异，但随着年级的升高，男生的自我意识水平要低于女生的自我意识水平。儿童对自我的认识往往依赖于学业成绩，男孩顽皮好动、攻击性强、自制力差、易冲动，容易表现出问题行为，导致学业成绩不佳，也容易造成人际冲突，也会影响他们对自我的评价。

（3）离异家庭儿童的自我意识。目前，关于离异家庭儿童的自我意识的研究并不多，但为数不多的研究都表明，离异单亲家庭儿童的自我意识的总体水平低于完整家庭的儿童。有研究发现，儿童的自我同一性、同伴信任度会影响自我意识的发展。爱利克·埃里克森（Erik H. Erikson）提出的人格社会心理发展理论认为，中学时期最重要的心理危机是自我同一性对角色混乱，这一阶段的核心问题是自我意识的确定和自我角色的形成。如果青少年的自我意识形成了良好的同一性，则能够有效地适应社会环境，体验到自身的价值和人生的意义；相反，形成与社会要求相背离的同一性，形成了社会不予承认的、反社会的或社会不能接纳的角色，自我意识出现混乱，就容易产生情绪、行为方面的问题。离异家庭结构破裂、父母之间冲突较多，如果父母分别再婚，家庭关系就变得复杂，造成孩子角色混乱，影响孩子自我同一性的发展，容易出现情绪问题，变得冷漠孤僻，进而影响同伴关系，他们在人际交往中常常敏感多疑、缺乏足够的安全感、自我保护意识过强。他们担心别人会给自己带来威胁和伤害，为听不到负面的评价而常以独处来保护自己，对同伴的不信任也会影响自我意识的发展。国外研究发现，来自11个国家的单亲家庭的学生学业成绩较完整家庭儿童有显著的差距，学业成绩差会影响儿童的自我评价和同伴对他的评价，除此，还有父母的冲突和矛盾都会制约着儿童自我意识的发展。总的来说，大部分离异家庭儿童的自我评价偏低，对自己总是不满意，自我体验消极，出现意志力薄弱、志向水平低、懒散放任、我行我素、自我控制感下降的情况。

（4）贫困家庭儿童的自我意识。许多研究表明贫困家庭中的青少年由于家庭经济水平偏低，怕被人耻笑，使得他们在交往过程中相较其他青少年容易出现敏感、自卑、害怕别人看不起自己、不爱与他人交往等一系列问题，从而影响自我意识的发展。在一项关于深度贫困县儿童自我意识的研究中发现，在不同类型贫困家庭中，儿童的自我意识存在着发展水平不一致的现象；女生的自我意识水平要高于男生；城镇贫困儿童的自我意识水平高于农村儿童。这说明经济条件会影响儿童自我意识的发展，但并不是影响自我意识发展的主要因素。女生一般心理弹性要好于男生，能更好地适应环境，也容易得到外界的认可和好评，因此自我评价较高。城镇的贫困儿童虽然家庭经济水平偏低，但社会资源丰富、教育条件较好、社会活动较范围大、生活空间相对独立，不易受到外界不良的评价，因此自我意识高于农村儿童。目前，国家加大了对贫困家庭救助的力度，研究也显示，成功脱贫家庭的儿童的自我意识水平在逐渐上升。这说明，有效的社会支持可以在一定程度上促进自我意识的发展。

第四节　处境不利儿童的情绪发展状况

情绪是人类的一种基本心理现象，儿童的情绪反应是他们与外界互动的重要方式。情绪对儿童的发展有着深远的影响。积极的情绪可以促进儿童的身心健康，提高他们的学习效果和社交能力；而消极的情绪则可能导致儿童出现焦虑、抑郁、自卑等问题，甚至会影响他们的认知和行为发展。因此，研究儿童的情绪有助于我们制订更加科学的教育方法和心理干预措施，促进儿童的健康成长。

一、关于情绪

情绪是指客观事物是否符合人的需要、愿望、观点而产生的体验，是人的需要得到满足与否的反映。当客观事物或情境符合主体的需要和愿望时，就能引起积极的、肯定的情绪和情感；当客观事物或情境不符合主体的需要和愿望时，就会产生消极、否定的情绪和情感。情绪包含了情绪体验、情绪行为、情绪唤醒和对刺激物的认知等复杂成分。

情绪和心理健康之间存在着密切的关系。首先，情绪是心理健康的核心。心理健康是指个体在心理、情感、认知和社会功能等方面处于一种稳定、平衡的状态。而情绪是这些方面的重要组成部分，它不仅影响个体的心理健康状况，而且还是心理健康问题的重要表现之一。其次，情绪对心理健康具有积极和消极的影响。积极的情绪状态有利于维护个体的心理健康，提高个体的自尊心和自信心，增强个体的心理适应能力。而消极的情绪状态则可能导致个体的心理健康问题，如焦虑、抑郁等，影响个体的认知、情感和行为表现。稳定的情绪状态有利于个体保持心理平衡，减少心理压力和焦虑感，提高个体的心理健康水平。通过有效的情绪调节，个体能够更好地管理自己的情绪，避免过度反应或情绪失控，从而维护个体的心理健康。通过积极的情绪表达，个体能够更好地与他人沟通和交流，增强彼此的理解和信任，提高个体的社交能力和心理健康水平。

情绪对儿童的发展，特别是认知发展有着重要作用。儿童的情绪状态直接影响着他们的注意力和记忆力。当儿童处于积极的情绪状态时，他们的注意力和记忆力会更加集中，有利于他们更好地理解和掌握新知识。相反，当儿童处于消极的情绪状态时，他们的注意力和记忆力会受到影响，导致学习效果不佳。情绪对儿童的社交能力也有重要影响，儿童的情绪表达和情绪调节能力是他们与他人建立良好关系的基础。当儿童能够正确表达自己的情绪，并有效地调节自己的情绪时，他们更容易与他人建立信任和亲密关系，有利于他们的人际交往能力的发展。情绪对儿童的身体发育也有影响，长期的情绪压抑或紧张可能导致儿童出现身体不适或疾病。相反，积极的情绪状态有利于促进儿童的身体健康发展，提高他们的免疫力和抵抗力。情绪对儿童的心理健康具有重要影响。积极的情绪状态有利于维护儿童的心理健康，提高他们的自尊心和自信心，而消极的情绪状态可能导致儿童出现焦虑、抑郁等心理问题，影响他们的心理健康。情绪对儿童的学业成绩也有影响，积极的情绪状态有利于提高儿童的学习兴趣和学习动力，从而提高他们的学业成绩。而消极的情绪状态可能导致儿童出现学习困难和学习成绩下降等问题。情绪对儿童的自我意识也有影响；积极的情绪状态有利于儿童形成积极的自我评价和自我认知，提高他们的自尊心和自信心；而消极的情绪状态可能导致儿童出现自我否定和自我怀疑等心理问题，不利于他们的自我意识发展。

人类的情绪复杂多变，人们在日常生活中常常体验到不同的情绪，比如高兴、幸福、开心、难过、伤心、惊讶、恐惧、焦虑、紧张等。对这些不同的情绪进行分类不是一件很容易的事情。但目前越来越多的研究者同意把情绪分为两个维度：积极情绪和消极情绪。

关于情绪的研究涉及多个方面，包括生理机制、认知过程、社会文化影响、与心理健康的关系、调节策略以及在决策中的作用等。这些研究为我们更好地理解和指导人类行为提供了重要的理论基础和实践指导。

自20世纪80年代开始，国内对情绪的研究开始与中国本土化文化背景相结合，如独生子女的情绪研究，流动儿童、留守儿童的情绪研究等。20世纪90年代以后，研究者们倾向于研究与情绪有关的实际问题，如情绪和心理健康的关系，情绪和问题行为、学业成绩、人际关系等之间的关系等。随着学业成绩和情绪研究越来越深入，近些年来的研究更倾向探析情绪和各种影响因素之间相互作用的机制等。但这些研究大多以普通儿童为研究对象，对容易产生情绪问题的特殊群体儿童的研究却比较少。也有研究认为，情绪对儿童发展的影响是通过儿童对情绪的理解产生的，因此近年来，也有不少关于儿童情绪理解和表达方面的研究。

研究处境不利儿童的情绪具有非常重要的意义。处境不利儿童在生活和学习中可能面临更多的困难和挑战，导致他们更容易产生消极情绪，如焦虑、抑郁和自卑等。这些情绪问题不仅影响他们的心理健康，还会对他们的学习和社会适应能力产生负面影响。因此，研究处境不利儿童的情绪问题可以帮助我们更好地了解他们的心理状态和需求，并提供有效的干预和支持。处境不利儿童所处的社会环境可能更加复杂和不利，这种环境可能对他们的情绪产生负面影响。通过研究这些因素，我们可以更好地理解儿童情绪发展的社会背景，为预防和干预提供更有效的策略。了解处境不利儿童的情绪问题可以帮助政策制定者制定更加有针对性的政策和措施，为这些儿童提供更好的教育和社会支持。同时，教育实践者可以通过研究结果来评估和改进教育方案，提高教育质量和效果。

二、处境不利儿童情绪特点

大多研究都表明，处境不利儿童因为生存环境和教育环境处于不利的地位，更容易表现出较多的消极情绪。主要表现在以下几个方面：

1. 情绪波动大。处境不利儿童通常面临着较大的生活压力和心理压力，因此他们的情绪波动可能比其他儿童更大。他们可能更容易表现出喜怒无常、情绪不稳定的情况，甚至可能因为一些微小的事情而大发雷霆或情绪低落。

2. 消极情绪多。处境不利儿童往往面临更多的挫折和困难，因此他们更容易产生消极情绪，如沮丧、失望、无助等。这些消极情绪可能会影响他们的学习和生活，降低他们的自信心和积极性。

3. 情绪调节能力差。由于处境不利儿童缺乏足够的心理支持和情感经验，他们的情绪调节能力可能较差。他们可能难以有效地控制自己的情绪，无法通过积极的方式来缓解负面情绪，而是采取一些消极的方式来应对。

4. 情绪表达受限。处境不利儿童在情绪表达方面可能存在一定的障碍。他们可能不善于表达自己的情绪，或者不知道如何以适当的方式表达自己的感受。这可能会导致他们更加压抑自己的情绪，甚至引发一些心理问题。

5. 情绪与问题行为多。处境不利儿童的情绪问题往往与问题行为密切相关。他们可能因为情绪不稳定而表现出一些不良行为，如攻击性行为、退缩行为等。这些问题行为可能会对他们的学习和生活产生负面影响，同时也会增加他们的心理负担。

对流动、留守、贫困和离异四组处境不利儿童的积极情绪和消极情绪体验进行了对比，并进一步把这四组处境不利儿童与一般家庭儿童进行比较，其结果表明，四类处境不利儿童的积极情绪和消极情绪都存在着显著差异。其中，留守儿童比其他三类儿童体验更多的消极情绪，而贫困儿童比其他三类儿童体验更多的积极情绪；与普通儿童相比，流动、离异和留守三类儿童的积极情绪普遍偏低，消极情绪普遍偏高，贫困组儿童的积极情绪和消极情绪与普通儿童没有显著差异。

进一步研究了性别、年级等人口学变量对各类处境不利儿童情绪的影响，发现：一是流动儿童。流动儿童由农村迁移到城市生活，生活空间和环境都发生了极大的改变，其正常的社会化进程受到阻碍。在适应城市生活中会面临着种种适应压力，周围城市的人对这些儿童也可能会持一些歧视的态度，所以流动儿童会出现一定程度的自卑、孤独和抑郁等消极情绪体验。也有不少儿童进入到城市中生活，学业成绩偏低，这不但会加重其自卑感，还会产生焦虑和沮丧等消极情绪，使自己对未来失去信心。因此，流动儿童比城市儿童体验到更多的消极情绪和更少的积极情绪；流动儿童的情绪体验没有性别的差异；随着年级的升高，流动儿童的消极情绪有逐渐增加的趋势，但其积极情绪比较稳定；随着流入到城市时间的增加，其消极情绪有减少的趋势；农民工子弟学校中的流动儿童的消极情绪要多于当地公立学校的流动儿童。二是留守儿童和离异家庭儿童。有研究表明，家庭亲密度与个体的情绪体验之间有显著相关，生活在家庭关系和睦、情感联结紧密的家庭中的个体会体验到更多的积极情绪和更少的消极情绪。[①] 但离异和留守这两类处境不利儿童的家庭结构发生了根本性变化，由于父母离异，儿童被迫与父母中的一方分离，或者由于父母再婚与继父母家庭生活在一起；由于父母外出打工，儿童只能与父母中的一方生活，

---

① 马颖，刘宪芝. 中学生学习主观幸福感及其影响因素的初步研究 [J]. 北京：心理发展与教育. 2005.

或者只能和祖辈生活在一起。这些儿童家庭的完整性遭到破坏，长期和父母分离很难建立起家庭的亲密关系，有些儿童还会怨恨父母，他们很难体验到正常家庭拥有的那种和谐亲密的家庭氛围，很容易产生各种消极情绪体验。因此，这两类儿童与完整家庭的儿童比较，体验到更多的消极情绪和更少的积极情绪。在性别因素方面，离异家庭的男孩比完整家庭男孩体验更多的消极情绪，而女孩在这方面差异不明显。与此相反的是，留守女孩会比男孩体验更多的消极情绪，这说明了父母离异对男孩的影响较大，而父母外出打工对女孩的影响较大；在时间因素方面，父母外出打工和父母离异时间的长短对情绪的影响并不是很大；但家庭结构变化后儿童与谁生活对儿童的情绪影响较大，排除父母有不良行为的情形，父母离异后由祖辈或继父母抚养的儿童的消极情绪更多；由母亲抚养的儿童将会体验到较少的消极情绪；父母双方都外出打工的留守儿童比那些与父母一方生活在一起的儿童体验到的消极情绪更多；由于父母离异后大多儿童与父母一方生活，而很多留守儿童父母双方都外出打工，有的既是留守儿童又是离异家庭儿童，所以这些留守儿童所体验的积极情绪甚至是少于离异家庭儿童的。三是贫困家庭儿童。有很多研究发现，贫困家庭儿童存在自卑、怯懦、孤独、抑郁、愤怒等心理问题，但也有研究发现，贫困家庭儿童的总体积极情绪和消极情绪与普通儿童并没有显著差异，但在"感到很幸福、对某些事特别感兴趣"方面，贫困家庭儿童不如富裕家庭儿童。这也说明了影响儿童情绪发展的重要因素是家庭亲密度，但经济条件不好会影响儿童的幸福感，也会使儿童失去对自己兴趣和爱好的追求。贫困儿童生活条件差、生活空间拥挤、物质资源缺乏，很多城市中同龄人能轻易得到的东西他们却很难得到，很多儿童还要早早担负起支撑家庭的重担，分担家务劳动，为家人排忧解难，经济条件不好还会引起家庭纷争，因此，他们幸福感不高。也由于他们会考虑到父母的艰辛而放弃自己的兴趣和爱好，使自己失去对各种事物的兴趣。对儿童情绪发展的影响因素过于复杂，所以发现各种研究的结果有不一致的情况，甚至出现矛盾的结论，也有出现和日常生活的经验不一致的情况，因此，关于儿童情绪发展的影响因素问题，还需要进一步地深入研究和探讨。

第四章 处境不利儿童心理发展的影响因素 与作用机制

　　前面讨论了各类处境不利儿童心理发展的现状，了解了处境不利儿童群体中常见的心理问题，为了寻找解决这些儿童心理问题的方法和措施，本章将深入分析处境不利儿童心理发展的影响因素，并了解这些因素是如何相互作用的。但结合笔者的研究和日常生活中的经验来看，影响儿童心理发展的因素都是错综复杂的，要全面研究这些因素的作用机制，不是一件很容易的事。因此，本章只讨论处境不利儿童群体中普遍存在的问题和不同类型儿童中存在的最典型的心理问题，并对其影响因素和影响机制进行深入挖掘和分析。

第一节　流动儿童的歧视知觉是如何产生的

一、流动儿童受歧视的现象

　　流动儿童的歧视知觉是影响其心理健康的重要因素之一。流动儿童跟随父母从农村来到城市，他们需要调整自己的心理和行为以适应环境的变化，但由于一些客观原因，给他们的适应过程带来挑战。流动儿童在城市中往往无法享受与本地儿童同等的教育资源，如师资、设施等。这导致他们在学业上受到一定程度的限制，难以获得与本地儿童同等的教育机会；由于文化背景、生活习惯等方面的差异，流动儿童在城市生活中可能会难以融入，他们可能受到本地儿童的排挤和歧视，难以建立良好的社交关系。流动儿童在适应新环境的过程中，可能会由于贫富差距等原因面临各种心理压力，如孤独、焦虑、自卑等。他们可能觉得自己与本地儿童不同，无法融入城市生活，这种自卑感和心理压力可能对他们的心理健康产生负面影响。流动儿童可能对自己的身份认同感到困惑，不知道自己是属于城市还是农村。这种身份认同的困惑可能导致他们在成长过程中面临各种挑战和困难。因此，流动儿童更容易受到歧视和排斥。这种歧视知觉可能来源于学校、社区、家庭等多个方面，导致流动儿童在自尊心、自信心和幸福感等方面受到负面影响。

目前，流动儿童受歧视的现象已经引起了研究者们的广泛关注。一项关于北京市流动儿童教育与发展状况的调查显示，在流动儿童对城市儿童最想说的话中，敌意和歧视感排在首位。①吴恒祥在调查中发现，有33%的流动儿童认为自己最不开心的事是受到了当地城市同学的排斥和歧视。②有研究发现，流动儿童在家庭、学校、社会等方面普遍面临着程度和类型不同的"社会排斥"，而且随着年龄的增长，他们能强烈地感受到来自各方面的排斥或者歧视，生存与发展状况堪忧。熊少严在调查中发现，流动儿童融入城市生活的过程中表现对城市生活的依恋和排斥两种倾向：一方面，他们欣赏现代化都市的繁荣与发展，喜欢在城市读书（50.7%）远远超过在家乡读书（16.6%），超过64.5%的儿童表示更希望将来在城市工作和生活；另一方面，他们又严重缺乏认同感，感到自己与本地城市的巨大反差，担心在社会上受到歧视，日常生活学习中戒备心强，与城市本地学生关系疏远，生活在自己特殊的"亚文化圈"中。③有研究结果显示，很多流动儿童不愿意让同学知道自己的流动人口身份，怕被同学看不起，这说明流动身份已经给他们带来了困扰。尽管现在很多城市出台了一系列政策鼓励流动儿童到当地公立学校就读，但很多父母还是把孩子送到一些私立学校，这主要是避免孩子受到城市儿童的歧视；还有一些留守儿童不愿意跟随父母到城市生活，主要原因是怕被人瞧不起。这些研究都说明了流动儿

---

① 邹泓等. 北京市流动儿童教育与发理发展状况调查报告, 2006.
② 吴恒祥. 关于公办学校中流动儿童少年就学状况的调查［J］. 太原：教学与管理, 2003.
③ 熊少严. 城市流动儿童的社会整合与学校教育的指导策略［J］. 广州：广东社会科学, 2006.

童的歧视问题已经非常突出。

研究者们除了考察儿童被排斥和歧视的经历外，也有研究关注儿童是如何解释歧视行为的。歧视行为的发生通常源于偏见和刻板印象。偏见是个体对某一群体或个人的不公平、负面的态度，而刻板印象则是基于某一群体或个人的特征而形成的固定印象。这些偏见和刻板印象可能导致人们对他人的判断和对待产生不公正的结论，从而引发歧视行为。国外一项研究结果显示，有30%的7岁儿童、60%的8岁儿童和90%的10岁儿童认为，偏见和刻板印象能导致其产生歧视行为，可能的原因是随着年龄的增长，儿童关于偏见及刻板印象的知识增多，更能理解社会刻板印象与歧视行为之间的关系。

研究表明，流动儿童的歧视知觉与其心理健康状况呈负相关，即歧视知觉越高，心理健康状况越差。具体表现为抑郁、焦虑、自卑、孤独等负面情绪和问题行为的增加。这种歧视知觉还可能影响流动儿童的学业成绩和社会适应能力，导致其学业表现下降、社交困难等问题。流动儿童正处在社会化的关键期，童年早期遭受到的不公平对待和歧视会对其心理产生严重的伤害，这种伤害有可能会伴随终生，并对他们生活的环境产生抵触心理。如果这种状况得不到重视，会形成恶性循环，不仅会影响流动儿童的身心健康成长，还会影响社会的稳定。

为了改善流动儿童受歧视的状况，我们需要去了解流动儿童的歧视是怎样产生的，有哪些因素会影响儿童歧视知觉的产生，下面将主要围绕这个问题进行阐述。

二、影响流动儿童歧视知觉产生的因素

关于偏见、刻板印象和歧视的本质的研究，一直是社会心理学研究的重要领域之一。社会心理学认为，刻板印象是一种概括性看法。为了简化起见，人们往往对客观事物进行概括，比如英国人保守、法国人浪漫等。这样的概括有可能是准确的，也有可能不是真实的。准确的刻板印象是我们期望的，但当刻板印象过度概括或明显不对时，就会出现问题，形成负

面评价，就成了偏见，因此负面评价是偏见的标志，它通常源自刻板印象。和偏见不同的是，偏见只是一种负面态度，而歧视却是一种具体的负面行为。因此，歧视行为的根源往往在于偏见。在研究歧视行为是如何产生的这个问题时，研究者们往往关注优势群体对弱势群体的偏见和刻板印象，考察他们的偏见和刻板印象是如何产生的。受布朗提出的儿童歧视知觉发展模型的影响，这些年来，关于歧视现象的研究角度开始发生改变，研究者们开始从歧视现象受害者的角度来思考这一问题，开始关注到个体为什么或如何知觉到歧视，为什么同样的刺激引起的歧视知觉水平有差异，以及有哪些因素影响到个体的歧视知觉等问题。

关于歧视知觉产生的机制问题的研究，目前比较有影响的是布朗提出的儿童歧视知觉发展模型。儿童歧视知觉发展模型是一个综合性的理论框架，旨在解释儿童歧视知觉的发展过程和影响因素。该模型认为，儿童歧视知觉的发展受到多种因素的交互作用，这些因素包括内在因素（个人因素）和外在因素（环境因素）。其中，个人因素是影响儿童歧视知觉的存在原因，主要涉及个体方面的因素，如认知能力、价值观与信念等；环境因素是影响儿童歧视知觉的外在原因，主要涉及外在环境比如家庭、社会和学校等方面的因素。下面，结合布朗的理论模型以及前人的研究成果，从个体和环境两方面对影响儿童歧视的内外原因进行阐述。

（一）个体因素

在影响儿童歧视知觉的个体因素中，儿童对自己所在的群体以及周围其他群体的态度是影响歧视知觉的重要因素之一。除此之外，儿童所具有的心理资本等认知因素也在一定程度上影响着其歧视知觉的水平。自身认知能力是儿童理解和处理信息的基础，影响他们对歧视现象的认知和判断，因此认知能力是歧视知觉产生的关键。如果儿童具备较强的认知能力，他们可能更能够理解和分析歧视现象的本质和影响，从而减少歧视知觉的产生。

1. 群体态度

儿童的群体态度是影响他们感知歧视知觉的重要因素之一。儿童的群体态度是指他们对某一特定群体的整体认知、情感和行为倾向。如果儿童对某一群体持有积极的态度，他们更可能对这一群体产生认同感和亲近感，从而减少歧视知觉的产生。相反，如果儿童对某一群体持有消极的态度，他们更可能对这一群体产生偏见和歧视。儿童的群体态度具有个体差异性。对于大部分个体来说，在情景中歧视线索比较明显时才能知觉到歧视，而对另一些儿童来说，在情景中歧视线索不明显时也能知觉到歧视。这主要是和群体态度的个体差异因素有关。

奥尔波特（Allport）认为非客观、非真实的认知会使个体对其他群体产生消极态度和消极情绪倾向，即群际偏见。无论偏见指向内群体还是外群体，群际偏见都是消极的，不可避免地会影响不同群体之间的交往和友谊的形成。罗梅罗（Romero）等人（1998）通过研究发现，不同种族的儿童所持有的偏差性的群体态度，会在一定程度上提高他们的种族歧视知觉，使他们更容易知觉到指向于自己群体的歧视现象。这说明具有偏差性群体态度的儿童，他们对自己的群体成员资格具有更高的敏感性。布朗（Brown，2006）也认为，当判断歧视现象是否存在时，存在偏差性种族态度的儿童对于自己和他人的群体成员资格更加注意，因此，会更容易把消极结果归因于那些与种族资格有关的原因，如他人的偏见、社会刻板印象等，歧视知觉水平也就相对较高。如果儿童认为社会中个体都应该是平等的，那么他知觉到的歧视水平就会高些；相反的，如果儿童认为社会中的刻板印象是合理的，那么他们知觉到的歧视水平就会低些。流动儿童因为自己身份认同的问题，会对自己是流动儿童的身份过于敏感，因而更容易知觉到城市儿童对他们的歧视，甚至能知觉到他们无意识的歧视。

2. 社会认知能力

社会认知能力是指个体理解和解释社会现象，处理社会信息，以及根据社会规范和情境线索指导行为的能力。它是人们有效地与他人交往、适应社会生活的基础。社会认知能力是一个多维度的概念，它涵盖了人们在社会生活中所需的各种认知技能，包括对社会关系、规则、角色、文化、情绪和道德的认知。

社会认知能力对儿童歧视知觉的影响是一个复杂的研究领域，涉及多个方面的因素。首先，社会认知能力可能直接影响儿童的歧视知觉。具有较高社会认知能力的儿童可能更能理解和共情他人，更能从多元文化的角度看待问题，从而更能接纳和尊重不同群体，减少歧视知觉。他们能够更好地理解社会规则和角色，从而更好地适应社会环境，减少因不适应而产生的歧视知觉。其次，社会认知能力可能通过影响儿童的社会经验和信息处理方式来间接影响歧视知觉。具有较高社会认知能力的儿童可能更善于处理复杂的社会信息，能够更准确地判断他人的意图和情感，从而更好地理解和应对歧视行为。他们也能够更好地理解和解释社会现象，从而更准确地判断社会趋势和价值观，减少因误解而产生的歧视知觉。

儿童四五岁时信念概念的获得，标志着儿童认识到了心理状态的表征性实质。一些学者认为，此后儿童心理理论的一个重要发展方向是深化关于心理过程主动解释和建构性的认识，并将这种心理认识称为"解释性心理理论"。因此，有学者认为，儿童心理发展从复制心理理论向解释性心理理论的转变，这是一个复杂的过程，涉及多个方面的变化。首先，这种转变反映了儿童对心理过程理解深化的过程。在早期阶段，儿童可能主要通过观察和模仿来学习，这可以看作是一种复制的心理理论。他们复制和吸收周围人的行为和思维方式，并以此作为自己行为的参考。随着年龄的增长，儿童开始理解行为和情绪背后的原因和动机，开始形成自己的解释和理解，这就进入了解释性的心理理论阶段。其次，这种转变也体现了儿童认知能力的进步。在早期阶段，儿童的认知主要是一种被动的接受和学习，他们接受周围人的影响，并把这些影响内化为自己的行为。而在解释性心理理论阶段，儿童开始主动地思考和理解世界，他们开始能够批判性地思考问题，形成自己的观点和看法。此外，这种转变还反映了儿童社会认知的发展。在复制心理理论阶段，儿童可能主要关注自身的需求和欲望，而在解释性心理理论阶段，他们开始关注他人的情绪和动机，理解行为背后的社会因素，形成更复杂的社交能力。这种转变并不意味着早期的复制心理理论没有价值或意义。事实上，早期的观察和模仿是儿童学习和发展的基础。然而，随着儿童的成长，他们需要超越简单的模仿，形成更复杂的认知和理解。因此，从复制心理理论向解释性心理理论的转变是儿童心理发展的一个重要里程碑。

　　布朗（Brown）的观点认为，儿童必须理解他人可能具有的偏见和刻板印象的动机，才能知觉到歧视。这些动机会驱动人的行为。如果儿童知道驱动他人行为的是一种偏见，就可以把这些行为归为歧视行为；如果儿童不能对他人的行为或行为的动机进行合理的判断，就不太容易知觉到歧视。也就是说，要知觉到外在的歧视行为，儿童必须具备一定程度的社会认知能力。此外，布朗（Brown）还指出，认知能力和歧视知觉之间的关系可能存在一定的动态性。随着个体的成长和发展，认知能力和歧视知觉都可能发生变化。通过教育和个人经历，个体可能提高认知能力，减少歧视知觉，或反之。

　　除了社会认知能力外，儿童在社会中取得的自我认同感也是影响儿童歧视知觉产生的重要因素。在社会认同理论中，个体通过将社会群体进行分类来认识自己的归属和地位。对于儿童来说，他们也开始意识到自己属于某个群体，如性别、年龄、种族、文化背景等进行分类。这种对社会群体的认知和分类，对儿童歧视知觉的形成具有重要影响。儿童的自我认同是影响其歧视知觉的关键因素。他们开始意识到自己的独特性和价值，同时也开始关注自己与他人的差异。在这个过程中，如果儿童认为自己所属的群体不如其他群体，就可能会产生歧视知觉。同时，他们对其他群体的认知和评价也会影响其歧视知觉的形成。

　　社会比较与歧视知觉之间存在密切的联系。社会比较是指个体将自己与他人进行比较的心理过程，而歧视知觉是个体感知到由于自己属于某个群体而受到区别对待的主观感受。一方面，社会比较可能导致个体对自身所属群体的认同和自尊产生影响，进而影响其歧视知觉。当个体将自己与他人进行比较时，可能会产生对自己所属群体的负面评价和自卑感，认为自己所属的群体不如其他群体，从而更容易产生歧视知觉。另一方面，歧视知觉也可能影响个体的社会比较过程。当个体感受到歧视时，可能会对自己的能力和价值产生怀疑，降低自尊和自信心，从而进一步加剧社会比较的压力和焦虑。这种联系对于弱势群体来说尤为明显。弱势群体在面对社会比较时更容易感受到歧视和压迫，从而影响其自尊和自信心，进一步加剧歧视知觉和社会隔离。因此，在教育和心理健康领域中，应该关注社会比较和歧视知觉的关系，采取措施促进平等和包容的社会环境，帮助个体建立健康的自我认同和自尊心，减少歧视和偏见。

认知偏差与歧视知觉之间也存在一定的关系。认知偏差是指个体在知觉自身、他人或外部环境时，因自身或情境的原因导致知觉结果出现失真的现象。在歧视知觉方面，认知偏差可能导致个体对某些群体产生偏见或负面刻板印象，从而影响其对他人的评价和行为。一方面，认知偏差可能导致个体对某些群体产生不客观的看法，从而产生歧视知觉。例如，某些人可能因为刻板印象或偏见，认为某个群体的人能力低下或品行不端，从而在对待该群体的成员时表现出歧视行为。另一方面，歧视知觉也可能影响个体的认知偏差。当个体对某个群体产生歧视时，可能会对该群体的成员产生负面刻板印象或偏见，从而影响其对该群体的客观认知和评价。认知偏差和歧视知觉之间的关系表明，要减少歧视和偏见，需要提高个体的认知能力和自我觉察能力。通过教育、培训和文化交流等方式，可以帮助个体了解不同文化和群体的特点，克服刻板印象和偏见，建立更加客观和包容的认知观念。同时，对于已经表现出歧视行为的个体，也需要采取适当的干预措施，如心理咨询和行为矫正等，以帮助他们纠正错误观念和行为。

（二）环境因素

个体因素是影响儿童歧视知觉的重要内在原因，但不是唯一的原因。个体的社会认知能力对儿童歧视知觉的影响是受儿童所处社会环境制约的。环境因素包括儿童所处的家庭环境、学校环境和社会环境，环境因素也是影响儿童歧视知觉的重要变量。

1. 社会环境

在儿童时期，由于个体的认知和情感发展尚未完全成熟，因此社会环境对儿童的歧视知觉具有更大的影响。社会环境中的文化背景、社会制度和媒体报道等都可能影响个体的歧视知觉。例如，某些文化或社会群体可能存在对特定群体的歧视或偏见，这种文化背景可能影响个体对该群体的看法和态度。同时，社会制度和媒体报道也可能塑造或强化刻板印象和偏见，从而影响个体的歧视知觉。歧视知觉也可能影响个体对社会环境的感知和反应。当个体感受到歧视或偏见时，可能会对社会环境产生不信任感或负面情绪，从而影响其社会适应和心理健康。

布朗（Brown）研究指出，如果个体属于某一被贬低或污蔑的弱势群体，那么他知觉到歧视的可能性就会大大增加。一旦某个弱势群体被贴上"标签"那么他就很容易知觉到歧视行为。把这种对群体进行分类或界定群体类别的"标签"叫作群体成员资格。个体的群体成员资格是指个体属于某个特定群体的身份。这种身份可以基于多种因素，如种族、民族、性别、宗教、社会经济地位等。个体的群体成员资格可以影响其在社会中的地位、权利和待遇，同时也可能影响其认知、情感和行为等方面。当个体意识到自己属于某个群体时，可能会对该群体的成员产生认同感和归属感。这种认同感和归属感可以是个体在社会交往中获得安全感和支持的重要来源。然而，在某些情况下，个体的群体成员资格也可能导致歧视和偏见的产生。例如，某些群体可能因为历史、文化、政治等因素而受到不公平的待遇或歧视，而个体属于这些群体可能会导致其面临不公正的对待。

流动儿童随父母迁入城市，他们在城市中生活和学习，但往往没有城市户籍。这种特殊的身份背景使得流动儿童在身份认同上面临困难。他们可能会感受到自己与城市儿童的差异，也可能会因为户籍问题而受到歧视和排斥。这种身份认同的不明确和困惑可能导致流动儿童对自身价值和归属感产生怀疑，从而更容易感受到歧视知觉。

2. 家庭环境

家庭环境对儿童歧视知觉的影响是多方面的。首先，家庭氛围和教育方式会影响孩子的认知和情感发展，从而影响他们对歧视的感知。如果家庭氛围不和谐，或者父母对孩子的教育方式过于严厉或忽视，可能会导致孩子缺乏自信、易敏感或产生自卑感，从而更容易感知到歧视。其次，家庭的社会经济地位也会影响孩子的歧视知觉。家庭经济条件较差的孩子可能更容易感受到他人的歧视，因为他们所处的社会经济地位较低，可能缺乏足够的资源和机会，这会导致他们对自己的社会地位和价值产生怀疑。此外，家庭成员的行为和态度也会影响孩子的歧视知觉。如果家庭成员对某些群体存在偏见或歧视，孩子可能会受到这种态度的影响，从而对这些群体产生歧视。

在流动儿童歧视知觉的家庭影响因素中，家庭社会经济地位是主要的影响因素之一。家庭社会经济地位和儿童发展的关系，历来都是心理学家们比较感兴趣的课题之一。家庭社会经济地位（SES）是一个涵盖多个方面的概念，它涉及家庭收入、教育程度、职业地位、家庭背景、社会关系、居住环境和资产状况等多个因素。这些因素相互作用，共同影响着家庭在社会经济结构中的位置。心理学意义上的家庭社会经济地位包含经济资本（如家庭经济收入、父母职业）、人力资本（如父母受教育程度）和社会资本（如社会关系）三个部分，这三个部分共同作用，不仅影响家庭成员的生活质量，还对个体的认知、情感和社会发展产生深远的影响。研究表明，较低的社会经济地位与心理健康问题之间存在相关性。低SES人群更容易出现抑郁、焦虑、自卑等心理问题。这可能是因为低SES个体面临着更多的生活压力和挑战，如经济困难、就业压力等，这些压力可能导致心理负担加重，进而影响心理健康。

家庭社会经济地位对儿童歧视知觉的影响是一个复杂的研究领域。一般来说，社会经济地位的差异会导致环境不公平，对流动儿童的歧视知觉具有重要的预测作用。随着流动儿童家庭社会经济地位的提高，其知觉到的歧视现象会逐渐减少。具体来说，家庭社会经济地位对儿童歧视知觉的影响主要体现在以下几个方面：

（1）家庭收入。家庭收入是衡量家庭社会经济地位的重要指标之一。研究表明，家庭收入较低的儿童更容易产生歧视知觉。这可能是因为家庭收入较低的儿童在物质条件和社会资源方面相对缺乏，更容易感受到环境的不公平和压力，从而增强了对歧视知觉的敏感性。

（2）父母教育程度。父母的教育程度也是衡量家庭社会经济地位的重要指标之一。有研究表明，父母教育程度较低的家庭，其儿童更容易受到歧视知觉的影响。这可能是因为父母教育程度较低的家庭在教育引导和社会资本方面相对缺乏，不能为孩子提供足够的支持和资源，导致孩子更容易感受到社会的偏见和歧视。

（3）职业与社会地位。家庭成员的职业和社会地位也是影响儿童歧视知觉的重要因素之一。职业和社会地位较低的家庭，其儿童更容易受到歧视知觉的影响。这可能是因为这些家庭的父母在社会资源和机会方面相对较少，不能为孩子提供良好的教育和成长环境，增加了孩子接触和感受到歧视的机会。一些研究表明，歧视知觉在家庭社会经济地位与儿童心理健康之间起中介作用。也就是说，家庭社会经济地位通过儿童的歧视知觉来影响其心理健康。这是因为低SES儿童更容易感受到歧视和偏见，这种歧视知觉会导致他们产生自卑、焦虑等心理问题，进而影响其心理健康。

（4）父母亲职胜任感对家庭社会经济地位与儿童心理健康关系有调节作用。除了中介作用外，还有研究发现父母亲职胜任感对家庭社会经济地位与儿童心理健康关系的调节作用。也就是说，父母亲职胜任感的高低会影响家庭社会经济地位对儿童心理健康的影响程度。具体而言，拥有高亲职胜任感的父母能够更好地理解和支持孩子，帮助他们应对生活中的挑战和压力，从而减少低SES对儿童心理健康的负面影响。

但回顾已有的文献，发现在不同的文化背景下，社会经济地位和儿童歧视知觉之间的关系并不总是一致的。例如，菲尼等人通过考察少数民族和移民青少年的歧视知觉中发现，较低的家庭社会经济地位的青少年的歧视知觉水平更高。罗梅罗和斯通等人的研究得出的结论基本一致，社会经济地位与歧视之间并不存在显著的相关关系，社会经济地位不能显著地预测儿童的歧视知觉。这说明，社会文化对儿童歧视知觉的形成也有重要的影响。

3. 学校环境

学校环境是儿童成长发展的重要场所，对儿童的发展产生深远的影响。这些影响中既有积极的影响，也有消极的影响。学校是儿童学习社交技能的主要场所，学校提供的教育促进了儿童的认知发展，良好的学校环境能为儿童提供情感支持，帮助他们建立自信和自尊。但是，也有消极的一面，过重的学业负担、考试压力和对成绩的过分关注可能导致儿童感受到压力和焦虑；同伴欺凌可能导致受害儿童出现心理创伤、自尊心降低和学业不良；在一些学校环境中，可能存在基于性别、社会经济地位或身份认同等因素的不平等和歧视问题；教育资源在不同学校之间的分配不均可能加剧社会不平等问题。

在歧视知觉的学校环境因素中，课程内容、教师的观念和态度、同伴关系、班级的和谐气氛等都是非常重要的方面。学校环境对儿童歧视知觉的影响主要表现在以下几个方面：

（1）教育教学方面。一些研究表明，学校的教学质量越高，儿童对歧视的知觉就越低。这可能是因为高质量的学校能够提供更好的教育环境和资源，减少学生之间的差异，从而降低学生对歧视的知觉。教育内容是影响儿童歧视知觉的重要因素之一。通过教授儿童多元文化、平等和尊重的价值观，可以帮助他们更好地理解和接纳不同的人群，减少对歧视的知觉。例如，在历史和社会科学课程中，引入不同文化、种族、性别等方面的内容，帮助学生理解社会多样性和平等的重要性。课程设置的多样性和包容性也可以影响儿童的歧视知觉。学校应该提供多样化的课程，满足不同学生的兴趣和需求，促进学生全面发展。同时，学校应该注重培养学生的批判性思维和独立思考能力，帮助他们形成正确的价值观和态度，从而减少对歧视的知觉。教师的榜样作用也是影响儿童减少感知歧视知觉的重要因素之一。教师通过自身的言行举止，向学生传递平等、尊重和包容的价值观。教师应该尊重每个学生的差异和特点，鼓励他们发挥自己的优势和潜力，从而帮助学生建立积极的自我认知和人际关系。教育评价也是影响儿童减少感知歧视知觉的因素之一。学校应该采用多元评价方式，综合考虑学生的知识、技能、态度和价值观等方面的表现。通过合理的评价方式，可以帮助学生认识自己的优点和不足，提高他们的自信心和自尊心，从而减少对歧视的知觉。

（2）教师的观念和态度。首先，教师对儿童个体差异的认知会影响他们对歧视的知觉。如果教师能够尊重和理解儿童的个体差异，包括他们的种族、性别、社会经济地位等，他们就更可能平等地对待每一个学生，减少歧视知觉的出现。其次，教师对学生的期望。教师的期望对学生的发展有着重要的影响。如果教师对某个学生持有较高的期望，学生可能会感受到教师的支持和鼓励，从而减少对歧视的知觉。相反，如果教师对学生持有较低的期望，学生可能会感受到教师的忽视或偏见，从而增加对歧视的知觉。再次，教师的教学方式。教师的教学方式也会影响儿童的歧视知觉。如果教师采用积极、平等和包容的教学方式，鼓励学生参与课堂讨论和互动，尊重他们的观点和意见，学生就更可能感受到教师的支持和关爱，从而减少对歧视的知觉。最后，教师对多元化教育的态度也会影响儿童的歧视知觉。如果教师重视多元化教育，尊重不同文化、种族、性别等群体，并努力创造一个平等、包容的学习环境，学生就更可能减少对歧视的知觉。

（3）同伴关系。同伴关系在儿童的社会发展中扮演着至关重要的角色，这些关系对儿童歧视知觉有着显著的影响。儿童往往模仿同伴的行为和态度，如果他们的同伴表现出歧视或偏见的行为，儿童可能会学习并复制这些行为。同伴群体中形成的社交规范和价值观对儿童的影响很大。如果这些规范包含歧视或偏见的元素，儿童可能会接受这些观念作为"正常"或"可接受"的。在同伴关系中，被包容和接受可以增强儿童的自尊和自信。相反，被排斥或歧视会导致自我价值感的降低，以及产生对社会的负面看法。当同伴表现出嘲笑、孤立或排挤某些儿童的行为时，这些儿童就可能感受到歧视的存在。通过与来自不同背景的同伴互动，儿童可以学习理解和尊重多样性。这种经验有助于培养儿童的同理心、减少歧视和偏见。直接经历霸凌或歧视的儿童更可能认为自己被同伴歧视，这种经历可能导致他们对自己的价值和能力产生怀疑，从而增强对歧视的知觉。或者见证同伴受到这些行为的影响，会加深儿童对社会不公正和歧视的感知。同伴的评价对儿童的自我认知和自尊心具有重要影响。如果同伴对某些儿童持有负面评价，这些儿童就可能感受到自卑和被歧视的感觉。

除此之外，群体压力和从众行为也是影响歧视知觉的重要因素。儿童可能因为想要融入同伴群体而屈从于群体压力，包括参与或默许歧视行为。当个体所在的群体存在负面刻板印象或歧视行为时，个体可能会感受到来自群体的压力，从而更容易产生歧视知觉。例如，如果一个群体对某个种族或性别的成员持有偏见，群体成员可能会受到这种偏见的影响，从而加强对该群体的歧视知觉。从众心理意味着个体倾向于模仿群体的行为和态度。当群体表现出歧视行为时，个体可能会模仿这种行为，从而增加对歧视的知觉。此外，歧视行为也可能在群体中扩散，导致更多成员表现出类似的歧视态度和行为。在某些情况下，群体压力可能导致集体决策或行动中出现歧视现象。当群体面临某种压力或不确定性时，可能会采取一致的歧视行为来应对。例如，当一个群体面临外部威胁或竞争时，可能会集体排斥或攻击某个成员，从而加强其内部的凝聚力和认同感。

（4）学校文化和氛围。如果学校倡导平等、尊重和多元文化的价值观，学生将更容易形成积极的自我认知和对他人的尊重，从而降低歧视知觉。相反，如果学校文化强调竞争、排斥或刻板印象，学生更可能感受到歧视。一个强调多元化和包容性的学校文化能够促进学生对不同背景和文化的理解与尊重。这样的环境有助于减少歧视和偏见的产生。学校的整体氛围也会影响儿童的歧视知觉。一个积极的学校氛围可以为学生提供安全感，降低他们的焦虑和不安，从而减少对歧视的知觉。相反，紧张、不安全的学校氛围会增加学生的焦虑和敌对情绪，可能导致更强的歧视知觉。学校是否开展反歧视教育也是影响儿童歧视知觉的重要因素之一。通过反歧视教育，学生可以更好地理解歧视的危害，学习如何尊重他人、如何处理冲突和如何建立积极的人际关系。这样的教育能够显著降低儿童的歧视知觉。学校在处理霸凌和冲突时的方式会影响学生对正义和不公的看法。有效和公正的处理方式可以减少歧视行为，提升学生的正义感。学校政策和规章制度在塑造学生抵制歧视方面发挥着关键作用。学校如果制定和实施明确的反歧视政策，明确反对任何形式的歧视行为，将为学生提供一个公平、公正的学习环境，这样的政策有助于减少歧视的出现，增强学生的平等意识和尊重他人的态度。政策和规章，如多元文化节日的庆祝、包容性语言的使用等，可以增强学生对不同文化和背景的尊重和理解。有效的霸凌预防和应对策略有助于减少学校中的歧视行为，同时也向学生传达了关于尊重和同情心的重要信息。公平且一致的纪律措施和行为准则有助于建立一个公正的学校环境。这有助于学生理解社会规范和公正的重要性。学校通过开展培训和意识提升活动，提高教职员工和学生对于歧视问题的认识和理解。这样可以增强学校成员的平等意识和反歧视意识，减少歧视的出现。鼓励学生参与制定和实施政策，可以提高他们对学校环境的投入感和责任感，同时促进多元视角的融入。通过将家长和社区纳入政策制定过程，可以增强政策的包容性和有效性，同时促进家庭和学校之间的良性沟通。

　　综上所述，学校环境对儿童歧视知觉的影响是多方面的，需要综合考虑多种因素及其相互作用。为了降低儿童对歧视的知觉，学校应该积极营造一个积极、平等、尊重和支持的环境，提供高质量的教育资源和关爱，促进师生和同伴之间的友好关系，以及建设一个多元化和包容的学校氛围。同时，家长和社会也应该加强对学校的支持和监督，共同促进儿童的健康成长和发展。研究学校因素与歧视知觉的关系对于提高教育质量、促进学生心理健康、培养积极的价值观和社会态度、改善学校环境和社会氛围、为政策制定和实践提供指导以及推动相关领域的深入研究都具有重要意义。我们应该重视这一领域的研究，加强合作与交流，共同为创造一个平等、公正、和谐的社会环境而努力。

　　总之，多种因素会影响流动儿童的歧视知觉产生，包括社会认同威胁、刻板印象与偏见、家庭因素、学校因素、政策制度和媒体影响等。为了减少流动儿童的歧视知觉，需要从多个方面入手，加强社会宣传和教育，改善家庭环境和学校环境，制定公平合理的政策制度，以及提高媒体对流动儿童的正面报道和关注。

第二节　农村留守儿童的问题行为

　　留守儿童是指父母双方外出务工或一方外出务工，无法与父母正常共同生活在一起的未成年人。留守儿童问题是近年来一个突出的社会问题。随着我国经济的快速发展，越来越多的青壮年农民走入城市谋生，在农村形成了庞大的留守儿童群体。留守儿童的成长和教育问题已经成为社会各界关注的焦点之一。留守儿童是社会中的一个特殊群体，由于父母长期外出务工，他们被迫留在农村，缺乏父母的关爱和陪伴。这种环境容易导致留守儿童出现各种问题行为，包括学习成绩不佳、心理问题、行为问题、社交问题、缺乏关爱、容易受侵害以及有不良嗜好等。因此，在留守儿童比较集中的地区，"留守"似乎已经成为儿童的一种负面标签。

在关于留守儿童问题的研究中发现，留守儿童的问题行为比较突出，而且大多问题行为的出现和心理健康水平有一定关系。王东宇等认为，留守儿童的心理健康状况与长时间的留守状态有关。[1]周福林、段成荣的研究表明，留守儿童缺乏日常生活中与父母的亲密接触和频繁沟通，这会导致他们缺乏安全感，产生孤独、焦虑感。[2]张德乾发现留守儿童相对来说更不擅长与他人进行交往，缺乏与人交往的机会和经验，对社交活动产生恐惧和排斥感，表现出更多的怯懦行为。此外，家长外出时间的长短与留守儿童问题行为的严重程度存在着一定的联系。[3]郭海峰在关于留守儿童的研究中指出，通常展现胆小、依赖、以自我为中心、易孤单忧愁现象的孩子多为留守儿童，他们遇到事情容易激动、冲动且情绪不能控制，有较严重的社交焦虑。[4]陈陈等发现留守儿童会出现不良行为的概率较高，主要有人身攻击性行为、多动症、不遵守纪律、打架、斗殴、偷窃等。[5]

很多基于经验的研究和不多的实证研究都好像在暗示"留守儿童就是问题儿童"。但事实上留守儿童并不等于是"问题群体"或者"问题儿童"。虽然留守儿童面临一些困难和挑战，但是不能简单地将他们归为"问题儿童"。留守儿童需要社会关注、关爱、支持和干预，但这种关爱和干预不能脱离儿童成长的自然环境。一些研究表明，留守儿童的抑郁检出率、过度焦虑检出率高于非留守儿童，但这并不意味着他们都是"问题儿童"。专家认为，父母长期不在身边会影响到孩子的自我认知和行为习惯，但也要注意留守儿童并不等于问题儿童。在调查中还发现，农村教师对留守儿童的认识和孩子自我认识之间存在很大的差异。许多教师认为留守儿童的心理问题严重，难以管教，不爱学习。但在问卷调查中，留守儿童的回答更多显示出乐观向上的心态。

---

① 王东宇，王丽芬. 影响中学留守孩心理健康的家庭因素研究 [J]. 上海：心理科学，2005.
② 周福林，段成荣. 留守儿童研究综述 [J]. 吉林：人口学刊，2006.
③ 张德乾. 农村留守儿童交往状况的调查与分析 [J]. 合肥：安徽农业科学，2006.
④ 郭海峰. 初中留守儿童问题行为及其教育干预研究 [D]. 苏州：苏州大学，2008.
⑤ 陈陈. 家庭教养方式研究进程透视 [J]. 南京：南京师大学报（社会科学版），2002.

因此，我们应该关注留守儿童的心理健康问题，但也要理性看待留守儿童，不要给他们贴上"问题儿童"的标签。对于留守儿童，应该给予更多的关爱和支持，帮助他们克服困难，建立自信心，让他们在成长过程中得到更好的支持和帮助。

一、关于农村留守儿童心理发展的理论思考

由于父母长期外出务工，留守儿童家庭结构往往不完整，家庭功能不健全，缺乏父母双方的关爱和支持。他们面临的最大的问题就是父母亲情缺失。因此有研究者提出，研究留守儿童心理问题的关键，应该探讨环境和个体心理发展的联系，也就是要研究父母亲情缺失这一环境对儿童发展的影响，以及影响儿童心理发展各生态系统之间的相互作用方式。

基于环境与个体发展的整体交互作用，申继亮等人结合布朗芬布伦纳的生态系统理论模型和心理韧性研究中的相关理论，构建了留守儿童心理发展的生态模型（如图4-1所示）。[①]

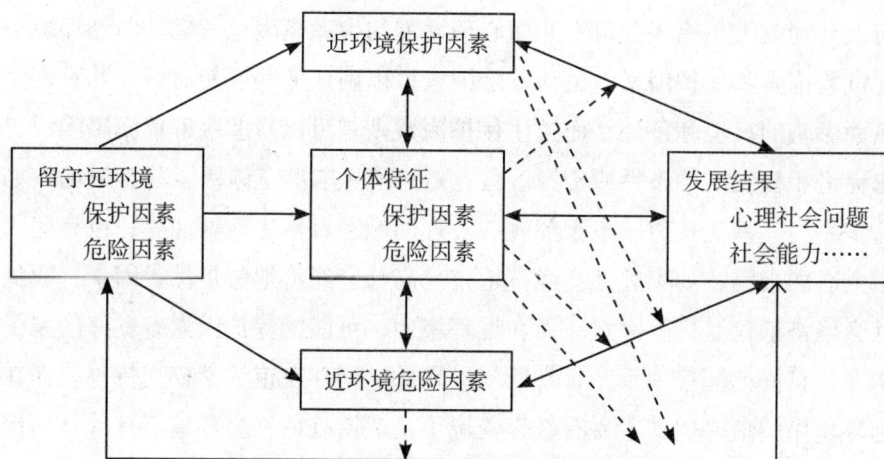

图4-1　留守儿童心理发展的生态模型

注：细实线箭头代表留守远环境对个体发展结果的直接效应；粗箭头代表留守远环境通过中介因素对个体发展结果的影响；虚线箭头代表调节效应；双向箭头代表相互影响。

[①] 申继亮. 处境不利儿童的心理发展与教育对策研究［M］. 北京：经济科学出版社. 2019.

环境和儿童发展之间的交互作用是一个复杂且多维度的主题。留守儿童与周围的环境形成一个整体、动态的生态系统，这个大系统又包括环境系统和个体系统两个子系统，两个子系统之间相互作用共同影响儿童的发展，我们不能脱离环境系统来独立地看待儿童的发展，也不能脱离个体的整体机能系统来看待他们的发展。

就环境系统来看，留守儿童生活在一个非常复杂的生态环境中。在布朗芬布伦纳的生态系统理论中，留守儿童的生活环境可以被划分为近环境（微系统和中系统）和远环境（外系统和宏系统）。远环境是指那些影响儿童但他们并不直接参与的环境，如父母的工作状况、社区服务和政策。对留守儿童而言，父母为了工作迁移所带来的家庭结构变化是一个重要的外系统因素。远环境还指宏系统，也就是广泛的社会文化背景，包括社会主义核心价值观、文化习俗、经济状况和法律政策。这些因素间接影响留守儿童的生活环境，如对家庭结构和农村劳动力流动的社会态度。近环境主要是指留守儿童日常生活的直接环境，例如家庭、学校、邻居和社区等，也就是儿童能够面对和接触的环境。近环境决定着儿童的行为方式和与人互动或关系模式。留守儿童心理发展的生态模型也考虑了内外环境中的危险因素和保护因素。关注危险因素可以确认那些可能对留守儿童产生负面影响的环境和条件，而关注保护因素则是可以帮助缓解负面影响、寻求促进积极发展的条件或资源。留守近环境中有些危险因素是绝对的，如监护不力、缺乏抚慰、疏于照顾、心理问题、日常生活烦恼等；也有些因素具有两极性，如家庭社会经济地位、高社会经济地位是保护因素，而低社会经济地位是危险因素。而在近环境中，可能的保护因素有良好的亲子沟通、良好的同伴关系、日常的积极事件、同伴友谊、学校支持等。而在远环境中的危险因素主要有教育资源不足或所处的社会环境不良等；而保护因素有社区的支持、政府和非政府组织的干预，如对留守儿童提供特别项目和资源，如心理健康服务和教育资助。不管是近环境还是远环境，其中的危险因素都构成了留守儿童生活的压力背景，保护因素和危险因素相互影响，共同勾勒出留守儿童生活的生态环境系统。

就个体系统中来看，留守儿童的发展受到多种个体因素的影响，其中既包括可能对他们产生负面影响的危险因素，也包括能够促进他们积极发展的保护因素。其中危险因素有消极的认知评价模式、情绪调节能力不足、自尊心低、学习困难、悲观冲动等；其中保护因素有对留守事件积极的认知评价、留守儿童有较强心理弹性韧性、较高自我效能感、天性乐观、学习动机强等。个体系统中的保护因素和危险因素相互影响，在压力背景下，共同调节或维持着留守儿童的内部心理平衡。

从图4-1可以看出，近环境保护因素和危险因素以及个体特征会直接影响儿童的发展；个体特征起中介作用，也就是说，近环境保护因素和危险因素会通过个体特征对儿童的发展产生影响；近环境保护因素和危险因素对儿童发展的影响要受个体特征的调节；近环境危险因素与儿童发展之间的关系要受近环境保护因素的调节；同时，个体特征也会反作用于儿童发展的近环境，影响着儿童的发展结果。留守远环境会直接影响儿童的发展结果，也会间接地影响儿童的发展结果；留守远环境与儿童发展之间的影响是通过近环境保护因素、危险因素以及个体特征作用发生作用的；留守远环境对儿童发展的影响还受近环境保护因素、危险因素和个体特征的调节；当然留守儿童的发展结果，也会反作用于儿童生活的远、近环境以及个体特征，形成了一个动态的循环模式。

需要注意的是，留守远、近环境，个体特征与个体的发展之间的关系是动态的和相互作用的，留守远、近环境与发展结果之间的关系中，并不是所有的近环境因素或个体特征都具备中介效应和调节效应；各因素之间的相互影响以及和儿童发展的关系，都受留守儿童的年龄或性别的制约。

二、儿童问题行为的环境危险因素

环境危险因素是指对儿童发展不利的条件。以下从家庭环境、学校环境、社会环境和心理环境四个方面进行了详细分析，旨在为预防和干预儿童问题行为提供理论支持和实践指导。

（一）家庭环境

家庭是儿童成长的第一课堂，其环境对儿童的身心发展起着至关重要的作用。研究表明，家庭环境的不良因素与儿童问题行为之间存在密切关系。父母关系紧张、经常吵架或离异等不良家庭氛围可能导致儿童出现焦虑、抑郁、攻击性行为等问题。父母缺乏对儿童的监管、过度溺爱或严厉惩罚等教养方式都可能促使儿童问题行为的产生。家庭经济贫困、家庭经济压力大等可能导致儿童无法获得足够的营养和教育资源，从而增加问题行为的风险。

（二）学校环境

学校是儿童成长的重要场所，其环境也对儿童的行为和认知发展产生重要影响。不良的师生关系可能导致学生学习动力下降、出现行为问题等；与同伴之间的冲突和欺凌等不良关系可能导致儿童出现攻击性行为、抑郁等问题；学校氛围紧张、缺乏纪律和规范，以及教育质量低可能增加儿童问题行为的风险。

（三）社会环境

社会环境对儿童的成长和发展产生深远的影响。社区的治安状况差、环境污染严重等可能导致儿童出现攻击性行为和犯罪行为；电视、互联网等媒体中的暴力、色情内容可能对儿童的认知和行为产生负面影响，增加出现问题行为的风险；缺乏社区支持和参与，以及社会福利制度的不完善可能使儿童面临更多的困境和挑战，从而增加问题行为的可能性。

（四）心理环境

心理环境涉及对儿童情绪的支持和理解。家长和教师在日常生活中对儿童情绪的支持和理解有助于培养他们的情绪管理能力，增强他们的心理韧性。缺乏情绪支持可能导致儿童出现焦虑、抑郁等心理问题。心理环境与儿童情绪密切相关，不良的心理环境可能导致儿童出现情绪问题，进而引发问题行为。例如，父母对儿童的情绪表达缺乏理解和支持，可能会使儿童产生焦虑、抑郁等情绪障碍，进而表现出攻击性行为或退缩行为。同时，教师对儿童的情绪表达也具有重要影响，教师的冷漠、严厉或过度控制可能阻碍儿童的心理健康发展，增加问题行为的风险。

以上是影响儿童发展的危险因素，对留守儿童的发展极为不利。这些不利的条件从单一的压力性生活事件到多种消极事件的累积，最终导致儿童出现问题行为。因此，也有研究认为压力性生活事件是儿童发展的主要危险因素之一。所谓压力性生活事件是指对个人生活产生重要影响，导致个体紧张、不安、焦虑等负面情绪的事件。这些事件可能包括家庭问题、学业或工作压力、人际关系问题、经济困难、自然灾害等。但也有研究认为，除了个体生活中的主要压力性生活事件能影响儿童的心理发展，个体在日常生活中经历的烦恼也会影响儿童的发展。主要压力事件是压力的远端影响因素，而日常烦恼是压力的近端影响因素。因此，与主要生活压力性事件相比，日常烦恼更能影响儿童适应环境的结果。日常烦恼是指在日常生活中的一些小困扰和不满，通常是由琐事引起的。与压力性生活事件相比，日常烦恼可能不会对个体产生严重的负面影响，但它们仍然会影响个体的情绪和心理健康。常见的日常烦恼包括家庭纷争、学业或工作压力、人际关系问题、经济困难、身体健康问题等。研究表明，日常烦恼不仅能和主要压力性生活事件共同作用于儿童的发展，而且还能独立于主要压力性生活事件制约着个体的适应性结果。因此，与主要压力性事件相比，日常烦恼可能是个体发展结果的更好的预测源。主要压力性生活事件和日常烦恼都会对儿童产生负面影响，但其性质、影响的持续时间和处理方式各有不同。重大生活事件可能引起更剧烈的情绪波动，而日常烦恼则可能导致持续的低级别压力感；重大事件可能导致更严重的心理问题，如创伤后应激障碍，而日常烦恼则可能导致长期的焦虑和抑郁；重大事件可能需要专业的心理干预，而日常烦恼的应对则更多依赖于日常的应对策略和家庭支持，更容易被管理和解决；重大事件可能对儿童的发展轨迹产生长远影响，而日常烦恼的影响通常更为短暂和可逆。理解这些差异有助于更好地支持儿童在面对压力时的心理健康和发展。

　　农村留守儿童面临的主要压力性生活事件和日常烦恼有其特殊性，这主要受到他们独特的生活环境和家庭背景的影响。由于父母外出打工、父母离异或家庭矛盾导致家庭结构发生变动构成了留守儿童生活中的一个主要压力事件。不仅对儿童的发展产生直接影响，而且也直接导致留守儿童产生更多的日常生活烦恼。比如思念父母、家务繁重、学业压力突出、同伴歧视等。但留守儿童和一般农村儿童也会面临共同的生活烦恼，因此留守儿童的一般生活烦恼和特殊生活烦恼可能会产生累积效应，共同作用于他们的心理发展。赵景欣等人的实证研究结果显示，父母外出打工这一远端压力事件并没有带来一般生活烦恼，但会带来更多的特殊生活烦恼；这些特殊生活烦恼能够显著预测儿童较高的反社会行为和抑郁水平。[①]同时其另外的研究还发现，儿童经历的日常烦恼越多，其偏差行为越高；流动养育者、留守养育者与儿童的亲合水平越高，农村留守儿童的偏差行为越低。[②]这些研究也说明了，日常生活烦恼比压力性生活事件更能预测出留守儿童的问题行为。

三、儿童问题行为的保护因素

保护因素（Protective Factors）在心理学和社会学中是一个重要概念，是指那些可以减少个体面对潜在风险时出现负面结果的因素，或者是能够促进个体在逆境中保持或恢复正常功能的因素。简而言之，保护因素有助于提高个体的抗逆力，减少不良影响。保护因素的提出，使研究者们从关注儿童心理发展的危险因素，转向了对增加高危个体向良性发展的环境的关注。以下从家庭环境、亲子关系、教育方式、社会支持和心理素质等方面进行深入分析，以期为预防和干预儿童问题行为提供理论支持和实践指导。了解儿童问题行为的保护因素有助于预防和干预儿童的问题行为。通过研究这些因素，可以为家长、教师和政策制定者提供有针对性的建议和策略，帮助他们更好地理解和应对儿童的问题行为；研究儿童问题行为的保护因素有助于提升儿童的福祉。了解哪些因素可以减少问题行为的发生，可以帮助家庭和社区为儿童创造更加有利的环境，促进儿童健康成长；对儿童问题行为的保护因素进行研究可以为理论研究提供更多的证据。了解这些因素的作用机制和相互关系可以帮助我们更好地理解儿童发

---

① 赵景欣，王焕红，王世凤. 压力性生活事件与农村留守儿童的抑郁反社会行为的关系 [J]. 济南：山东省团校学报（青少年研究）. 2010.

② 赵景欣，刘霞，李悦. 日常烦恼与农村留守儿童的偏差行为：亲子亲合的作用 [J]. 北京：心理发展与教育. 2013.

展的过程，为未来的研究提供更多的理论支持；研究儿童问题行为的保护因素具有广泛的社会应用价值。例如，对于留守儿童等特殊群体，了解其问题行为的保护因素有助于为他们提供更有针对性的支持和关爱。同时，研究成果也可以为政府和社会组织提供决策依据，推动相关政策的制定和实施；通过研究儿童问题行为的保护因素，可以深入了解心理素质在其中的作用。这有助于引导家长和教师关注儿童的心理健康，提供相关的教育和训练，帮助他们提高心理素质，增强儿童自我评价能力和自我管理能力，从而更好地应对生活中的挑战和困难。同时，心理素质的提高也有助于减少心理问题的发生，促进儿童的全面发展和福祉提升。

（一）日常积极生活事件

日常积极生活事件是指那些在日常生活中发生的、能够带来积极情感体验和心理影响的事件。这些事件虽然可能看似微小或普通，但对个人的心理健康和情绪状态有着显著的积极作用。它们可以提升幸福感、减少压力，并对日常的心理调节产生积极影响。一些常见的日常积极生活事件主要有与亲友团聚、个人成就、自我关怀活动、户外活动、艺术和文化体验活动、社交活动、志愿服务、学习新技能、锻炼身体、欣赏美好事物等。可以说，日常积极生活事件是儿童问题行为的保护因素。日常积极生活事件通过增强个人的积极情绪体验，帮助儿童建立更强的心理韧性和更好的情绪管理能力，从而在日常生活中提高整体的生活质量和幸福感。这些事件的价值在于它们的频繁发生和易于实现，使人们能够在日常生活中不断体验到积极和愉悦的情感。

日常积极生活事件和问题行为之间的关系是复杂的，但总体来说，积极的生活事件有助于减少问题行为的发生，促进个人的健康发展。首先，积极的生活事件可以为个人提供更多的正能量和动力，帮助他们更好地应对生活中的挑战和困难。例如，参与运动、艺术和文化活动等可以增强自信心和自尊心，提高个人的心理韧性。这些积极的生活事件也可以为个人提供社交支持和友谊，增强他们的社交能力和情感支持网络。相反，问题行为往往与负面的生活事件和压力有关。例如，家庭暴力、虐待或忽视等负面生活事件可能导致儿童出现问题行为。缺乏关爱和支持、学校和家庭环境的压力等也可能促使青少年出现不良行为。

关于日常积极事件与儿童问题行为的关系，很多研究得出共同的结论，即个体经历的日常积极事件越多，其抑郁、反社会行为就会越少。赵景欣等人的研究也发现日常积极事件的增多能够直接负向预测儿童的抑郁水平和反社会行为，表现出了保护效应中的改善效应。但是，这一改善效应因留守类别的不同而不同，日常积极事件对个体问题行为的改善效应在双亲外出打工的留守儿童身上表现得更为突出。[①]这可能是因为，父母双亲外出打工的留守儿童在经历积极事件后，他们会感觉到受到周围其他群体的关注，这样他们可能会表现出较好的行为以期待积极事件的再次发生。还可能是积极事件扩大了他们的活动范围，使他们增长了见识，从而扩大他们的认知行为范围，在遇到压力事件时，他们会采取更多的认知策略去应对，从而减少问题行为的发生。也有研究发现，日常积极事件对儿童抑郁、反社会行为的影响在不同群体中的表现出现了不一致的情况。有研究指出，离异家庭儿童经历的积极事件与其儿童自身报告的问题行为存在显著相关，但与儿童的抑郁以及母亲报告的问题行为的关联不大。这说明，日常积极事件对不同家庭结构的儿童抑郁、反社会行为的影响是不一致的。

（二）家庭环境

家庭环境是儿童成长的重要基础，也是理解儿童心理社会问题产生的一个重要背景。家庭环境是指家庭所营造出的显性和隐性的环境，包括家庭的经济和物质生活条件、社会地位、家庭成员之间的关系及家庭成员的语言、行为及感情的总和。一个积极、健康与和谐的家庭环境可以为个人提供情感支持和安全感，帮助他们更好地应对生活中的挑战和困难。良好的家庭环境可以对儿童的问题行为起到积极的保护作用。家庭系统理论的观点认为，家庭被视为一个整体系统，家庭成员之间的互动影响着整个家庭的功能；家庭成员之间的行为和情绪状态是相互依赖的，一个成员的变

---

① 赵景欣等. 农村留守儿童的抑郁和反社会行为：日常积极事件的保护作用［J］. 北京：心理发展与教育. 2010.

化会影响整个系统的发展；家庭中有若干个子系统，其中父母—子女系统作为其中的一个子系统，对于儿童的发展有着非常重要的影响。其中家庭环境中良好的亲子关系、父母对儿童的行为管理、良好的家庭经济状况等都是家庭环境中的保护因素。

1. 亲子关系

亲子关系在家庭环境中扮演着重要的保护作用，主要表现在以下几个方面：首先，亲子关系对孩子的心理和情感发展起着至关重要的作用。一个稳定、健康和积极的亲子关系可以为孩子提供情感支持和安全感，帮助孩子形成自信、乐观和积极的性格特质。这种积极的心理品质可以帮助孩子更好地应对生活中的挑战和困难，提高其适应能力和情感智慧。其次，亲子关系对孩子的社会化和行为习惯养成也有重要影响。通过与父母的互动和交流，孩子可以学习社会规范、正确的价值观和行为习惯，形成良好的道德品质和社会责任感。一个良好的亲子关系可以为孩子提供一个健康的成长环境，帮助孩子培养积极的行为习惯和生活方式。此外，亲子关系还对孩子的学业和智力发展产生影响。父母通过与孩子的交流和互动，可以激发孩子的好奇心和求知欲，促进其认知和智力发展。良好的亲子关系可以为孩子提供更好的学习环境和支持，帮助孩子培养学习能力和学习兴趣。总之，亲子关系在家庭环境中扮演着重要的保护作用。通过提供情感支持和安全感，帮助孩子形成积极的心理品质和道德品质，以及促进孩子的学业和智力发展，亲子关系对孩子的成长和发展具有重要影响。因此，父母应该重视与孩子的沟通和互动，努力营造一个和谐、健康和积极的家庭环境，为孩子的全面发展提供有力的支持。

2. 父母的行为管理

父母的行为管理是指父母通过一系列策略和技巧，有效地引导和影响孩子的行为。这包括设定规则、提供指导、使用适当的奖励和惩罚等方法，旨在帮助孩子建立良好的行为习惯和培养社会技能。和谐、温馨的家庭氛围可以为儿童提供安全感，减少其问题行为的发生。研究中也用不同的术语进行论述，如父母参与、父母监督、父母的教育卷入、父母指导等。

父母的行为管理与儿童的问题行为有非常密切的关系。研究表明，父母高水平的行为管理可以在一定程度上减少儿童出现外部失调问题（包括反社会行为）。也就是说，如果父母不能对儿童的行为进行有效管理，儿童就会容易出现问题行为。可能是因为：第一，父母的行为管理不充分、自由散漫，实际上就是创造了一种不良的家庭环境，儿童缺乏边界意识，不能使儿童在社会生活中发展起自我调节、遵守规则的良好特征。第二，父母对儿童行为的不良管控容易促使儿童与不良同伴交往，很容易使他们处于危险和诱惑当中，而儿童没有更好的认知资源去应对，就容易出现问题行为。研究还提出，父母对儿童的行为管理与儿童的抑郁有负相关，但高水平的行为管理不能阻止或减缓儿童问题行为发展的进程。

在访谈中发现，父母在对儿童的行为管理中主要使用以下这些策略，才能发挥高水平行为管理的保护作用。第一，榜样示范。父母是孩子的第一任教育者，其行为举止对孩子的成长具有深远的影响。通过展现良好的道德品质、积极的生活态度和健康的生活习惯，父母可以成为孩子学习的榜样。这样，孩子会在模仿父母行为的过程中，逐渐形成良好的行为习惯和价值观。第二，规则制定。制定家庭规则是行为管理的重要组成部分。父母应与孩子共同商定家庭规则，明确规定家庭成员的责任和义务，以及违反规则的后果。这有助于孩子形成对规则的敬畏之心，学会自我约束和尊重他人的权益。第三，沟通交流。良好的沟通是行为管理的关键环节。父母应定期与孩子进行情感交流，了解其需求、感受和困惑，提供必要的支持和指导。有效的沟通有助于增强亲子关系，促进孩子情感和认知的发展。第四，表扬奖励。当孩子展现出良好的行为时，父母应及时给予肯定和奖励，以增强其实施正面行为的概率。表扬和奖励可以激发孩子的自信心和自尊心，鼓励其继续保持良好的行为习惯。第五，纠正错误。当孩子犯错时，父母应采取适当的方法纠正其错误行为。这包括指出问题、引导孩子反思、给予合理的惩罚或提供替代行为的选择。纠正错误有助于孩子认识到行为的错误性，学会承担责任并改正不良习惯。第六，培养习惯。良好的习惯是塑造孩子良好行为的基础。父母应培养孩子良好的生活习惯、学习习惯和社交习惯，通过制订日程表、参与活动等方式，帮助孩子养成良好的行为习惯。第七，家庭氛围。家庭氛围对孩子的行为塑造是潜移默化的。和谐、关爱、尊重和开放的氛围有助于培养孩子的积极心态和健康行为。父母应努力营造一个充满爱的家庭环境，让孩子感受到家的温暖和支持。第八，关注成长。父母应关注孩子的成长需求，提供必要的支持和引导。了解孩子的兴趣、才能和困惑，帮助其发掘自身潜力，解决成长过程中的问题。关注成长有助于培养孩子的自主性和责任感，促进其全面发展。

除此之外，家庭中的经济状况也有可能是儿童发展的保护因素。研究发现，家庭经济困难与儿童心理问题之间存在相关性。经济条件较差的家庭往往面临更大的生活压力和困境，导致儿童产生焦虑、抑郁和其他心理问题。家庭经济困难与儿童的问题行为也有一定的关系。家庭经济困难可能限制对孩子教育、健康和休闲活动的投资，影响儿童的认知和社会发展；财务困难可能增加父母的压力和焦虑，这可能通过情绪传递影响儿童，导致家庭关系紧张和亲子互动质量下降；经济困难的家庭往往生活在资源匮乏的社区，这些社区可能存在更多的犯罪和暴力行为，对儿童产生负面影响。在经济状况较好的家庭中，过度保护或对成就的过高期望可能给儿童带来心理压力；在某些情况下，经济优越可能导致孩子发展物质主义倾向，影响其社交关系和行为选择；忙碌的工作生活可能导致父母无法有足够的时间与孩子互动，导致亲子关系疏远。经济状况对儿童的影响可以通过中间路径进行调节，比如平衡的育儿方式、情感上的支持和亲子互动、社会支持和心理健康意识等，事实证明，尽管有些留守儿童家庭经济状况一般，但只要满足儿童基本的生活需要和情感需要，他们的问题行为就会大大减少。可见，情感支持和积极的亲子互动对预防发生问题行为更为关键，与家庭的经济状况相比，这些因素的重要性更大。

（三）个体的心理环境

个体的心理环境与问题行为之间存在密切的联系。心理环境是指个体内在的心理状态和外部环境对这种状态的影响，包括个人的情绪、思维方式、信念系统以及外部环境对这些内在过程的影响。这种环境可以显著影响个体的行为模式和心理健康。根据留守儿童心理发展的生态模型，儿童问题行为的保护因素不仅包括环境中的保护因素，也包括个体的保护因素。个体的保护因素是指能够促进个体发展，增强个体应对挑战和压力的能力，降低个体发生问题行为和心理障碍的因素。压力性生活事件与抑郁、反社会行为之间的关联已经得到了大量研究的证实，但也有研究指出，在面对压力性生活事件时，不同儿童由于不同的心理环境可能会导致不同程度的问题行为。这说明个体心理环境中积极的认知评价、自我效能感、心理韧性、情绪调节能力等有可能是个体抑郁、反社会行为的保护因素。

1. 积极的认知评价

社会认知理论认为，人的行为是由其认知过程所驱动的。换句话说，我们对世界的理解和解释会影响我们的行为反应。这一理论强调了个体在行为决策中的主观能动性，认为个体并不是被动地接受外部刺激，而是主动地解释和筛选信息，从而指导自己的行为。也可以这样说，该理论认为，压力性生活事件本身并不能引起人的情绪和行为，个体对这些事件的认知才是最重要的。也因此有研究认为，不利环境并不能总是引起儿童的问题行为，对这些不利环境积极的认知评价在一定程度上能减少问题行为的发生。所谓积极的认知评价是指个体在面对生活中的挑战和困难时，倾向于以一种乐观、积极和建设性的方式来解释和评价这些情境。这种思维方式不仅有助于个体更好地应对压力和逆境，还能够促进个人的心理成长和发展。

泰勒等人提出的认知适应理论认为，当个体在面对挑战性或威胁性事件时，个体积极的认知评价和适当的"认知错觉"是一种非常重要的心理资源。在威胁性的环境中，积极的认知评价能够保持个体的心理健康，甚至是生理健康。泰勒也曾指出，大多数人对于自己和自己所处的世界持有一种不太精确和不太稳定的知觉。根据这个观点，个体比较典型的积极认知评价包括高自我认可、个体控制和乐观。高自我认可是个体对自己的高度评价和接受，这种认可来自对自己能力和价值的充分认识和肯定。个体控制是指个体在面对生活中的挑战和压力时，能够自主地调整自己的思维和行为方式，以适应环境并实现个人目标的能力。高自我认可的个体通常具有较强的个体控制能力，认为通过自己的努力能够得到积极的结果。乐观是一种积极的人生态度，它代表着对未来的希望和信心，对生活中的挑战和困难持有正面的态度。乐观的人通常会更加快乐、自信、有创造力，并且更容易取得成功。

由此可见，儿童积极的认知评价和儿童抑郁、反社会行为的关系非常密切。积极的认知评价有助于减轻儿童的焦虑和抑郁情绪，这些情绪常常与问题行为如攻击性和反抗行为关联；通过积极的思维方式，儿童可以更好地管理和调节自己的情绪，减少情绪爆发的冲动行为；积极的认知评价有助于儿童发展更好的社交技能，包括同情心和合作，这些技能对于减少社交冲突至关重要；积极的思维方式可以帮助儿童有效地应对挑战和压力，减少因应对不当而产生的问题行为。

儿童积极的认知评价与儿童问题行为的关系也得到了一些实证研究的证实。梅热等通过对离异家庭儿童进行研究发现，积极的认知评价与父母报告和儿童报告的内化和外化问题都有关联；也有进一步研究得出，积极的认知评价与父母报告的男孩的问题行为关系密切，但和女孩的问题行为关系不密切。申继亮等人在对农村留守儿童抑郁和反社会行为的研究中发现，高水平的、积极的认知评价能够有效地抵抗日常烦恼对留守儿童反社会行为的加剧作用，也能够有效地抵抗日常烦恼对留守男孩抑郁的加剧作用。也就是说，积极的认知评价对于抑郁的保护效应在性别上出现了分化。①

2. 自我效能感

自我效能感是由美国心理学家班杜拉在20世纪70年代提出的。它是指个体对自己是否有能力完成某一行为所持有的信心和信念。这种信心和信念会影响个体的行为选择和坚持性，从而影响其最终的成功或失败。自我效能感主要受直接经验、替代经验、言语劝说以及个体心理和生理状态的影响。自我效能感对于个人的成长和发展至关重要，因为它可以影响个人的行为选择、努力程度、坚持性以及面对困难的勇气和韧性。提高自我效能感可以帮助个人更好地应对挑战和困难，提高工作效率和幸福感。

---

① 申继亮. 处境不利儿童的心理发展现状与教育对策研究［M］. 北京：经济科学出版社. 2009.

关于自我效能感和心理健康的关系，有国外研究表明，一般自我效能感不仅能促进有机体机能的健康，而且还有利于维持心理状态的稳定。国内学者李善玲、徐玉林等人（2014）在研究中发现，一般自我效能感不仅是一种情感体验，而且在排解消极情绪中起到了积极作用。[①]国内也有研究指出，情绪调节自我效能感与人际关系呈显著正相关，情绪调节自我效能感高的个体，在人际交往中有更多亲社会行为，较少产生人际困扰。[②]有一项针对青少年的研究认为，青少年的自我效能感和其抑郁呈负相关。由此可以认为，高水平的自我效能感也是留守儿童问题行为的个体保护因素。

大量的研究表明，个体的自我效能感与儿童的问题行为关系密切。自我效能感高的儿童通常具有较强的心理适应能力。他们能够更好地应对压力和挫折，不容易陷入焦虑、抑郁等负面情绪。在面对挑战时，自我效能感高的儿童更有勇气和信心去尝试面对挑战，从而减少逃避或退缩等消极行为。这种心理适应能力有助于降低儿童出现焦虑症、抑郁症等心理问题的风险；自我效能感高的儿童通常具有较强的自我控制能力。他们能够更好地调节自己的情绪，不容易出现冲动、攻击等不良行为。在面对诱惑或干扰时，自我效能感高的儿童能够更好地保持专注和冷静，从而减少问题行为的发生。这种自我控制能力有助于提高儿童的社交适应能力和学习效率；自我效能感高的儿童通常具有较强的社交能力。他们能够更好地与同伴和成人建立良好的关系，更容易获得他人的支持和帮助。在面对冲突和困难时，自我效能感高的儿童能够更好地解决人际问题，减少退缩、攻击等不良行为。这种社交能力有助于提高儿童的心理健康水平和社会适应能力；自我效能感高的儿童通常具有较强的学习能力。他们对自己的学习能力充满信心，更有动力去探索和学习新知识。在面对学习困难时，自我效能感高的儿童能够更好地应对挑战，不轻易放弃。这种学习能力有助于提高儿童的学习成绩和自信心，从而减少因学习压力而产生的问题行为。

---

① 李善玲，徐玉林，杨新丽，周琛华，廖珍惠，龚玉枝，黄红艳. 早期系统心理干预对老年住院患者焦虑抑郁及自我效能的影响［J］. 武汉：护理学杂志，2014.
② 张建育，贺小华. 大学生情绪调节自我效能感、人际关系困扰和主观幸福感的关系［J］. 赣州：赣南师范学院学报，2016.

因此，在家庭教育和学校教育中，应注重培养儿童的自我效能感，为他们提供更多锻炼和成长的机会。同时，对于存在自我效能感较低的儿童，家长和教育工作者应给予他们更多的关注和支持，帮助他们建立自信心和提高应对能力。

3. 心理韧性

心理韧性是指一个人在面对逆境、压力、挫折或创伤等消极生活事件时，所表现出来的适应能力、恢复能力和抗挫能力。心理韧性对儿童的成长和发展具有重要意义。面对生活中的各种挑战和困难，如学业压力、人际关系问题、家庭变故等，心理韧性可以帮助儿童保持积极的心态，找到解决问题的方法，并快速恢复和适应。

心理韧性能够帮助儿童面对生活中的挫折和困难，不轻易放弃或崩溃，他们能够从中吸取经验教训，不断成长和进步。心理韧性强的儿童能够更好地适应环境的变化和人际关系的挑战，他们能够迅速调整自己的心态和行为，与周围的人和环境和谐相处。心理韧性强的儿童通常能够更好地调节自己的情绪，他们能够有效地处理负面情绪，保持积极乐观的心态。心理韧性强的儿童通常更加自信，他们相信自己有能力应对挑战和困难，从而更加勇敢地面对未知的事物。心理韧性强的儿童通常能够更好地适应社会规则和人际交往的复杂性，他们能够与他人建立良好的关系，融入集体和社会。

根据心理韧性的层次模型，低层次的心理韧性的个体在面对危机、挫折、冲突、压力等逆境时，常常采用拒绝、回避的态度，问题得不到解决，长期累积下来容易使个体产生挫败感，从而产生抑郁、反社会行为等。许多研究表明，心理韧性对问题行为具有一定的缓解和预防作用。心理韧性强的个体通常具有较强的适应能力，他们能够更好地适应环境的变化和人际关系的挑战。面对生活中的各种逆境和压力，心理韧性能够帮助个体迅速调整自己的心态和行为，以适应新的环境和情境。这种适应能力有助于减少因环境变化而引发的问题行为，如攻击行为、社交障碍等。心理韧性强的个体通常具有较强的抗压能力，他们能够更好地应对生活中的压力和挫折，不容易陷入焦虑、抑郁等负面情绪。面对挑战时，心理韧性能够帮助个体保持冷静和理性，从而减少因压力而产生的问题行为，这种抗压能力有助于降低焦虑症状和抑郁症状出现的风险。心理韧性强的个体通常具有较强的自我调节能力，他们能够更好地控制自己的情绪和行为，不容易出现冲动、攻击等不良行为。在面对诱惑或干扰时，心理韧性能够帮助个体保持专注和冷静，从而减少问题行为的发生，这种自我调节能力有助于提高个体的社交适应能力和学习效率。心理韧性强的个体通常具有更加积极的心态，他们能够看到问题的另一面，从中找到积极的方面，并从中汲取经验和教训。这种积极的心态有助于提高个体的幸福感和满足感，减少因消极情绪而产生的问题行为。此外，积极的心态还有助于提高个体的心理韧性和应对能力，从而更好地应对生活中的挑战和困难。心理韧性强的个体通常具有更加乐观的态度，他们能够看到未来的希望和美好，相信自己有能力克服困难和挑战。这种乐观的态度有助于提高个体的自信心和勇气，从而更好地应对生活中的逆境和压力。乐观态度还有助于降低焦虑症状和抑郁症状的出现风险，减少问题行为的发生。

心理韧性和问题行为的关系也得到许多研究的证实。大量的研究探讨了心理韧性对儿童身心发展的积极作用。以往的研究发现，心理韧性和心理健康水平呈正相关，也就是心理韧性水平越高，儿童的心理健康水平就越高。心理韧性与个体心理密切相关。心理韧性高且对逆境有着积极认知的个体拥有较为丰富的心理资源，通常倾向于运用积极的应对方式来调节自己的负面情绪，焦虑、抑郁症状较轻，从而更好地适应环境。[①]郑裕鸿等（2011）研究发现心理韧性与PTSD症状呈显著负相关，与PTG创伤后成长呈显著正相关。叶枝等发现，保持较高水准的心理韧性对流动儿童孤独感的起始及后续发展具有显著的影响。[②]同样，面临父母婚姻冲突的压力情境，高心理韧性儿童较之于低心理韧性儿童更善于调整自己，恰当解决问题，从而保护自身免受压力情境的不良影响，最后出现社会适应良好的结

①姚婷，李会茹，付玺行，赵思琪，李芳，吴静. 父母教养方式、校园欺凌和心理韧性影响青少年心理亚健康的结构方程模型分析［J］. 武汉：华中科技大学学报（医学版），2022.

②叶枝，柴晓运，郭海英，翁欢欢，林丹华. 流动性、教育安置方式和心理弹性对流动儿童孤独感的影响：一项追踪研究［J］. 北京：心理发展与教育，2017.

果。①强大的心理韧性可以显著减少留守儿童的不良行为，减轻危险事件的消极影响，从而起到至关重要的作用。②心理韧性可以打破同伴侵害与攻击行为二者之间的恶性循环，缓解同伴侵害引起的不良情绪，减少攻击行为的可能性。③

综上所述，心理韧性对问题行为具有一定的缓解和预防作用。通过培养和提高个体的心理韧性，可以帮助他们更好地应对挑战和困难，减少问题行为的发生。因此，在家庭教育和学校教育中，应注重培养个体的心理韧性，为他们提供更多锻炼和成长的机会。同时，对于存在心理韧性较弱的个体，家长和教育工作者应给予更多的关注和支持，帮助他们建立自信心和提高应对能力。通过提高个体的心理韧性，我们可以共同创造一个更加和谐、积极、健康的社会环境。

4. 情绪调节能力

情绪调节能力是指个体在面对负面情绪时，能够有效地对其进行调节的能力。这种能力对于心理韧性至关重要，因为当个体面临逆境或压力时，他们能否有效地管理自己的情绪将直接影响其应对策略和结果。情绪调节能力可以帮助个体更好地应对压力和挫折。心理韧性强的个体通常具备较好的情绪调节能力，能够快速地平静下来，重新聚焦于如何解决问题。这种能力有助于减少因压力而产生的焦虑、愤怒等负面情绪，从而降低问题行为出现的风险。

研究表明，情绪调节能力与问题行为之间存在密切关系。一方面，情绪调节能力差的个体更容易出现焦虑、抑郁等心理问题，这些问题可能引发或加重某些不良行为，如攻击行为和社交障碍等。另一方面，一些不良行为可能导致负面情绪的产生和积累，形成恶性循环。例如，网络成瘾等不良行为可能导致个体的情绪调节能力下降，进一步加剧问题行为的产

---

① 刘晓洁，李燕. 母亲感知的共同教养对幼儿行为问题的影响：一个有调节的中介模型 [J].北京：心理发展与教育，2022.

② 徐贤明，钱胜. 心理韧性对留守儿童品行问题倾向的保护作用机制 [J]. 北京：中国特殊教育，2012.

③ 董及美，周晨，侯亚楠，赵蕾，魏淑华. 留守初中生同伴侵害与攻击性的关系：链式多重中介模型 [J]. 北京：心理发展与教育，2020.

生。情绪调节能力影响个体的行为决策。当个体面临决策时，其情绪状态往往会影响其判断和选择。情绪调节能力强的个体能够更好地控制自己的情绪，以更理性、冷静的态度做出决策，从而减少因情绪冲动而产生的问题行为。相反，情绪调节能力差的个体可能更容易受到情绪的干扰，导致行为决策失误或产生问题行为。情绪调节能力差可能导致个体在面对负面情绪时无法有效应对，从而出现行为失控的现象。当个体处于愤怒、焦虑、沮丧等负面情绪状态时，其理智和自控能力可能受到削弱，导致行为失控，甚至出现攻击、破坏等不良行为。而情绪调节能力强的个体能够更好地调节自己的情绪，避免因情绪失控而产生问题行为。情绪调节能力的提升可以帮助个体更好地应对问题行为。通过提高个体的情绪调节能力，可以降低其焦虑、抑郁等负面情绪的水平，减少因压力和挫折而产生的不良行为。例如，认知行为疗法、情绪调节训练等心理治疗方法可以帮助个体学习有效的情绪调节技巧，从而改善其心理健康状况和减少问题行为的发生。提高个体的情绪调节能力可以预防问题行为的发生。家庭、学校和社会应该重视培养个体调节情绪的能力，提供相关的教育和支持。例如，教育孩子如何识别和管理自己的情绪、鼓励他们在面对困难时采取积极的应对策略等。此外，提高个体的自我意识和自我认知水平也有助于增强其情绪调节能力和减少问题行为的出现。研究表明，情绪调节能力与问题行为之间存在因果关系。一方面，提高个体的情绪调节能力可以减少问题行为的发生；另一方面，通过干预和治疗问题行为也可以改善个体的情绪调节能力。因此，在处理问题行为时，应该综合考虑个体的心理韧性和情绪调节能力，采取综合性的干预措施。

第三节　离异家庭儿童情绪的影响因素

一、离异家庭儿童的情绪问题

情绪是指个体在面对客观事物时所产生的心理体验和反应，包括喜、怒、哀、乐等不同的情感表现。情绪是人类与生俱来的心理反应，对个体的行为和心理健康具有重要影响。情绪可以驱动个体的行为、传递信息并影响认知过程。情绪调节能力是指个体调节自身情绪，使其适应不同的情境和需求的能力，对个体的心理健康和社会适应具有重要影响。情绪调节能力与问题行为之间存在密切关系，通过提高个体的情绪调节能力，可以预防和减少问题行为的发生。情绪是反映个体心理健康水平的标志之一。很多研究表明，心理健康的重要标志就是情绪稳定。近些年，研究者们越来越关注情绪状态对个体身心健康的重要影响。许多研究者通过实验发现，情绪状态对个体的生理功能具有显著影响。当个体处于积极的情绪状态时，其生理功能得到良好的调节和发挥，有助于提高身体的适应性和抵抗力。相反，当个体处于消极的情绪状态时，其生理功能可能受到抑制，导致身体紧张和不适。例如，长期处于焦虑、抑郁等消极情绪状态下的人容易出现头痛、胃痛、失眠等症状。情绪状态还对个体的免疫系统具有重要影响。研究表明，消极的情绪状态可能导致个体的免疫系统功能下降，使其更容易受到疾病的侵袭。相反，积极的情绪状态有助于增强个体的免疫系统功能，提高其抵抗力。保持良好的情绪状态对于维护个体的健康和预防疾病具有重要意义。情绪状态对个体的心理健康具有显著影响。积极的情绪状态有助于提高个体的幸福感和满足感，增强自信心和适应能力。相反，消极的情绪状态可能导致个体出现焦虑、抑郁、自卑等心理问题，影响其正常的学习、工作和社交生活。长期处于消极情绪状态下的人容易出现心理障碍和行为问题。由此可见，情绪在人的生活中具有重大的意义。

改革开放以来，离婚率不断攀升，离婚现象越来越普遍，越来越多的儿童生活在单亲家庭环境中，父母离异是一种常见的家庭变故，但是对儿童的心理发展产生深远的影响。相对于完整家庭的儿童，父母离异儿童更容易出现心理健康问题。父母离异可能导致儿童出现焦虑和抑郁的情绪问题。他们可能会担心家庭的未来，感到无助和失落，对父母的离开感到内疚和自责。这种长期的情绪困扰可能影响儿童的心理健康和学业表现。父母离异可能导致儿童对父母产生愤怒和敌意。他们可能会对离异的父母或家庭成员产生怨恨，对外界产生攻击性和敌意。这种情绪状态可能影响他们的人际关系和社会适应能力。父母离异可能导致儿童的自尊心受损。他们可能会对自己的价值感和能力产生怀疑，认为自己不值得被爱和关注。这种自我评价偏低可能导致他们在面对挑战时缺乏自信和勇气。父母离异可能导致儿童出现行为问题，如攻击性行为、逃学、违纪等。他们可能试图通过这些行为来表达内心的痛苦和不满，或者寻求外界的关注和认同。父母离异可能导致儿童在学习方面遇到困难。他们可能会缺乏学习动力和兴趣，注意力不集中，学习成绩下降。此外，心理问题也可能影响他们的认知能力和思维发展。父母离异可能导致儿童在社交方面遇到障碍。他们可能会难以与同伴建立信任关系，出现社交退缩或孤僻的现象。这种社交困扰可能影响他们的人际关系和社会适应能力。父母离异可能导致儿童产生内疚和自责的情绪。他们可能会认为自己的表现或行为导致了父母的离异，对此深感内疚和自责。这种情绪状态可能对他们的心理健康产生负面影响。父母离异还有可能导致儿童出现睡眠问题，如失眠、噩梦等。他们可能会在夜晚想起家庭的变故，导致难以入睡或睡眠质量下降。长期的睡眠困扰可能影响儿童的身体健康和心理发展。父母离异也有可能导致儿童出现进食问题，如食欲不振或暴饮暴食等。他们可能会通过控制饮食来应对内心的痛苦和不安，或者通过大量饮食来寻求安慰。这种不健康的饮食习惯可能对他们的身体健康产生负面影响。父母离异还可能对儿童造成严重的心理创伤，引发创伤后应激障碍（PTSD）。PTSD是一种严重的心理障碍，表现为对创伤事件的重复体验、噩梦、回避和高度警觉等症状。这可能对儿童的心理发展产生长期的不良影响。国内有研究发现，父母离异后首先是其子女的情绪受到消极影响，出现了适应困难，然后影响性格的养成，出现学习困难，最后导致智力和社会适应上的变化。贺红梅对6—12岁儿童进行研究发现，父母离异前矛盾冲突、双方失常的情绪和行为都会对儿童的心理产生消极影响；离异后孩子不能得到双方及时有效的陪伴和关爱、亲情疏离，有来自社会各方面的舆论的影响，还有可能面对父母离异后经济上的压力等，这些不仅会给离异家庭孩子带来心理上的创伤，还会剥夺父母对孩子的关注和关爱，从而使儿童产生消极情绪。

消极情绪和危险行为之间存在一定的关系。长期的消极情绪，如焦虑、抑郁和愤怒等，可能促使个体表现出危险行为。这些危险行为包括自我伤害、攻击他人、自暴自弃等。一方面，消极情绪可能导致个体对生活失去希望，产生无助感，从而产生逃避现实的冲动。这种冲动可能导致个体寻求刺激，采取冒险的行为。另一方面，消极情绪可能影响个体的判断力和决策能力，使他们更容易做出冲动和危险的选择。研究发现，消极情绪是男生进行打架和吸烟危险行为显著的影响因素；消极情绪是女生进行饮酒、不健康饮食行为的显著影响因素。对于儿童而言，他们不能改变父母离异的事实，在这种情况下，要让这些儿童在父母离异家庭发生变故后依然能保持乐观、积极的心态，我们不仅要关注儿童的消极情绪，更要关注儿童的积极情绪。

二、积极情绪和消极情绪

积极情绪是指个体在面对客观事物时所产生的愉悦、正面的情感体验。积极情绪对个体的身心健康具有重要的影响，能够增强个体的适应性和抵抗力，提高个体幸福感和满足感，增强个体自信心和社交能力等。积极情绪能够帮助个体更好地应对挑战和压力，增强心理韧性。当个体处于积极情绪状态时，他们更能够以乐观、积极的态度看待问题，从而更好地解决问题并取得成功。积极情绪还可以提高个体的免疫系统功能，增强身体的抵抗力，降低患病风险。此外，积极情绪对于儿童和青少年的健康成长和发展尤为重要。积极的家庭氛围、亲子关系教育方式等都能够促进儿童和青少年积极情绪的发展。通过培养积极情绪，可以帮助他们建立自信心、提高学习效果、改善人际关系等。

积极情绪和消极情绪作为情绪的两极，两者的含义刚好相反。消极情绪是指个体对客观事物所产生的负面情感体验，如焦虑、抑郁、愤怒、恐惧等。这些情绪可能导致个体的行为、心理和生理反应产生变化，从而影响他们的身心健康和生活质量。消极情绪可能由于个体对外界事件的评估和解释产生，或者是由于自身内在状态和需求的不能满足而引发。当个体面对威胁、失败、失望或不安的情境时，可能会产生消极情绪；消极情绪可能对个体的身心健康产生负面影响。长期处于消极情绪状态可能导致个体出现生理和心理问题，如心血管疾病、免疫系统失调、焦虑症、抑郁症等。此外，消极情绪还可能影响个体的思维、判断和行为，使他们难以应对挑战和压力。

积极情绪和消极情绪是两种不同的情绪状态，它们之间存在密切的关系。一方面，消极情绪可能转变为积极情绪。当个体克服困难、取得进步或获得成功时，消极情绪可能会逐渐转变为积极情绪，为个体带来愉悦和满足的体验。另一方面，积极情绪可以缓解消极情绪的影响。积极情绪可以帮助个体更好地应对压力和挑战，增强心理韧性和适应能力，从而减轻消极情绪的负面影响。此外，积极情绪和消极情绪也可以相互促进。个体在面对挑战或困境时，如果能够保持乐观、自信和积极的态度，就可能更好地应对挑战并取得成功，从而增加积极情绪的体验。相反，如果个体长期处于消极情绪状态，可能会影响其心理健康和生活质量，甚至出现心理问题和疾病。

然而，在某些情况下，积极情绪和消极情绪可能会同时存在。例如，当个体面临重大压力或挑战时，他们可能会经历焦虑、紧张和恐惧等消极情绪，同时也可能感到无助和失落。此时，积极情绪可能难以产生或被抑制。因此，了解和管理积极情绪和消极情绪之间的关系对于个体的心理健康至关重要。通过培养积极的生活态度、寻求社会支持、进行放松训练等方式，个体可以增强积极情绪的体验，缓解消极情绪的影响，从而更好地应对生活中的挑战和压力。

三、影响情绪产生和发展的因素

（一）情绪的产生机制

情绪的产生机制是一个复杂的过程，涉及多个因素及其相互作用。根据一些心理学家的观点，情绪的产生主要受到外部和内部因素的影响。外部因素包括人际交往、家庭关系、文化习俗以及政治和社会环境等，这些因素通过影响个体的认知评价、注意、记忆等认知过程来引发情绪反应。内部因素则包括神经元细胞的运作、植物激素的分泌、基因表达以及思维活动等，这些因素也会影响情绪的产生和变化。在情绪产生的生理机制方面，美国心理学家W．詹姆斯和丹麦生理学家C. G. 朗格提出了一个被称为"詹姆斯-朗格学说"的理论。他们认为，情绪的产生与内脏反应密切相关，内脏反应提供了情绪体验的信号。神经冲动传入丘脑并在丘脑获得一定的"情绪特性"，然后具有情绪特性的神经冲动一方面传入大脑皮层引起情绪体验，另一方面激发植物神经系统，引起相应的情绪反应。这一理论后被P. 巴德扩充，称为坎农-巴德理论。此外，美国心理学家D. B. 林斯利提出了情绪机制的激活学说，认为情绪是由边缘系统激活的，通过自主神经系统和内分泌系统引发全身生理变化，从而导致情绪的体验和表达。

情绪的产生是一个过程。这个过程可以大致分为三个阶段。感知阶段：个体通过感觉器官接收外部环境的信息，如视觉、听觉、触觉等，这些信息被传递到大脑进行处理。评估阶段：大脑对接收到的信息进行评估，判断其是否与个体的需要、价值观和经验相关，如果信息与个体相关，大脑会对其进一步地加工和处理。反应阶段：大脑根据信息的评估结果，产生相应的情绪反应，这些反应包括生理反应、行为反应和认知反应，生理反应如心跳加速、呼吸急促等；行为反应如面部表情、肢体动作等；认知反应如思维、判断等。这三个阶段相互联系、相互作用，共同构成了情绪产生的完整过程。了解情绪产生的过程有助于更好地理解和管理情绪，促进个体的心理健康。

（二）情绪的影响因素

1. 生理因素

情绪的产生可能和遗传因素有关，个体对情绪反应的生物学倾向可能受遗传因素影响。遗传因素为每个新生儿在生理上、心理上的发展提供了巨大的可能性，这种可能性是人类在几百万年的发展中从事的生产劳动及各种社会活动所形成的。某些情绪障碍可能有遗传倾向，如抑郁症和双相情感障碍。

情绪还和神经系统的功能有关。自主神经系统控制着体内生理变化，如心率和呼吸频率。大脑边缘系统则控制着情绪的生成和表达，同时也能影响心率和激素分泌。大脑海马体则与情绪强烈相关，它可以存储和调动与情绪相关的经验和记忆。下丘脑则调节心理和体内激素的平衡，引起生理和情感的反应。最后，脑干则参与控制呼吸和心跳等生命必需的功能。

长期睡眠不足、饮食不当也会导致情绪不稳定，容易出现情绪焦虑、易怒等负面情绪。如缺乏维生素B会导致情绪低落，缺乏镁会导致情绪紧张等。另外，身体状况的好坏会影响情绪。适量的运动可以改善情绪，运动能够释放身体内的压力和紧张感，让人感到轻松愉悦。但过度的运动也会导致身体疲劳，影响情绪。

值得注意的是，遗传和生理并不是影响儿童情绪的唯一因素。环境也会影响情绪的产生和发展。父母离异导致家庭结构破裂，会引起儿童的消极情绪，长期的消极情绪会引起睡眠障碍，这样就形成了一个"恶性循环"，会严重损害儿童的身心健康。

2. 环境因素

影响儿童情绪的环境因素主要包括家庭环境、学校环境和社交环境。

（1）家庭环境

家庭是儿童成长的重要环境，家庭氛围、亲子关系、父母的教育方式和离异情况、父母受教育水平等都会对孩子的情绪产生影响。例如，家庭氛围紧张、父母关系不和或者离异都可能导致孩子出现焦虑、抑郁等情绪问题。相反，一个和谐、支持的家庭环境会让孩子感到安全和满足，有利于情绪的健康发展。有研究指出，家庭环境的要素"亲密性""沟通性""文化性""修养性""民主性"与儿童情绪管理呈显著正相关。[①]研究表明，家庭经济困难会使青少年面临更大的压力、增加抑郁出现以及被同伴歧视的可能性。[②]研究发现，绝大部分有过离异经历的成年人都会出现不同程度的适应不良，表现出更高水平的焦虑、抑郁、愤怒甚至自我怀疑。在这种消极情

① 路丹. 家庭环境对儿童情绪管理的影响研究［D］. 重庆：重庆师范大学. 2016.

② 李董平，许路，鲍振宙，陈武，苏小慧，张微. 家庭经济压力与青少年抑郁：歧视知觉和亲子依恋的作用［J］. 心理发展与教育，2015.

绪下，父母往往很难去关注儿童的需求，他们更容易采取强制手段对待儿童，从而引起亲子关系的紧张，并进而影响儿童的情绪行为适应的问题。范如芬等人研究指出，离异家庭中由于父母离异，最先导致家庭成员的亲密度、情感表达、沟通性与和谐性下降、家庭矛盾突出，有可能还会面临家庭经济状况的下降。家庭中的各方面的变化都会影响儿童的情绪状态。陶沙等研究发现，父母受教育水平的不同对积极情绪和行为的发展并无显著的差异，但对消极情绪的发展有显著的差异，母亲受教育程度越高，儿童的消极情绪就越少。王瑛认为，在离异家庭中，孩子要么成为争夺的对象，要么成为被抛弃者，前者父母对孩子百依百顺，什么事都包办代替，会造成孩子依赖性强、娇气任性、自私、不能和同伴友好相处等不良行为；后者对孩子不管不问，让孩子失去父母的关爱，有的家庭还视子女为累赘、训斥、打骂、压制他们，在这样的环境中，儿童严重缺乏安全感，因而表现出焦虑、抑郁、恐惧紧张、烦躁易怒等消极情绪。

（2）学校环境

学校是儿童成长和接受教育的重要场所，学校的教育方式、师生关系、同学关系等都会影响孩子的情绪。例如，老师的不公正对待、同学的孤立和欺凌都可能导致孩子出现自卑、焦虑等情绪问题。而良好的师生关系和同学关系可以让孩子感到被接纳和支持，有利于积极情绪的发展。

具体来说，教师的态度对学生情绪有很大影响。如果教师对学生持有积极的态度，关心他们的学习和个人情况，学生可能会感到被尊重和重视，有利于情绪的健康发展。相反，如果教师对学生持消极态度或过于严厉，可能会让学生感到焦虑、沮丧或无助。有研究发现，教师的态度和同学的态度是正相关，也就是说同学的态度取决于教师的态度。有研究认为，父母离异后，儿童认为他们亲子关系遭到破坏，但他们对安全依恋关系的渴望并没有减弱，因此他们极有可能把这种渴望寄托在老师身上，如果积极的师生关系让儿童认为所有的教师都是积极安全的象征，那么这样的经历似乎可以补偿安全性低的亲子关系。①

---

① 陶琳瑾. 离异家庭儿童依恋缺失及师生关系的依恋补偿［J］. 成都：时代教育，2007.

学习压力是学生在学校面临的一个重要情绪因素之一。过高的学习压力可能导致学生出现焦虑、沮丧等情绪问题。适当的压力可以促使学生更加努力地学习，但过度的压力可能会对他们的心理健康产生负面影响。我国学者通过研究发现压力与负性情绪有显著的正相关。[①]研究结果表明，学业压力会影响学生的自尊心和自我价值，致使他们产生紧张、焦虑的情绪。[②]陈旭发现学业压力是中学生最主要的压力来源，是影响中学生心理健康的主要因素之一，不少学生会因为学习压力或成绩问题感到心情不愉快，这容易导致学生产生高度焦虑。[③]可见，学业压力也是影响儿童情绪的重要因素之一。

同学间的关系也是影响学生情绪的因素之一。良好的同学关系可以让学生感到被接纳和支持，有利于积极情绪的发展。相反，与同学之间的冲突和欺凌可能会让学生感到孤独、焦虑或自卑。很多研究认为，同伴关系能够负向预测消极情绪，[④]同伴关系对消极情绪的预测作用甚至超过了亲子关系的作用。[⑤]由此可见，儿童如果没有亲密朋友，缺少了重要的情感依托对象，他们会体验到更多的孤独感，更容易沮丧、焦虑，其自尊水平也相对较低。[⑥]任志洪等人的研究发现，班级环境中的同学关系与抑郁显著负相关，同学关系可以通过自我评价调节抑郁。[⑦]也有研究认为，同伴关系越好，孤独感体验就越低。同伴关系与初中生的焦虑情绪关系密切，良好的同伴关系有助于缓解学生的焦虑情绪。

此外，学校的整体氛围也会影响学生的情绪状态。一个积极、和谐、有序的校园氛围可以让学生感到安心和舒适，将呈现出正向情绪。相反，

① 李伟，陶沙. 大学生的压力感与抑郁，焦虑的关系：社会支持的作用［J］. 北京：中国临床心理学，2003.

② 刘爽. 青少年学业压力下的自伤行为［J］. 北京：教育现代化，2018.

③ 王功，张青青，黄丕兰. 中学生学业压力及情绪调节自我效能感对考试焦虑的影响［J］. 北京：中小学心理健康教育，2020.

④ 韩璐. 初中生同学关系与焦虑情绪的追踪研究［D］. 华中师范大学. 2017.

⑤ 左占伟，邹泓，马存燕. 初中生的社会支持状况及其与心理健康的关系［J］. 北京：中国心理卫生杂志，2005.

⑥ 周宗奎. 青少年心理发展与学习［M］. 北京：高等教育出版社，2009.

⑦ 任志洪，江光荣，叶一舵. 班级环境与青少年抑郁的关系：核心自我评价的中介与调节作用［J］. 上海：心理科学，2011.

校园暴力、欺凌、混乱等不良氛围可能会对学生的情绪产生负面影响。学校的政策和规定也会影响学生的情绪状态。例如，学校对纪律和处罚的态度、对特殊教育学生的支持政策等都可能影响学生的情绪体验。

（3）社交环境

儿童的社交环境包括同龄人、邻居等。儿童在与同龄人的交往中学习社交技巧和情绪表达，建立起自己的社交网络。如果孩子在社交环境中受到排斥或欺凌，可能会对他们的情绪产生负面影响。社会文化背景也影响着儿童的社交环境和情绪发展。不同的文化和社会环境对儿童的情绪表达和行为有着不同的期望和规范。例如，某些文化可能更重视集体主义，强调个人对家庭的忠诚和服从；而另一些文化可能更重视个人主义，鼓励个人表达和自主性。这些不同的价值观和期望可能会影响儿童的自我认同和情绪体验。

3. 个体因素

关于父母离异对孩子的发展影响的研究中，大部分研究者关注的是父母离异对孩子的消极影响，但事实上父母离异并非像传统或媒体上宣扬的那样对儿童的发展总是消极的。于是研究中就有了严重影响说和有限影响说。严重影响说认为，父母离异对儿童的情绪有严重影响。由于儿童对家庭的稳定与和谐有着强烈的依赖，父母离异可能导致他们出现焦虑、抑郁、愤怒、自卑、攻击性或孤独感等情绪问题。这些情绪问题可能持续很长时间，甚至影响到个体成年之后。有限影响说则认为，父母离异对儿童的情绪影响是有限的。这一观点认为，尽管父母离异可能给儿童带来一些困扰和不安，但大多数儿童能够适应这种变化并恢复正常。这种适应可能受到儿童自身特点、家庭环境、社会支持和教育等多种因素的影响。

（1）对父母冲突的感知

大量的研究都证实了父母离异给孩子带来极大的心理伤害，但不论在离异家庭中还是在完整家庭中，父母冲突给孩子的伤害是没有显著差异的。因此，有研究指出，父母婚姻冲突对儿童的消极影响远甚于父母离异这件事本身的伤害。儿童感知到的父母婚姻冲突主要包括冲突激烈程度、冲突频率、冲突的解决方式。父母冲突的激烈程度也会影响子女对冲突的感知。激烈的冲突可能导致子女出现更明显的情绪波动和心理压力，相反，温和的冲突或理性沟通可能不会对子女产生太大的影响，甚至在某些情况下，子女可能会从中学习到解决问题的方法和技巧。子女对父母冲突的频率非常敏感。频繁的冲突会让子女感到不安和无助，可能导致他们出现焦虑、抑郁等情绪问题，而偶尔的冲突则可能不会对子女产生太大的影响，甚至在某些情况下，子女可能会感受到短暂的紧张之后得到更多的安全感和稳定感。父母解决冲突的方式也会影响子女对冲突的感知。积极的解决方式，如协商、妥协和寻求第三方帮助，可能让子女感到被关注和支持，还可以让孩子学会积极解决问题的方式，而消极的解决方式，如冷战、暴力或疏离，可能让子女感到无助和绝望。有研究者认为，父母离婚前，长期的争吵、谩骂，甚至打架等冲突行为会严重地伤害孩子，给他们带来心理创伤；离婚后的指责和诋毁不仅损害了他们在儿童心目中的威望，还会激起孩子的消极情绪。

（2）情绪智力

在影响儿童情绪的个体因素中，儿童的情绪智力是一个不可忽视的方面。情绪智力是指个体监控自己及他人的情绪和情感，并识别、利用这些信息指导自己的思想和行为的能力。它包括自我意识、自我调节、自我激励、社交意识、关系管理五个方面的能力。自我意识是指个体对自己的情绪、情感和需要的认知和觉察；自我调节是指个体控制和调节自己情绪和行为的能力；自我激励是指个体在追求目标时，保持积极情绪和克服困难的能力；社交意识是指个体感知和理解他人情绪、情感和需要的能力，以及理解和考虑别人观点的能力；关系管理是指个体与他人建立和维持良好关系，以及解决冲突和处理复杂人际关系的能力。情绪智力被广泛认为是个人和专业成功的重要因素之一。高情绪智力的个体通常在人际关系、工作表现和心理健康方面表现得更好。情绪智力对个体的心理健康、学业成就、人际关系、职业成功等方面都具有重要的影响。研究表明，情绪智力高的人通常更加幸福、健康、成功，因为他们能够更好地管理自己的情绪，更好地适应环境，更有效地与他人合作。

挫折–攻击理论模型是一种解释人类攻击行为的心理模型。该理论认为，当个体遭受挫折或失败时，他们可能会表现出攻击行为。虽然挫折是攻击行为的一个重要触发因素，但并不是所有遭受挫折的个体都会表现出攻击行为。攻击行为的产生还受到许多其他因素的影响，如个性、社会环境、文化背景等。这些因素可能会调节挫折与攻击行为之间的关系。我国学者进一步解释了这个理论模型，认为情绪在挫折与攻击性行为之间有一定的调节作用。国外最早开展了情绪智力的研究，多数研究者认为，情绪智力与一些积极行为的关系是非常密切的。也有一些研究认为，青少年的情绪智力与其受欺凌的行为是负相关的；情绪智力在心理控制和问题行为之间扮演中介的角色；高情绪智力的个体面对困难时表现出积极乐观的心态，能够更好地解决问题，有着明确的目标，生活满意度也较高。国内学者对情绪智力的研究多集中在情绪智力与个体心理健康、学业成绩、攻击行为、社会适应之间的关系上。国内学者李永占对高中生情绪智力和社交焦虑进行研究，发现情绪智力与社交焦虑显著负相关，情绪智力对社交焦虑有负向预测作用。①研究得出，情绪智力与攻击行为之间存在负相关关系，情绪智力越高的个体攻击行为就越少。不少研究都指出情绪智力较高的学生的学业成绩比情绪智力较低的学生的学业成绩好。刘艳和邹泓通过研究指出，情绪运用、情绪理解和情绪管理这三个维度对个体的社会适应存在着一定程度的正向预测作用。②赵文桦的实证研究也证实了情绪智力对同伴关系的影响发挥着调节作用。③

由此可以看出，情绪智力与情绪之间的关系紧密，在离异家庭中，当环境因素不能改变时，情绪智力可以有效地减轻负面情绪带来的伤害。这是因为一方面，情绪智力的高低直接影响着人们的情绪体验和表达。情绪智力高的人能够更好地认知和理解自己的情绪，从而更好地表达和处理自己的情绪。他们能够有效地调节自己的情绪，避免过度情绪化或情绪压抑，保持情绪的平衡和稳定。另一方面，情绪也对情绪智力的发展和提升

① 李永占. 河南高中生社交焦虑情绪智力与网络成瘾的关联［J］. 北京：中国学校卫生，2015（11）：3.
② 刘艳，邹泓. 中学生的情绪智力及其与社会适应的关系［J］. 北京：北京师范大学学报，2010.
③ 赵文桦. 农村初中生情绪智力、同伴关系与亲社会行为的关系及教育启示［D］. 开封：河南大学，2021.

起着重要作用。人们的情绪体验和表达是在与外部环境的互动中逐渐发展和成熟的。通过不断地实践和学习，人们可以提升自己的情绪智力，更好地应对生活中的挑战和压力。

总之，情绪智力与情绪之间相互影响、相互促进。通过提升情绪智力，人们可以更好地理解和处理自己的情绪，从而更好地应对生活中的挑战和压力。同时，随着情绪体验和表达的丰富与成熟，人们的情绪智力也会得到进一步提升和完善。

（3）自尊、人格、自我意识因素

自尊是指个体对自己的认知和评价，包括对自己的能力、价值、地位等方面的认知和评价。自尊与情绪之间存在密切的关系。一方面，自尊对情绪具有重要的调节作用。高自尊的人通常更加自信、乐观和积极，他们能够更好地应对挑战和压力，从而减少负面情绪的产生。另一方面，情绪也对自尊产生影响。积极的情绪体验可以提高个体的自尊水平，而消极的情绪体验则可能降低个体的自尊水平。此外，自尊与攻击行为之间也存在一定的关系。研究表明，低自尊的人更容易表现出攻击行为。这可能是因为低自尊的人对自己的价值和能力缺乏信心，当遭受挫折或攻击时，他们可能会通过攻击行为来维护自己的自尊。国外有研究指出，自尊的增加会导致幸福感的增强，良好的自我评价对幸福和生活满意度有积极的影响。罗伊·鲍迈斯特（Roy Baumeister）教授引用了一项来自五大洲、31个国家、49所大学的3.1万名大学生的大规模研究。研究表明，高自尊是预测整体生活满意度的最重要的因素。布朗的研究也表明，当面对消极生活事件时，个体自尊水平的高低对消极事件的应对也有差异。不同自尊水平的个体对积极情绪的体验也存在着差异。高自尊个体会付出更大的努力去延长或增强他们的积极情绪，而低自尊的个体可能会尽力减弱积极情绪。甚至在个体经历成功事件后，低自尊的个体可能比高自尊个体体验更多的焦虑和自我怀疑。

人格特质是指个体在心理、行为和情感等方面表现出的相对稳定和持久的特性。这些特性通常具有一定的遗传和环境基础，影响个体的思维、情感和行为模式。人格特质通常包括以下几个方面：一是情感特质。个体在情感方面的反应和表达方式，如情绪稳定性、焦虑、抑郁等。二是性格特质。个体在性格方面的表现，如外向、内向、诚实、虚伪等。三是认知特质。个体在认知方面的特性，如智力、创造力、批判性思维等。四是行为特质。个体在行为方面的表现，如冲动、自制力、攻击性等。五是生理特质。个体在生理方面的特性，如健康状况、睡眠质量等。

人格特质与情绪之间存在着密切的关系。人格特质不仅影响个体经历情绪的方式，还影响他们表达和处理这些情绪的能力。比如，外向型人格的人倾向于经历更多积极情绪，他们通常更加活跃和社交，能够从社交互动中获得快乐；高神经质的个体倾向于经历更多的负面情绪，如焦虑、悲伤和愤怒，并且可能在情绪调节上遇到困难；宜人性高的个体通常更富有同情心，能更好地理解和关注他人的情绪；尽责性高的个体往往更能有效地管理情绪，避免冲动行为；开放的个体可能对情绪有更深的认识和理解，能更好地接受和表达复杂的情绪。

不同的人格特质会对个体的情绪体验、表达和反应产生影响。一方面，不同的人格特质会影响个体对情绪的感知和表达。例如，外向的人通常更加积极、乐观，而内向的人则可能更加敏感。不同的人格特质也会影响个体对情绪的调节和控制能力。例如，情绪稳定性高的人通常能够更好地调节自己的情绪，避免过度情绪化或情绪压抑。另一方面，情绪也会影响个体人格特质的形成和发展。长期处于积极情绪状态下的人可能会形成更加积极、乐观的人格特质，而长期处于消极情绪状态下的人则可能形成更加消极、悲观的人格特质。此外，一些特定的心理障碍和情绪疾病也会对人格特质产生影响。例如，抑郁症患者通常表现出悲观、消极的人格特质，而焦虑症患者则可能表现出过度焦虑、紧张的人格特质。

自我意识是指个体对自己存在的觉察和认知，是心理学研究的一个重要领域。情绪是个体对于客观事物是否符合自身需要的态度的体验。自我意识与情绪之间存在着密切的关系，它们相互影响、相互塑造，个体的自我意识水平直接影响着情绪体验的强度和性质。研究表明，自我意识较高的人能够更好地调节自己的情绪，避免过度情绪化或情绪压抑。他们能够更加客观地看待问题，理解并接受自己的情绪反应，从而更好地应对生活中的挑战和压力。个体的情绪状态也可以反映其自我认知的水平。当个体处于积极的情绪状态时，他们可能会更加自信、乐观和积极，从而更加积极地认识和评价自己。相反，当个体处于消极的情绪状态时，他们可能会感到自卑、悲观和消极，从而对自己的认知和评价产生负面影响。自我意识水平较高的人通常具备更强的自我调节情绪的能力，他们能够更好地识别和理解自己的情绪，从而更好地调节和控制自己的情绪反应。这种能力有助于个体更好地应对生活中的挑战和压力，保持情绪的平衡和稳定。自我意识和情绪之间也存在相互转化的关系。一方面，提高自我意识水平可以帮助个体更好地调节和控制自己的情绪，从而改变情绪状态。另一方面，积极的情绪体验也可以促进个体自我意识的发展，帮助个体更好地认识自己和健康成长。情绪在个体自我意识的发展中起着重要作用。积极的情绪体验可以促进个体自我意识的觉醒和发展，帮助个体更好地认识自己、发现自己的价值和潜能。而消极的情绪体验则可能阻碍个体自我意识的发展，导致个体对自己的认知和评价产生负面影响。

总之，自我意识和情绪之间存在着密切的关系，它们相互影响、相互塑造。了解和掌握自我意识与情绪的关系，可以帮助我们更好地理解自己的情感体验和行为反应，以及更好地调节和管理自己的情绪，从而促进个体的心理健康和成长发展。同时，对于教育、心理咨询和治疗等领域来说，了解这一关系也具有重要的实践意义和应用价值。

第四节　环境和父母教养方式对贫困家庭儿童幸福感的影响

一、贫困环境下儿童的主观幸福感的特点

贫困是一个复杂的社会问题，涉及经济、文化、政治等多个方面。从经济角度来看，贫困是指个体或家庭的经济收入水平低，不能满足其基本生活需要的一种状态。贫困通常会导致个体或家庭在教育、医疗、住房等

方面的困境，从而影响其生存和发展的能力。

　　心理学家斯蒂芬·霍博夫（Stevan Hobfoll）于1989年提出资源保持理论。该理论主要关注个体如何应对压力，尤其是在面对资源损失或资源投资时的心理反应和行为。资源在这里指的是个体认为重要的那些东西，包括物质资源、个人特质、条件资源（如工作、家庭）和能量资源（如时间、知识）。该理论认为最主要的动机是保护自己现有的资源。资源的损失（或潜在损失）比资源的获得对个体产生更大的影响。为了保护、恢复或增加资源，个体可能投入更多的资源。这可能成为一种积极的循环，但如果投资未能带来预期的回报，可能会导致资源的进一步损失。当个体失去资源后，他们可能处于劣势，更难以获得新资源或保护现有资源，从而陷入资源缺乏的恶性循环。由此可以看出，贫困环境不仅影响儿童的营养和健康，还会使儿童面临教育不平等的问题。此外，贫困环境中的儿童可能遭受社会歧视和排斥，这导致他们在社会交往和人际关系方面存在困难。长期的心理压力和负面情绪可能会对儿童的心理健康产生负面影响，阻碍他们的正常发展。

　　研究表明，长期生活在贫困家庭中儿童的主观幸福感和富裕家庭儿童的主观幸福感有一定的差异。在满足人的基本需要的基础上，家庭经济水平越高，主观幸福感就越强。而贫困家庭儿童的主观幸福感是偏低的，可见经济状况是影响贫困环境和主观幸福感关系的重要因素之一。贫困家庭的经济困难可能导致家庭成员无法满足基本生活需求，如食物、衣物和住所等。在经济压力下，个体容易体会到焦虑、沮丧和无助等负面情绪，进而降低其主观幸福感。社会资源如教育、医疗和就业机会等对个体在贫困环境中的主观幸福感至关重要。贫困环境中，社会资源的不足可能限制个体的发展机会，使个体面临更大的困境和压力。这种压力可能导致个体产生消极情绪，从而影响其主观幸福感。心理适应是指个体在面对贫困环境时，如何调整自己的心态和应对方式。心理适应良好的个体能够积极应对生活中的挑战，减少负面情绪的影响，从而保持较高的主观幸福感。相反，心理适应不良的个体可能难以应对贫困环境中的压力，导致主观幸福感下降。社交关系在贫困环境中对个体主观幸福感具有显著影响。贫困环境中的个体可能面临社交孤立和人际关系的挑战，良好的社交关系可以为个体提供情感支持，减轻贫困带来的压力，提升其主观幸福感。而社交孤立可能加剧个体的无助感和孤独感，降低其主观幸福感。幸福感也受到与他人比较的影响，贫困个体可能因与更富裕者比较而感到不满。个体的价值观和期望也是影响贫困环境和主观幸福感关系的重要因素之一。对于一些人来说，物质财富和成功是幸福的必要条件；而对于另一些人来说，内在的平静和满足更为重要。在贫困环境中，持有不同价值观和期望的个体会产生不同的幸福体验。那些重视内在满足和自我实现的个体可能更适应贫困环境，保持较高的主观幸福感。

二、什么是主观幸福感

（一）主观幸福感的定义

主观幸福感（Subjective Well-Being，SWB）作为一个心理学概念，其定义和理解经历了一定的发展历程。这一发展历程反映了心理学家们对主观幸福感这一复杂现象理解的深化，以及研究方法的演进。起初心理学对幸福感的关注较少，更多的是关注疾病和心理障碍。早期的研究主要聚焦在客观条件（如财富、健康）与幸福的关系。在20世纪60—70年代，心理学家开始关注个体对自己幸福感的主观评价。诸如拉德伯恩（Bradburn）的研究开始探讨情绪状态与个人幸福感的关系。在20世纪80年代，研究者如迪纳（Ed Diener）开始系统地研究主观幸福感，明确区分生活满意度、积极情绪和消极情绪等构成要素，形成了较为全面的主观幸福感理论框架，强调个体主观体验的重要性。正面心理学的兴起使得对幸福感和其他正面状态的研究得到加强。主观幸福感作为衡量个体心理健康和福祉的重要指标被广泛接受。21世纪以来，研究开始关注文化、个体差异和情境因素对主观幸福感的影响。出现了更多将主观幸福感与身体健康、社会关系和工作表现等方面联系起来的研究。

主观幸福感是一个心理学概念，主要是指人们对其生活质量所做的情感性和认知性的整体评价。在这种意义上，决定人们是否幸福的并不是实际发生了什么，关键是人们对所发生的事情在情绪上做出何种解释，在认知上进行怎样加工。主观幸福感有如下特点。一是主观性。以评价者内定的标准而非他人的标准来评估。二是稳定性。主要测量长期而非短期情感反应和生活满意度，是一个相对稳定的值。三是整体性。主观幸福感是综合评价，包括对情感反应的评估和认知判断。主观幸福感由两个部分构成：情感平衡和生活满意度。情感平衡是指与不愉快的情感体验相比较，占相对优势的愉快体验，是个体对生活的一个总体、概括评价。情感平衡包含积极情感和消极情感两个维度，但这两个维度并不具有必然的相关性，是两个相对独立的变量。生活满意度是个体对生活的综合判断，作为认知因素，它独立于积极情感和消极情感，是衡量主观幸福感更有效的指标。

（二）关于主观幸福感的理论

1. 目标理论

目标理论（Goal Theory）是心理学中的一个重要理论，它着重研究个人设定和追求目标的方式以及这些过程如何影响他们的行为、动机和成就。这一理论的核心观点是，个人的目标及其对这些目标的态度和处理方式，在很大程度上决定了他们的行为表现和心理状态。目标理论主要探讨了个体的目标设定与实现和主观幸福感之间的关系。该理论认为，人们的主观幸福感产生于需要的满足及目标的实现。当个体实现自己的目标时，他们会有更高的主观幸福感；反之，如果他们的目标无法实现或遭遇挫折，他们的幸福感可能会降低。目标的设定与实现，通过靠近目标和实现目标，可以有效维持正性情感。反之，当目标之间发生矛盾或冲突，或者指向目标的活动受到干扰时，则可能产生负性情感。同时，成功的体验会增强人的自我效能，进一步增强主观幸福感。

此外，目标理论还强调目标与个体的生活背景（主要是文化背景）相适应时，才能真正提高个体的主观幸福感水平。社会比较理论也认为社会比较是对主观幸福感造成影响的主要原因。

贫困家庭一般经济收入低，儿童的基本生活需要都难以被满足，这就使儿童实现自己的目标时缺乏相应的资源。贫困家庭儿童所接受的教育资源和机会相对较少，难以接触到优质的教育资源，如优秀的教师、丰富的课程和先进的教育设施等。这导致他们在学习上可能面临困难，难以实现自己的教育目标。贫困家庭通常面临较大的经济压力，家长们为了生计而奔波，很难有足够的精力和资源关注孩子的教育和成长。这可能导致家庭无法为孩子提供必要的支持和辅导，影响孩子的学习和目标实现。贫困家庭儿童可能生活在一定的社会环境中，受到社会阶层、文化背景等因素的限制，难以接触到更广阔的社会资源和机会。这可能影响他们的人际关系、社交网络和成长机会，使得目标实现变得更加困难。贫困家庭儿童可能因为家庭经济条件和社会地位情况而感到自卑和压力大，这种心理状态可能影响他们的自信心和自我认知。他们可能缺乏自信，对自己的能力和未来发展持怀疑态度，导致目标难以实现。贫困家庭儿童在成长过程中可能缺乏正确的引导和支持，他们可能没有得到足够的关注和帮助，不知道如何设定和实现自己的目标。这可能导致他们在成长过程中迷失方向，无法有效地规划自己的未来。因此，贫困儿童由于生活没有目标或自己的目标难以实现，主观幸福感可能会下降。

2. 期望理论

期望理论是由美国心理学家弗鲁姆于1964年提出的一种动机激励理论。该理论认为，人们采取行动的激励力来自对行动结果的价值评价以及预期目标的概率估计。期望理论可以用公式表示为：激励力=效价×期望值。其中，激励力是指一个人受到激发后所表现出来的动力；效价是指个人对某一行动成果所能带来满足程度的估价；期望值是指个人对某一行动导致特定成果的可能性大小的估价。根据期望理论，人们会在行动前对行动结果的价值和达成目标的概率进行评估，如果他们认为行动能够带来他们期望的成果，并且这种成果具有较高的价值，他们就会受到激励并采取相应的行动。人们的幸福感取决于他们对自己行动结果的预期和价值评估。如果个体认为自己的行动能够带来期望的结果，并且这种结果具有较高的价值，他们就会感到满足和幸福。

期望和主观幸福感之间存在相互影响的关系。一方面，期望的高低会影响主观幸福感。如果个体的期望过高，他们可能会感到难以实现，导致失望和不满；如果期望过低，他们可能会感到缺乏挑战和刺激，导致无聊和不满。因此，适度的期望能够使个体更容易实现目标，提高他们的幸福感。另一方面，主观幸福感也会影响个体的期望。正面的情感体验和幸福感可以增强个体的自信心和乐观态度，使他们更加积极地设定和追求目标；而负面的情感体验和幸福感可能会使个体感到沮丧和无助，导致他们降低期望并减少行动的动力。

贫困家庭父母可能缺乏对不同生活路径的认识和理解，也可能受到自身经历和价值观的限制，他们对孩子的期望水平并不一定都是合理的或可实现的。一方面，他们迫切希望孩子能摆脱贫困的命运，而把希望寄托在孩子的身上，他们会对孩子期望过高，但由于客观原因无法实现，导致幸福感下降；另一方面，他们又觉得自己能力有限，认为很难改变命运，因此对孩子没有期望。孩子生活没有目标，体验不到成就感，更谈不上幸福感。

3. 判断理论

判断理论可以理解为是一种哲学理论，关注的是如何判断事物的真假或价值。它探讨了判断的有效性和正确性，以及判断的构成和推理过程。判断理论认为，正确的推理和演绎过程可以帮助我们得出正确的结论。但判断是需要有一个标准对照的，当现实状态优于这个标准时，个体主观幸福感就比较高；当现实状态低于这个标准时，主观幸福感就会下降。但选择的标准总是在不断变化的，根据判断标准内容的不同，研究者们又提出了不同的理论，其中最具代表性的理论就是社会比较理论。社会比较理论是由美国社会心理学家利昂·费斯廷格在1954年提出的理论，是指个体在缺乏客观标准的情况下，会利用他人作为比较的尺度来进行自我评价。社会比较理论认为人们通常会通过与他人的比较来确定自己的态度和行为是否正确或适当。这种比较可以发生在不同的层面上，包括与自己类似的他人、不同的群体或社会阶层、不同的文化背景等。社会比较理论认为，人们在比较过程中会受到一些因素的影响，如相似性、对比度、社会地位等。当人们与自己相似的他人进行比较时，更容易产生积极的自我评价和自信心；而与比自己更成功或更有优势的人进行比较时，则可能产生自卑感或不满情绪。社会比较理论在自我评价和心理健康领域有着广泛的应用。例如，通过社会比较来解释人们为什么会模仿传媒中的典范、为什么在某些情况下会产生自卑感或不满情绪、为什么有些人会追求超越他人或成为更好的自己等。

社会比较存在于我们生活的方方面面，社会比较对主观幸福感的作用具有双重性。一方面，社会比较可以帮助人们了解自己的位置和价值感，激发人们的进取心和竞争意识，促使个体在追求成功和幸福的道路上更加努力坚持。另一方面，社会比较也可能导致人们忽视自己的实际情况，过于关注他人的表现，并导致幸福感的下降。社会比较对主观幸福感的作用可能受其他因素的影响，比如自尊、人格特质、社会文化等。自尊水平高的人可能不过多依赖社会比较来评估自身；外向性高的人可能更重视社交比较；集体主义文化中的人可能更注重与群体的比较，而个体主义文化中的人可能更注重个人成就；在经济不稳定时期，社会比较可能更加突出；社交媒体的使用增加了社会比较的机会和范围。

贫困家庭成员随时都能接触到比自己家境优越的同伴，再加上现在社交媒体使用频繁，在这种情况下，贫困家庭儿童会自觉或不自觉地进行社会比较，导致心理不平衡，个体的主观幸福感下降。这种心理不平衡可能导致情绪问题，如焦虑、抑郁、易怒等。

4. 适应理论

适应理论是指个体受到负向或正向刺激后，其情绪会迅速下降或上升，但随着时间推移，个体会逐渐适应这个刺激，情绪也会逐渐回归基准线，达到以前的水平。该理论包含两个步骤：先是接受刺激，情绪即刻受到影响；然后是随时间推移，个体适应刺激，情绪逐渐恢复正常。此外，适应理论也常用于解释人们对环境的适应过程。人们生活在不断变化的环境中，为了适应环境的变化，个体会调整自己的心理状态和行为模式。这种适应过程可以是积极的，例如通过学习新技能或新知识来提高自己的能力；也可以是消极的，例如面对无法逆转的困境或失去重要的人或物。

适应理论可以解释主观幸福感的变化。根据适应理论，个体在面对生活事件或刺激时，会逐渐适应并恢复到原来的幸福感水平。这意味着，即使发生了一些积极或消极的事件，个体的幸福感水平可能会暂时上升或下降，但最终还是会回归到基准线。具体来说，对于正性事件，个体可能会经历短暂的幸福感提升，但随着时间的推移，这种幸福感逐渐适应并稳定下来。而对于负性事件，个体可能会经历短暂的不幸福感，但随着时间的推移，不幸福感逐渐减弱并恢复到原来的水平。这种适应过程可以帮助个体适应环境的变化，维持相对稳定的幸福感水平。然而，适应理论并不能完全解释主观幸福感的复杂性。因为个体的幸福感不仅受到生活事件的影响，还受到个体差异、心理特质、文化背景等多种因素的影响。因此，在解释主观幸福感的变化时，需要综合考虑多种因素的影响。

贫困家庭适应贫困生活是一个复杂的社会现象，其背后的原因多种多样。首先，贫困家庭可能由于缺乏资源和机会，面临着生活上的困难和挑战，例如经济来源不稳定、健康和教育水平低、社交网络有限等。这些因素导致他们生活方面存在一定的局限性和困难。然而，贫困家庭也会采取一些策略和机制来适应贫困生活。例如，他们可能会精打细算、节约开支、合理安排家庭经济，以确保基本生活的需要；他们也可能依靠家庭成员的支持和互助，共同应对生活中的挑战。此外，一些贫困家庭可能会寻求外部援助和支持，如政府福利、慈善组织等，以缓解经济压力和生活困难。贫困家庭适应贫困生活的过程也受到个人和家庭特征的影响。例如，家庭成员的认知能力、情感状态、价值观和生活态度等都会影响他们对贫困生活的适应方式和效果。同时，社会和政策环境也会对贫困家庭的适应能力产生影响。政府和社会组织的支持和服务对于帮助贫困家庭适应贫困生活具有重要的意义。

（三）主观幸福感的测量

主观幸福感的测量通常涉及评估个体的生活满意度、积极情绪和消极情绪。这些测量通常依赖于自我报告的问卷调查，因为主观幸福感强调个体对自己生活质量的主观评价。以下是一些常用的主观幸福感测量工具：

1. 总体幸福感量表（General Well-being Schedule）：该量表包括6个分量表，分别评估被试人群的幸福感、生活满意度、积极情感、消极情感、活力等。

2. 幸福感指数量表（Index of Well-being）：该量表包括总体情感指数和生活满意度两个问卷，两者的得分进行加权相加得到总体幸福感指数。

3. 纽芬兰幸福感量表（Newfoundland Scale for Well-being）：该量表专门用于评估老年人的主观幸福感，由24个项目组成。分数越高，主观幸福感水平越高。

由于主观幸福感的自评性质，答案可能受到个体心态、文化背景和当前情绪状态的影响。不同文化背景的人可能有不同的幸福感表达和理解方式。研究者可以根据具体研究需求设计问卷。主观幸福感的测量是心理学和社会科学研究的重要部分，有助于了解个体的幸福状态和心理健康。通过这些测量工具，研究者可以评估幸福感的各个方面，并探索影响幸福感的各种因素。也可以用于自己在适当的时候进行总体幸福感的测量，以监测自己的进步和成长。

三、主观幸福感的影响因素

主观幸福感，即个体对自身幸福状态的主观评价，受到多种因素的影响。这些因素可以是内在的，也可以是外在的，它们共同构成了一个人的幸福感体验。对于青少年主观幸福感影响因素的研究、对外部的因素的研究主要集中在家庭环境上，比如家庭功能、父母的教养方式、家庭经济状况、生活事件等；对内在的因素的研究多集中在人格特质、自我概念、归因方式、认知模式等方面。由于和儿童成长发生直接作用的环境是家庭环境。因此，下面主要阐述家庭功能、父母应对方式、社会经济地位对贫困儿童主观幸福感的影响。

（一）家庭功能

家庭作为社会的基本单元，对个体心理健康具有深远的影响。家庭功能在不同方面对个体心理健康起着重要的作用。研究表明，良好的家庭功能能够提高个体的心理健康水平，减轻焦虑、抑郁等负面情绪，增强自尊和幸福感。比如家庭支持能够为个体提供安全感，帮助其应对生活中的挑战和压力。舍克的研究发现，青少年的家庭功能不良，就会表现出较多的外化问题和内化问题，同时还发现，家庭功能对贫困家庭儿童的影响更为显著。也就是说，良好的家庭功能对高危环境下的儿童的影响更为显著。

这可能的原因是：当家庭缺乏物质资源和其他资源（教育资源、人力资本和社会资源等）时，家庭的紧密度、家庭的情感支持、家庭关系和谐、父母积极的教养方式构成了特别重要的应对资源，成为贫困儿童发展的一个保护因素。这里，只阐述贫困家庭父母的教养方式、家庭紧密度、亲子关系对贫困儿童幸福感的影响。

1. 父母的教养方式

虽然贫困并不决定一个人的教养风格，但它确实可以影响父母的教养选择和行为。由于贫困家庭面临的特殊经济和社会环境，他们的教养方式可能与其他家庭有所不同。

（1）贫困环境下父母教养方式的特点

研究发现，经济困难可能导致父母承受更多的压力，这可能影响他们的情绪调节能力，因此，贫困环境可能会导致父母情绪波动，夫妻关系恶化、感情冷漠，家庭成员之间倾向使用攻击性语言交流、解决问题方式也容易简单粗暴，生活在这种环境中的儿童也容易表现出较多的内外化问题。

首先，贫困环境中的家庭通常面临经济困难，缺乏足够的物质保障。这种经济压力可能导致家庭成员对金钱的敏感性增加，引发家庭冲突。贫困家庭中的夫妻与子女常常因为如何分配有限的资源和使用金钱的方式方法而发生激烈的争吵，长期的争吵可能会让他们觉得习以为常，有些家庭冲突会直白地发生在孩子面前。在贫困家庭中，家庭冲突是影响儿童发展的重要因素。不同家庭可能有不同的价值观、信仰和习惯，这可能导致不同的行为方式和理解方式，贫困环境中的家庭普遍教育水平较低，对家庭冲突的处理方法也相对较少。缺乏解决冲突的技能和方法，没有及时妥善修复在冲突中受损的家庭气氛，往往还会把孩子卷入其中。

其次，在家庭环境中，父母扮演了非常重要的角色。父母的教养方式、婚姻质量及情绪状况对于子女的情绪和行为发展有着非常重要的影响。贫困家庭父母的教养方式往往呈现两极化。一方面，他们非常重视孩子的教育，深知教育对于摆脱贫困、提高社会地位的重要性。他们可能会对孩子提出更高的期望和要求，并采取较为严格的方式来管教孩子。这种管教方式有时可能会导致孩子感到压抑、焦虑或产生逆反心理。另一方面，他们疲于应付生活的压力而忽视对子女的教育，对孩子放任不管。这两种教养方式对孩子的发展都是不利的。

贫困夫妻常常因为经济困难而面临更大的生活压力，如无法承担基本生活开销、医疗费用、子女教育费用或面临失业、债台高筑等情况。这种经济压力可能导致夫妻间的争吵和矛盾增多，影响婚姻的稳定性和幸福感，从而出现情绪问题，导致情绪不稳定，对未来失去希望，在教育子女时不耐烦，甚至把怨气发泄在孩子身上。在这种情况下，父母疲于应对生存的压力，没有足够的时间和精力应对孩子的教育问题，又常常把子女的教育问题当作又一压力源。父母之间容易发生冲突，也很容易出现充满敌意和攻击性的相处模式，并有可能习惯性地将这种相处模式应用到和孩子的相处中，导致出现亲子关系的恶化，这一连串的连锁反应是导致贫困家庭儿童适应不良的重要因素。

再次，贫困家庭父母容易产生习得性无助感，这是因为他们在生活中面临着一系列的挑战和困境，而他们往往感到无法控制和改变自己的处境。他们可能没有足够的资源来满足孩子的基本需求，如食物、衣物和教育等。这种持续的经济压力可能导致他们对自己的处境感到绝望和无助。贫困家庭父母通常教育水平较低，缺乏必要的技能和知识来为孩子提供良好的教育和成长环境。他们可能感到自己在孩子的教育上无法发挥积极作用，从而导致无助感。贫困家庭父母可能社交圈子有限，缺乏资源和信息来帮助自己摆脱贫困。他们可能感到孤立无援，缺乏社会支持，从而增加了无助感。贫困家庭父母在日常生活中可能面临持续的心理压力和焦虑。他们可能担心自己的孩子无法接受良好的教育、拥有稳定的生活和工作，这种长期的担忧可能导致他们对自己的处境感到无助。

习得性无助感是一种个体在经历失败和挫折后产生的心理状态，会导致个体失去自信和行动力，对改变处境持消极态度。对于贫困家庭父母来说，习得性无助感可能限制了他们的积极性和努力，使他们无法有效应对贫困的挑战。他们在面对生活中的种种困难，可能会选择逃避或忽视问题，而不是积极寻求解决方案。他们可能认为问题太复杂或无法解决，因此选择不采取任何行动。这种应对困难的模式有可能出现代际传递，影响下一代的发展。

　　总之，贫困家庭父母的教养方式容易出现两个极端，这两个极端分别是过度溺爱和严格管教。一方面，由于贫困家庭父母自身可能经历过贫困和艰难的环境，他们可能会竭尽全力满足孩子的需求，避免孩子经历自己曾经的苦难。这种心态可能导致父母过度溺爱孩子、过度保护孩子，让孩子缺乏独立性和自主性。另一方面，贫困家庭父母也可能采用严格管教的方式来教育孩子，他们认为只有通过严格的要求和惩罚才能让孩子变得更好。这种方式可能会让孩子感到压力和无助，导致他们在成长过程中缺乏自信和创造力。

　　这两种极端的方式都可能对孩子的成长产生负面影响。贫困家庭父母应该努力寻找平衡点，既不过度溺爱孩子，也不过于严格管教孩子。他们应该鼓励孩子独立思考、自主行动，同时也要给予孩子足够的支持和引导。通过与孩子建立互相信任的关系，贫困家庭父母为孩子创造一个健康、稳定和安全的成长环境。

　　（2）父母的教养方式对儿童的情绪行为的影响

　　人们常说，父母是孩子的第一任老师，父母的教养方式对儿童的情绪行为具有显著的影响。不同的教养方式可能导致儿童形成不同的情绪处理模式，从而影响其情绪行为；不同的教养风格可以塑造儿童的性格、情绪调节能力、社交技能和行为模式。而贫困的环境会通过父母不同的教养环境来影响儿童的情绪行为。一方面，如果父母采用情感温暖、理解和支持的教养方式，儿童通常会表现出更好的情绪调节能力，孩了会有更积极、自信和愉快的情绪状态。这样的教养方式有助于培养儿童积极面对生活中的挑战和困难，提高他们的自尊心和自信心。另一方面，如果父母采用过度控制、冷漠或严厉的教养方式，儿童可能会表现出更多的情绪问题，如焦虑、抑郁、攻击性等。这种教养方式可能导致儿童缺乏自我调节情绪的能力，对他们的心理健康产生负面影响。

　　此外，父母的教养方式还可能影响儿童的人际关系。如果父母能够提供支持和理解，儿童通常会更容易与他人建立良好的关系，更善于处理人际关系中的问题。相反，如果父母对儿童的要求过高、控制过多或缺乏情感支持，可能会使儿童在人际关系中感到不安或退缩。

由此可见，在经济困难的生活环境中，父母的共情和情感支持对儿童学习情绪调节和形成积极的自我概念至关重要。父母的行为给儿童提供了行为模范，积极的角色模型可以促进儿童的健康发展。

2. 家庭紧密度

家庭紧密度是指家庭成员之间相互联系、相互支持的程度，以及家庭整体上的凝聚力。它是评估家庭功能和家庭成员心理健康的重要指标之一。家庭紧密度的主要影响因素包括家庭成员之间的沟通方式、互动模式、情感表达、支持程度以及家庭规则和价值观等。这些因素共同决定了家庭成员之间的相互理解、信任和协作程度，以及家庭作为一个整体对外界压力和挑战的应对能力。

家庭紧密度对家庭成员的心理健康、行为模式和社会适应能力具有重要影响。高密度的家庭能够提供更多的情感支持和安全感，有助于减轻焦虑、抑郁等心理问题，提高个人的自尊心和自信心。同时，高密度的家庭还能够提供更多的社会支持和学习机会，帮助家庭成员建立良好的人际关系和适应社会的能力。相反，低密度的家庭可能会导致家庭成员之间的疏离、冷漠和缺乏支持，增加心理问题的风险，如孤独感、焦虑症、抑郁症等。此外，低密度的家庭还可能影响个人的社会适应能力，如人际交往障碍、自卑感等。

贫困家庭的家庭紧密度可能会相对较低，因为经济困难和生活压力可能会影响家庭成员之间的联系和互动。贫困家庭通常面临经济困难，这可能导致家庭成员为了生计而疲于奔命，缺乏时间和精力去建立和维护家庭成员之间的关系。经济压力还可能导致家庭成员之间的矛盾和冲突，削弱家庭凝聚力。贫困家庭可能由于经济和社会地位的限制，社交圈子相对较小。这可能导致家庭成员缺乏外部支持网络，无法分享和释放压力，从而降低家庭紧密度。贫困家庭的父母可能面临更大的生活压力和心理负担，这可能影响他们的教养方式。一些父母可能因为自身的情绪问题或对未来的担忧，而忽视与孩子的情感交流和支持，导致家庭紧密度降低。在一些贫困地区，可能存在特定的文化和传统观念，影响家庭成员之间的关系。

例如，某些文化可能强调男性的权威地位，导致家庭成员之间不平等的权力分配，从而降低家庭紧密度。

家庭紧密度降低可能会对儿童的情绪和行为产生不良影响，可能导致家庭成员之间的沟通和互动减少，缺乏情感支持和安全感，这会对儿童的情绪和行为发展产生负面影响。首先，家庭紧密度降低可能导致儿童出现情绪问题。由于缺乏情感支持和安全感，儿童可能会感到焦虑、抑郁、孤独等负面情绪。他们可能经常感到不安或无法控制自己的情绪，导致情绪波动和易怒。这些问题可能会影响儿童的日常情绪状态，以及他们与他人的交往能力。其次，家庭紧密度降低也可能对儿童的行为产生不良影响。由于缺乏父母的指导和支持，儿童可能会表现出更多的行为问题，如攻击性行为、违纪行为、退缩等。他们可能无法适应学校和社会环境，与同伴关系紧张或遭受排斥。这些问题可能会影响儿童的学业成绩和社会适应能力。此外，家庭紧密度降低还可能影响儿童的自我认知和自尊心。儿童在成长过程中需要得到父母的认可和支持，以建立积极的自我形象和自信心。如果家庭紧密度降低，父母可能无法充分关注和肯定儿童的成长和进步，这可能导致儿童自我评价偏低，缺乏自信心和自尊心。

3. 亲子关系

亲子关系通常是指父母与其亲生子女、养子女或继子女之间的关系。这种关系基于血缘或者法律上的收养关系而产生，是儿童最早建立起来的人际关系之一。亲子关系在个体的成长和发展中起着至关重要的作用，因为它影响着儿童的情感、认知和社会化发展。研究表明，积极的亲子关系可以增强孩子的自尊心、自信心和社交能力，有助于降低他们出现行为问题、情绪问题和学习困难的风险。而消极的亲子关系则可能导致孩子出现焦虑、抑郁、攻击性等问题。

亲子关系是个体在社会生活中重要的一部分，在个体幼儿期几乎是个体全部情感的依赖所在。由于子女在年幼时心理、生理发育不成熟，经济生活不独立，必须依赖父母，因此这一阶段的亲子关系对子女的影响更深。随着子女的成长，亲子关系并非始终停滞于"纵关系"而不变，而是会随着时间和情境的变化而发生改变。

有研究表明，亲子关系的亲密程度与孩子的情绪稳定性呈正相关。当孩子在面临压力或困难时，如果能在亲子关系中找到情感支持，他们更可能保持冷静和理智，而不是表现出过度的情绪反应。如果父母能够以温和而坚定的方式处理孩子的错误行为，孩子更可能学会自我控制和尊重他人。相反，如果父母对孩子的行为过于放任或严厉，可能会导致孩子在行为上出现偏差。

亲子关系对个体主观幸福感的发展具有重要影响。积极的亲子互动有助于提高孩子的主观幸福感。当父母与孩子进行愉快的互动时，孩子会感到被爱、被关注和有价值，从而提高他们的生活满意度和幸福感。相反，消极的亲子互动可能导致孩子缺乏情感支持，降低他们的主观幸福感。亲子之间的有效沟通能够增进彼此的理解和情感联系，从而提高孩子的主观幸福感。父母通过倾听、回应和表达关心来与孩子进行沟通，有助于孩子感受到被尊重和被理解，增强他们的自尊心和自信心。同时，良好的沟通还能够减少亲子冲突，降低孩子的焦虑和抑郁情绪，进一步提高他们的主观幸福感。当孩子感受到来自父母的关爱和支持时，他们更可能体验到幸福感和满足感。父母的支持不仅可以帮助孩子应对生活中的挑战和压力，还能够促进他们的自我成长和发展。有研究表明，父母的支持与孩子的心理健康和幸福感呈正相关。尽管适度的冲突是正常的，但频繁或激烈的冲突可能会对孩子的幸福感产生负面影响。冲突可能导致孩子出现焦虑、抑郁、愤怒等负面情绪，降低他们的生活满意度和幸福感。长期处于冲突环境中的孩子更可能出现心理问题，如自卑、自我评价偏低等。我国学者王金霞等人的研究发现，亲子关系满意度、对父母婚姻质量的评价能够显著地影响中学生的一般生活满意度。[①]另外，也有研究发现，家庭的和谐稳定能够促进亲子两代人的幸福感。

可见，父母的积极的教养方式、父母支持等能够带来亲子关系的和谐，提升儿童的幸福感；而消极的教养方式、父母冲突等会损害贫困家庭

---

① 王金霞，等. 中学生一般生活满意度与家庭因素的关系研究［J］. 天津：心理与行为研究 2005.

中的亲子关系，使儿童的幸福感降低。

（二）社会经济地位

经济状况与主观幸福感之间的关系是多维的且复杂的。经济状况，包括收入、财富和经济安全感，无疑对个人的生活质量和幸福感有重要影响，但这种影响并非直接或单一的。收入水平是衡量个体经济状况的重要指标之一，它直接影响个体的主观幸福感。一般来说，随着收入的增加，个体的物质生活水平得到提高，从而在一定程度上增强了个体的幸福感。然而，当收入达到一定水平后，其对幸福感的提升作用可能逐渐减弱。也可以说，随着收入的增加，它对幸福感的边际效用可能会递减。换句话说，收入对低收入者的幸福感影响可能大于高收入者。此外，对于不同的人群，经济收入对幸福感的影响也可能存在差异。不同社会和文化背景下，人们对财富和成功的看法不同，这可能影响经济状况对幸福感的影响。人们往往会将自己的经济状况与他人比较，这可能对他们的幸福感产生影响。适当的比较可以提高个体的自我评价和满足感，从而提高幸福感。然而，过度的比较可能导致个体感到自己的不足和缺失，从而降低幸福感。社会比较心理的影响还可能因个体差异而不同。

关于经济状况与主观幸福感的关系，许多研究认为，经济状况并不直接影响贫困家庭儿童的主观幸福感，这个影响过程受到个体对物质条件的期待等主观因素的调节。首先，虽然贫困家庭的经济条件可能限制了孩子的物质需求和机会，但孩子们的主观幸福感不仅仅取决于物质条件。家庭氛围、亲子关系、父母的教育方式、孩子的个性特征、社交坏境等都可能对儿童的主观幸福感产生更直接的影响。其次，儿童的主观幸福感是他们对自己生活质量的整体评价和情感体验。这种评价和体验是多方面的，不仅包括物质层面的满足，还包括心理层面的需求，如安全感、归属感、自尊心等。因此，经济状况只是影响儿童主观幸福感的众多因素之一，而不是唯一因素。此外，儿童的主观幸福感也受到自身认知和发展的影响。随着年龄的增长和心理成熟，孩子们对幸福感的认知和体验也会发生变化。他们逐渐学会如何适应环境和处理情绪，这有助于他们更好地应对生活中的挑战和压力，从而增强其主观幸福感。

申继亮在对贫困儿童家庭的社会经济地位和主观幸福感的关系进行研究后发现，社会经济地位并不直接影响儿童的主观幸福感，而物质和教育资源的相关指数对贫困儿童的幸福感有较好的预测作用。[①]物质资源匮乏时，儿童可能无法获得足够的营养和温暖，这不仅会影响他们的身体健康，还可能使他们在心理上感到不安和无助。长期缺乏物质资源可能导致儿童感到不安全、自卑和无助，对他们的幸福感产生负面影响。教育资源是儿童发展中的重要资源，包括学习材料、教育设施、教师资源等，教育资源的匮乏可能限制儿童的学习机会和发展潜力，缺乏教育资源的儿童可能在学习成绩、知识水平和社会适应能力方面落后于其他同龄人。这种差距可能导致他们在学校和社交场合感到挫败和无助，降低他们的自尊心和幸福感。此外，教育资源的匮乏也可能影响儿童的心理发展。他们可能因为缺乏心理辅导和教育支持而面临更多的心理压力和困难，如焦虑、抑郁等，长期的心理压力可能对儿童的心理健康产生负面影响，进一步降低他们的幸福感。

可以用布朗芬布伦纳的生态系统理论来解释以上现象。布朗芬布伦纳的生态系统理论强调，儿童发展的生态环境中包括微小、小、中、外和宏系统五个系统，每个系统都与儿童的发展有不同的交互作用。首先，微小系统主要包括家庭和学校等直接环境，这些环境与儿童有最直接和亲密的接触。小系统包括朋友圈和邻里关系等稍微远一些的环境。中系统是指在这些环境中活动时与其他人的交往关系。外系统则是指儿童并不直接参与但对他们的成长有影响的环境，如父母的工作环境。而宏系统则是指整个社会的文化、价值观和体制。

这个理论强调儿童的发展受到所有这些系统的影响，而不仅仅是某一个单一的因素。例如，社会经济地位是影响儿童发展的最远端的环境，它反映了儿童的家庭贫困程度，但并不直接决定儿童的主观幸福感。在访谈中发现，儿童并不是非常关心父母的收入，他们更关心父母能为他们提供

---

① 申继亮. 处境不利儿童的心理发展现状与教育对策研究［M］. 北京：经济科学出版社. 2009.

的物质资源和教育资源，而儿童感受到种种资源的缺失，比如家庭活动空间狭小、营养的缺乏、生活的单调等可能才是影响幸福感的主要因素。社会经济地位也不是唯一决定因素。其他如家庭氛围、父母的教养方式、儿童的性格特点等也会对儿童的发展产生重要影响。

（三）父母应对方式

1. 应对方式及其影响

应对方式是指个体面对压力、挑战或逆境时所采取的心理和行为策略。有效的应对方式可以帮助个体减轻压力、适应变化、解决问题，并维持或恢复心理平衡。应对方式包括问题导向的应对、情感导向的应对和意义导向的应对。问题导向的应对是指直接解决导致压力的问题或改变压力情境的应对的方式。如制订解决问题的计划、获取信息、学习新技能等；情感导向的应对指管理或调整与压力情境相关的情绪反应，如寻求情感支持、情感表达、冥想和放松等；意义导向的应对是指通过赋予压力情境新的意义来应对压力。如从困难中寻找个人成长的机会，重塑人生和价值观等。不同的人在面对应激事件时，由于个人经历、性格、价值观等方面的差异，也会采取不同的应对方式。有些人可能更倾向于采取积极的应对方式，而有些人则更容易采取消极的应对方式。这些差异也决定了人们在遇到应激事件后对事件性质的不同表征方式和认知解读。

应对方式和心理健康之间存在密切的关系。面对压力和挫折时，个体采取的应对方式会对心理健康产生影响。一方面，积极应对方式可以帮助个体更好地适应环境和解决问题，从而减少心理压力和负面情绪的产生，维护心理健康。例如，采取积极的方式面对问题、寻求支持、调整自己的认知和情绪等，都可以缓解心理压力，增强心理适应能力。另一方面，消极应对方式可能导致个体陷入更严重的问题，产生更多的负面情绪和心理压力，从而影响心理健康。例如，过度使用消极应对方式可能会加重抑郁、焦虑等情绪问题，甚至导致一些心理障碍和心理疾病的产生。

儿童的应对方式对其主观幸福感有显著影响。儿童在面对挑战、压力或负面情绪时所采用的应对策略，不仅影响他们当前的情绪状态，还可能影响他们长期的心理健康。积极寻找解决问题的方法，如寻求帮助或尝试不同的解决策略，可以增强儿童的自我效能感和控制感。学会表达和管理情绪有助于儿童更好地处理情绪困扰，从而提高幸福感。教导儿童以积极的角度看待困难，可以帮助他们树立更乐观的世界观。逃避问题或否认情绪可能暂时减轻压力，但长期来看可能导致更多的情绪问题和较低的幸福感。以攻击或反抗的方式应对压力可能会损害儿童的人际关系和社会适应能力。鼓励儿童在面对困难时寻求成人的帮助，如父母、老师或其他信任的成年人，可以让他们提供必要的支持和指导。与同伴的正面互动也是重要的应对资源，有助于增强社交技能和幸福感。

大量研究表明，正确的应对方式可以帮助个体管理和调节情绪反应，如使用积极的自我对话减少焦虑或使用放松技巧减轻压力。应对方式在很大程度上决定了人们在遇到应激事件后如何解读和理解这些事件的性质。比如，倾向积极面对压力的应对方式的人将挑战视为成长的机会；倾向回避、幻想的人可能将其视为威胁，觉得自己无力改变现状，从而失去对情境的控制。对于贫困家庭来说，在生活中每天都会遇到大大小小的应激事件，有些事件比如疾病、儿童的偶尔过度消费、子女就学等对一般家庭来说不构成威胁，但对他们来说就是很大的压力。有研究发现使用参与式应对方式的贫困家庭倾向于承认现实，不抱怨，通过节约开支、增加收入、求助社会、加强储蓄、提高技能、借助网络和互助合作等方面的努力去解决问题，改变困境并保持乐观的心态，其负面情绪明显低于采用回避应对方式的贫困家庭。反复通过回想应激事件或幻想应激事件的后果而不去采取有效应对行为的个体抑郁的程度明显高于常人，这可能是因为只幻想不行动的人往往缺乏实际的行动计划和目标导向的行为，这可能导致他们无法有效地解决问题和应对挑战。长期的挫败感和无助感可能会增加抑郁的风险。

2. 贫困家庭的父母应对方式的特点

心理学家认为，长期贫困本身就是一个巨大的应激环境。贫困状态下的父母面临着各种挑战和压力，这可能导致他们采取不同的应对策略来应对困难和解决问题。长期贫困给父母带来了沉重的心理压力。他们可能会感到焦虑、沮丧、无助和失落，对未来感到绝望。这种心理压力会影响父母的情绪状态，使他们难以理性地思考和有效地应对困难。此外，心理压力还可能导致父母在教育、医疗等方面的决策能力受限，进一步加剧家庭困境。长期贫困的父母往往缺乏必要的资源来应对生活中的挑战。他们可能无法为孩子提供足够的食物、衣物和教育等基本生活需求，导致家庭成员处于饥饿、寒冷和无助的状态。资源的缺乏限制了父母的应对策略，使他们难以找到解决问题的方法和途径。长期贫困的父母往往缺乏社会支持网络，这使得他们在面对困难时更加孤立无援。他们可能没有足够的社交联系和人际关系，无法寻求帮助和支持。社会支持的不足限制了父母的应对策略，减少了他们解决问题的能力和信心。长期贫困的父母在应对困难时可能面临更多的限制和挑战。由于缺乏资源和社交网络，他们的应对策略可能受到限制，无法采取有效的措施来解决问题。此外，贫困文化和社会环境也可能影响父母的应对方式，使他们在应对困难时难以摆脱传统的思维模式和行为习惯。长期贫困给父母带来了持续的压力和负担，这可能对他们的身体健康产生负面影响。长期的心理压力可能导致父母出现焦虑症、抑郁症等心理问题，以及高血压、心脏病等慢性疾病。此外，长期贫困的父母可能因为缺乏医疗资源和健康知识而无法及时获得治疗和保健服务，进一步加剧健康问题。

总的来说，贫困家庭的父母在面对生活中的挑战和压力时，普遍倾向于使用回避的应对方式。这种应对方式的特点是避免直接面对问题，试图通过转移注意力或抑制情绪来减轻焦虑和压力。可能有以下几方面的原因：第一，贫困人群可能面临缺乏经济、社会和情感资源的情况，他们可能没有足够的财力、人力或社会网络来直接解决问题，因此选择回避可能是他们应对的一种策略。第二，长期贫困可能使人们无力改变现状，产生无助感。当人们感到无法控制和影响自己的生活时，他们可能会选择避免面对问题，以减少心理上的痛苦和焦虑。某些文化或社会环境可能强调谦逊、忍耐或避免冲突的价值观念，这可能导致贫困人群倾向于使用回避应对方式。第三，社会对贫困的污名化也可能使人们感到羞耻和无力，从而选择回避。回避应对方式可以作为一种心理适应机制，帮助人们暂时缓解焦虑和压力。对于一些人来说，避免思考或谈论困难问题可能暂时减轻心理负担，但长期来看可能会导致问题恶化。虽然回避应对方式可能在短期内减轻焦虑和压力，但长期使用这种应对方式可能会导致问题恶化，增加心理困扰和社交隔离。对于贫困人群来说，学习积极应对方式，如寻求支持、制订计划和解决问题，可能更有助于改善生活状况。因此，提供适当的支持和资源，帮助贫困人群克服困难并培养积极的应对方式是至关重要的。

综上所述，贫困家庭父母对应激事件的应对方式对儿童的主观幸福感有着显著的影响。父母采取积极的应对方式可以营造一个相对稳定和安全的环境，减少家庭的冲突和压力，从而提高孩子的主观幸福感。例如，当父母积极寻找资源、解决问题时，孩子可能会感到被关心和支持，从而提升他们的幸福感。相反，如果父母采取消极的应对方式，孩子可能会感受到更多的不安和压力，降低他们的幸福感。例如，过度忍耐或者否认问题的存在可能会导致问题恶化，增加家庭的冲突和紧张感，从而影响孩子的心理健康。

（四）家庭环境对幸福感的影响机制

根据儿童发展的生态学理论，社会经济地位是影响儿童发展的宏观系统，社会经济地位的变化并不直接作用于儿童的发展，需要通过家庭的物质资源和儿童的教育资源、父母的教养方式等近环境因素作用于儿童的发展。

1. 家庭环境对幸福感的影响

（1）家庭经济环境对父母的伤害

在访谈中发现，经济困难对父母的伤害比对儿童的伤害还要大，而且是直接伤害的。家庭经济困难会给父母带来沉重的心理压力。他们可能会因为担心家庭开支、子女教育等问题而感到焦虑和不安。这种长期的压力可能会导致父母出现情绪低落、易怒、沮丧等心理问题。家庭经济困难可能会限制父母的个人发展，他们可能会因为经济原因而无法追求自己的兴趣爱好、事业发展等，从而影响自己的成就和满足感。同时，家庭经济困难也可能会让父母在面对职业机会和社会资源时感到不公平和无助。家庭经济困难可能会对父母的身体健康产生不良影响。他们可能会因为经济原因而无法获得足够的营养和医疗保健，从而导致身体疾病并出现健康问题。同时，长期的经济压力也可能会导致父母出现焦虑、抑郁等心理问题，进而影响身体健康。在访谈中发现，有三分之二的父母存在着不同程度的健康问题，在访谈中有很大一部分父母不愿提起关于贫困的问题，有些问题避而不谈，但能感受到他们觉得自身的贫困是一种耻辱，这说明经济困难在一定程度上也会伤害他们的自尊心。

（2）贫困家庭的家庭功能

在访谈中发现，在贫困家庭中，亲子沟通问题令人担忧。父母和子女之间的沟通比较少，沟通的内容也比较肤浅，大多只是问问学到了什么，关心孩子是否吃饱穿暖等，他们不会就孩子的思想动态进行深入有效的交谈。除了吃饭和作业问题之外他们之间几乎无交流，似乎双方也无意愿沟通。另外，贫困家庭的冲突较多，而且大多冲突是来自父母和孩子之间。这可能是因为贫困家庭的父母深受生活的折磨，他们把希望寄托在孩子身上，希望孩子通过接受教育改变命运，对孩子提出更高的期望和要求，由此引发的冲突也就更多。

为什么在贫困家庭中，亲子沟通不顺畅、父母为什么总是使用消极的教养方式呢？访谈中发现，家庭经济困难和父母文化水平不高是阻碍亲子沟通的最大障碍。

首先，贫困家庭的经济负担比较重。在访谈的家庭中，大部分家庭贫困是因为家庭发生重大变故，比如父母投资失败、父母离异导致经济水平下降、家庭成员患病等。一方面，家庭缺乏劳动力导致家庭收入减少；另一方面，不多的家庭收入还要拿出一部分去治病等，支出较大。他们经常要去应对这些经济压力，无暇顾及孩子的心理和教育。其次，贫困家庭父母大多文化程度不高，不得不选择一些体力劳动的工作，工作时间长、劳动强度比较大，回家的时间也较晚，没有过多的时间和精力去关注孩子的情绪、困惑等。另外，父母文化水平不高，导致教育理念落后，缺乏解决问题的有效策略和方法，应对方式简单粗暴。经济压力大导致一些父母情绪不稳定，脾气暴躁，教育子女常用大声呵斥和体罚的方式，把脾气发泄在孩子身上等。

家庭经济困难是一个长期且巨大的应激源。在这样的压力情境中，父母有焦虑、急躁、不满和愤怒等情绪是在所难免的，适度的情绪发泄只要不是发泄在孩子身上是可以理解的，但长期沉浸在悲观失望的情绪中不能自拔则会导致自发回避。当孩子遇到困难的时候向父母求助，或当孩子学业不良需要父母关注时，无疑又让父母面临又一个压力情境，反复的挫折会导致父母有习得性无助感，最终引起退缩和回避。因此，贫困家庭父母常采用自我回避的应对方式，甚至将不满、愤怒发泄在孩子身上。父母这种消极的应对方式会给孩子带来心理上的伤害。

（3）家庭经济条件的变化对儿童的影响

家庭贫困的原因有很多种，在访谈中发现，不同家庭贫困的原因也是不一样的，这些家庭中有很大一部分是"由富变贫"的情况。其中的原因是多种多样的，有的是家庭成员患病、父母有不良恶习、孩子过多负担过重的；有的是父母投资失败，还有一部分是由于父母离异，一方不承担抚养费导致家庭贫困的。在访谈中发现，这种"由富变贫"家庭中的儿童或青少年会有较多的情绪问题和问题行为。在重点关注的两个家庭中，家庭贫困都是因为父母投资失败使家庭背上沉重的债务，而且父母也没有顺利实现再就业，导致经济窘迫。我们发现，这两个家庭中孩子经济条件变化后，均出现较多的情绪波动，敏感、易怒，而且还有不同程度的偷盗、撒谎、逃学等严重的问题行为。

其中的原因可能是孩子在家庭条件较好的时候已经养成了生活习惯和消费观念，但是由于条件的变化导致经济困难，使他们的生活质量大幅下降。当家庭经济状况发生变化时，孩子需要适应这种变化带来的影响。他们可能需要适应新的生活方式、学习环境和社会关系等方面的变化。根据适应理论，孩子能否适应家庭经济变故的影响取决于他们自身的适应能力和外部支持。如果孩子具有较强的适应能力，并且能够得到足够的支持和帮助，他们就更容易适应这种变化。相反，如果孩子缺乏适应能力或者得不到足够的支持，他们就可能会受到更大的影响。但在一般情况下，孩子的适应能力有限，需要父母的帮助和支持。但由于家庭经济的变故，有的家庭中父母本身也会出现适应困难，导致抑郁、颓废、自暴自弃，很难对孩子进行有效的心理疏导和支持。由于这部分家庭一般是没有享受低保，没有最低的生活保障，父母要面对沉重的债务，要应对家庭生活的压力，还要应对孩子的教育问题，三重压力的打击，父母不可避免地出现较多的负面情绪，把对生活的怨恨发泄在孩子身上，消极的情绪和应对方式又进一步加重对孩子的伤害。目前对这种情况的研究比较少，还需要进一步深入的研究。

（4）贫困家庭中孩子的应对方式和心理健康特点

在访谈中发现，虽然贫困家庭中父母可能也会有消极的情绪等，但在教育孩子的时候倾向于用积极的应对方式面对生活中的苦难，但在孩子身上发现，倾向于回避应对方式的孩子要多于积极面对挑战的孩子，而且应对方式有代际传递效应，也就是说，父母如果倾向于用回避的应对方式对待困难，那孩子也倾向于使用消极的方式应对困难。因此，大部分贫困家庭的孩子在面对困难时总是选择回避的方式，表现出消极的情绪和行为，如愤怒、沮丧、自卑等。他们可能会感到无助和绝望，缺乏动力和信心去克服困难。在访谈中发现，这些孩子被问起"你是否幸福"等问题时，总是保持沉默而拒绝回答，或者说不知道。贫困家庭中的孩子可能因为家庭经济状况而感到自卑和羞耻，可能会觉得自己不如他人，自尊心受损。或者特别敏感，一提到经济问题就会觉得别人在伤害他们的自尊心。在社交方面，总害怕被人拒绝，不敢或不愿参加同龄人的活动或游戏，难以融入同龄群体。他们可能会感到孤独和失落，缺乏社交技能和人际关系。

贫困家庭中的孩子在应对方式和心理健康方面具有独特的特点。他们需要得到更多的关注和支持以克服困难，提高适应能力，发挥自己的潜力。家长和社会应该共同努力，提供必要的经济支持、情感关怀和社会援助，以帮助孩子克服困难，建立积极的心理品质和健康的生活方式。

2. 贫困环境影响个体心理健康的理论思考

贫困会对孩子的生理健康产生直接影响。例如，贫困家庭的孩子可能由于父母营养保健观念不强而缺少营养、居住环境差、得不到适当的医疗保障等原因会增加感染疾病的风险。但对儿童的心理健康的影响却是间接的。生态系统理论认为发展的个体处在直接环境（如家庭）和间接环境（如更广泛的文化）之间或嵌套于其中。家庭的经济条件是影响儿童发展的最远端环境，并不直接对儿童产生影响，需要通过直接环境对儿童的发展产生作用。贫困对儿童的影响也不是某一个因素作用的。贫困增加了多种导致儿童情绪行为问题的危险因素。首先，贫困儿童可能因为家庭背景而受到社会的歧视和偏见，这可能加重他们的心理负担。其次，贫困家庭可能面临社区问题，如治安不好、居住拥挤等，这些都可能增加孩子的压力和不安，也使贫困家庭儿童接触暴力、犯罪的概率增加。此外，国外有研究表明，贫困家庭的妈妈可能因为社会歧视和偏见而感到自卑和无助，这可能影响她们的自尊心和自信心，导致她们缺乏爱和责任心，在教育孩子时缺乏耐心，方式简单粗暴。

贫困环境削弱儿童心理发展的保护因素效用。儿童心理发展的保护因素是多方面的，涉及家庭环境、亲情关系、教育引导、社会支持、自我调适、健康生活方式和良好的心理素质等方面。贫困容易引起家庭冲突，导致家庭关系恶化，从而破坏家庭环境，影响家庭成员心理健康发展。在经济不发达地区，社会保障覆盖面也很有限，心理保健服务系统也不是很到位。贫困也会导致个体控制感下降，控制感下降会影响个体对生活中重要事情的掌控能力，以及在面对压力和逆境时对自己的行为和情绪的掌控能力。在心理学中，控制感是一个重要概念，它与个体的心理健康和幸福感密切相关。家庭贫困的个体常常感到自己的生活和命运受到外部力量的控制，而自己无法改变或影响这些力量。这种无助感会导致焦虑、抑郁和其他心理问题。由于生活在贫困环境中的人群长期无法控制自己的生活，无法选择自己喜欢的生活，导致他们的生活中充满了更多的不确定性，当个体面临不确定情境时，他们可能会感到无法掌控和预测未来的结果，这会导致心理上的不安和失控感。这种不安和失控感可能会导致情绪波动、易怒、抑郁、焦虑和其他情绪问题。长期处于不确定状态可能会导致个体的心理健康状况恶化。例如，研究发现长期职业不安全感与抑郁症状之间存在显著关联。此外，不确定感还可能导致个体的自尊心和自信心下降，从而进一步加剧情绪问题。

总的来说，贫困本身不会直接对儿童的情绪产生影响。但是，贫困所带来的生活困扰和压力，以及父母的心态和外界的评价，可能会引发儿童的情绪问题。也就是说，贫困可能通过家庭环境、父母的教养方式、学校环境、自身的认知结构等因素间接产生影响。

第五章 改善处境不利儿童家庭教育的措施和建议

在影响儿童发展的诸多因素中，家庭因素是一个非常重要的因素。处境不利儿童在家庭、社会和学校中面临更多的挑战和困难，他们需要更多的关注和支持。家庭教育对这些儿童来说尤为重要，它不仅提供心理支持，还是知识教育和健康习惯养成的重要途径。家长应该重视家庭教育，尽可能地给予孩子足够的关注和陪伴。此外，社区应提供支持和服务，学校给家长提供家庭教育指导。

第一节 针对流动儿童的家庭教育建议

一、针对流动儿童家庭教育的政策建议

在研究中发现，与城市儿童相比，流动儿童的家庭社会经济地位比较低，能够接触到的教育资源比较少，父母工作时间较长，陪伴孩子的时间较少等。保障家庭教育的运行机制，提升家庭教育的效果，需要政府、社区、家庭和学校的共同努力。

（一）保障进城务工人员的劳动权益，改善家庭教育环境

收入低、被拖欠工资、工作时间过长等都是进城务工人员经常遇到的问题。政府应制定和实施保护进城务工人员劳动权益的法律法规，明确规定最低工资标准、工时制度、劳动安全等方面的要求。设立专门的维权机构，为进城务工人员提供法律咨询和援助，确保他们的合法权益得到有效维护。加大劳动监察力度，对违反劳动法律法规的行为进行严厉打击，确

保进城务工人员的劳动权益得到保障。这样不仅能提高他们的物质生活水平，改善家庭教育环境，而且父母有了更多的时间和精力陪伴子女，确保子女有良好的家庭教育环境。同时，开展职业技能培训和文化教育，提升进城务工人员的综合素质和就业能力，增加他们的职业发展空间。建立一套完善的社会福利机制，并把外来务工人员及其子女纳入其中，有利于提升外来务工家庭的安全感和归属感，促进其融入社会，这是创造良好家庭教育环境的必要前提。流动儿童在城市中有时会面临权益受侵害的问题，政府和社会应该建立健全维权机制，为流动儿童提供法律援助和维权支持，保障他们的合法权益不受侵害。同时，还应该加强对流动儿童进行法律教育和宣传，提高他们的法律意识和自我保护能力。只有切实保障外来务工人员的生存环境，提高他们的整体素质，流动儿童才会有一个良好的家庭教育环境，这不仅有助于孩子的成长和发展，也有助于促进社会的和谐与稳定。

（二）取消入学升学户籍限制，保障流动儿童平等接受教育的机会

保障流动儿童平等接受教育的机会，意味着他们能够在城市中顺利入学，并在教育过程中得到公平的待遇。这对于流动儿童个人的成长和未来发展至关重要，同时也为家庭带来了更为稳定的未来预期，减轻了家庭的教育压力。由于户籍限制和学校招生政策，流动儿童家庭往往面临孩子入学难的问题。为了让孩子进入公办学校，家长需要花费大量的时间和精力办理各种手续和证明。流动儿童在城市中可能面临升学困境，由于户籍限制和升学政策的差异，他们可能无法在城市中继续升学，这使得家长在孩子教育规划上存在不确定性，增加了教育压力。许多流动儿童家庭在经济上较为困难，他们可能需要支付高昂的借读费或私立学校学费，给家庭带来了沉重的经济负担。因此，政府和社会应该提供公平的教育资源，消除户籍限制，让流动儿童在城市中享有与本地儿童同等的教育机会。具体措施有：改革户籍制度，打破户籍与教育的关联，使得流动儿童能够在城市中平等地接受教育，确保流动儿童平等享受义务教育的权利；取消借读费等额外费用，减轻家庭经济负担；建立城市范围内统一的升学体系，确保流动儿童在城市中升学机会平等。

（三）制定有关住房保障措施，改善流动儿童家庭的居住环境

随着城市化进程的加速，农民工在城市中发挥着不可或缺的作用。然而，他们的居住环境往往较为简陋，常常面临住房不稳定的困扰，这不仅影响了他们的生活质量，也直接影响到家庭教育的连续性和稳定性。改善农民工居住环境，可以为孩子提供一个更为稳定和舒适的学习环境。在这样的环境中，孩子能够专注于学习，从而提高学习效率和学习质量。同时，家长不必因为担心孩子的居住环境而分散精力，可以将更多的时间和精力放到孩子的教育上，进一步促进孩子的全面发展。良好的居住环境有助于增强家庭的凝聚力和幸福感。当农民工家庭不再为居住条件担忧时，家庭成员之间的矛盾和冲突将会大大减少。和谐的家庭氛围有助于家长与孩子之间的沟通与互动，使孩子在关爱和陪伴中健康成长。同时，家庭和谐也为孩子树立了积极向上的榜样，培养了他们的家庭责任感和关爱他人的品质。良好的居住环境可以使家长有更多的时间和精力与孩子互动，从而加强亲子关系。在轻松愉快的氛围中，家长可以陪伴孩子一起读书、玩游戏、参加户外活动等，增进彼此的感情。这种亲密的亲子关系将为孩子的成长提供强大的情感支持，有助于培养孩子的自信心和积极心态。因此，有关部门应完善住房保障的政策和措施，政府和企业可以提供稳定的住所，如建设农民工公寓或提供住房补贴，确保农民工家庭有稳定的住所，为孩子提供一个稳定的家庭教育环境。

（四）制定相关制度，有效促进家庭教育

1. 建立和完善家庭教育反馈机制

随着社会对家庭教育的日益重视，如何建立有效的家庭教育反馈机制以提升家庭教育质量成为关键议题。首先，要建立家庭教育反馈机制，必须设立多元化的反馈渠道，如在线平台、电话热线、面对面访谈等，确保家长能够方便快捷地提供反馈意见。同时，应积极宣传反馈渠道，提高家长参与的积极性。为确保反馈的及时性和有效性，应定期开展反馈收集工作。可设立固定的反馈周期，如每季度或半年进行一次反馈收集，以便及时了解家庭教育中的问题。此外，可根据实际情况灵活开展专题反馈收集，针对特定问题深入了解家长的需求和意见。收集到反馈信息后，应进

行深入分析，提炼出家长关注的主要问题、意见和建议。分析过程需客观公正，挖掘问题的根源，为制订改进计划提供有力依据。基于反馈信息的分析结果，制订针对性的改进计划。改进计划应明确目标、任务和时间表，为后续实施改进措施提供指导。同时，改进计划需充分考虑资源、人员和预算的实际情况，按照改进计划逐一落实各项改进措施。在实施过程中，要注重与家长的沟通与协作，确保措施的有效性。如遇特殊情况需调整计划，应及时与家长沟通，获得理解和支持。为确保改进措施的有效执行，应对改进过程进行全程监督。可设立专门的监督小组或指定专人负责监督工作，定期检查改进措施的落实情况，及时发现并解决问题。同时，应定期向家长通报改进工作的进展情况。在改进措施实施一段时间后，应对其效果进行评估。评估可采用多种方式进行，如问卷调查、访谈、观察等。通过评估了解改进措施的实际效果，判断是否达到预期目标。同时，也要了解家长对改进工作的满意度。根据反馈信息的分析结果及改进措施的评估结果，不断调整和完善反馈机制。对行之有效的做法加以总结推广，对存在的问题进行深入剖析并寻求解决之道。通过持续完善，不断提升家庭教育反馈机制的效果和价值。

2. 对流动儿童的家庭教育实行补偿制度

对流动儿童的家庭教育实行补偿制度，旨在通过政府、学校和社区等多元主体的参与，为流动儿童提供更为公平的教育机会。这一制度的实施，有助于弥补城乡教育资源差距，确保流动儿童在家庭教育方面得到充分关注和支持，从而缩小教育不公的现象。确保教育资源的公平分配是实施补偿制度的前提。政府应加大对流动儿童聚集地区的学校投入，提升学校软硬件设施，确保流动儿童能够享受到优质的教育资源。同时，应合理配置教师资源，提高教师待遇，鼓励优秀教师到流动儿童聚集的学校任教。针对流动儿童的家长，应普及家庭教育知识，提升家长的教育意识和能力。通过开展家长培训、家庭教育讲座等形式，向家长传授科学的育儿理念和方法，帮助他们更好地履行家庭教育职责。同时，应关注家长在家庭教育中的心理健康问题，提供必要的心理支持和辅导。流动儿童在适应新环境的过程中，往往面临心理压力和困惑。补偿制度应关注流动儿童的心理关爱需求，建立健全心理辅导体系。学校和社区应设立心理咨询室，配备专业的心理咨询师，为流动儿童提供心理疏导和关爱。同时，鼓励家长积极参与孩子的心理辅导，增进亲子沟通与理解。

3. 制定流动儿童家庭教育宣传制度

制定流动儿童家庭教育宣传制度，通过有效的宣传，提高社会对流动儿童家庭教育的关注度，引导家长正确履行家庭教育职责，促进流动儿童的健康成长。首先，明确宣传的目标，即提高流动儿童家庭教育的社会关注度，增强家长对家庭教育的重视程度，传播科学的家庭教育理念和方法，解决流动儿童家庭教育存在的问题。确定宣传目标为后续宣传计划的制订提供了方向。根据宣传目标，制订具体的宣传计划。计划应包括宣传的时间安排、宣传渠道的选择、宣传内容的安排、资源的配置等方面的内容。宣传计划的制订要具有可行性和可操作性，以确保宣传活动的有序开展。宣传内容是宣传活动的核心，应围绕流动儿童家庭教育的特点来确定。内容应包括流动儿童家庭教育的现状与问题、家庭教育的重要性、科学的家庭教育理念和方法、成功案例分享等内容。宣传内容要具有针对性和实效性，能够引起社会的关注和家长的共鸣。选择有效的宣传方式是保证宣传效果的关键。可以利用多种媒体渠道进行宣传，如电视、广播、报纸、网络等。同时，结合线下活动，如家庭教育讲座、亲子活动、社区宣传等，形成全方位的宣传态势。根据目标受众的特点和宣传内容的要求，选择合适的宣传方式，这样能够更好地传递信息，达到预期的宣传效果。依据制订的宣传计划和选择的宣传方式，组织开展具体的宣传活动。活动应注重实际效果，确保信息的有效传递。在活动过程中，要注重活动的执行和协调，及时解决出现的问题，确保活动的顺利进行。通过组织有针对性的宣传活动，能够增强流动儿童家庭对家庭教育的重视和参与度。对宣传活动的效果进行评估是提高宣传质量的重要环节。评估可以从多个方面进行，如宣传覆盖面、目标受众反馈、社会反响等。通过评估，可以了解宣传活动的实际效果，总结经验教训，为后续的宣传工作提供改进依据。同时，定期对宣传内容进行更新和优化，以保持其时效性和吸引力。建立反馈机制也是评估的重要一环，通过收集目标受众的反馈意见和建议，对宣传内容和方式进行有针对性的调整和改进。

二、对父母的建议

随着城市化进程的加速，越来越多的家庭成了流动家庭。面对城市生活的挑战和不确定性，作为流动儿童的父母，在家庭教育中面临着诸多挑战。为了帮助流动儿童更好地适应城市生活，提高家庭教育质量，下面将从多个方面为流动儿童父母提供家庭教育建议。

（一）保证孩子接受正规教育

教育是改变命运的关键。尽管生活艰辛，父母应尽最大努力确保孩子接受正规教育，尽量送孩子到当地公立学校就读。首先，当地的公立学校通常拥有较为完善的教育设施和优秀的教师资源，可以提供更高质量的教育教学。此外，公立学校的教育费用相对较低，对于流动儿童家庭来说可能更容易被接受。其次，当地的公立学校可以提供更好的社交机会。流动儿童在公立学校可以结识更多的本地同学，拓展社交圈，更好地融入当地社会。再次，公立学校通常有更多的课外活动和社会实践机会，可以帮助流动儿童增长见识、锻炼能力。最后，公立学校通常有较为严格的管理规定和规章制度，可以帮助流动儿童养成良好的学习习惯和行为习惯。同时，公立学校也有更多的心理辅导和社会支持服务，可以帮助流动儿童解决一些生活和学习上的问题。

如果有困难，可以寻求学校、社区和其他资源的帮助。同时，父母也要关心孩子在学校的学习情况，了解他们的进步与困难。

（二）设定明确、合理的期望

父母应对孩子设定明确的期望，帮助他们明确自己的目标和方向。但期望应合理，符合孩子的实际情况和能力水平。流动儿童的父母不应该总把自己的孩子和城市本地儿童比较，给孩子设置太高的期望。每个孩子都是独特的，他们有自己的成长轨迹和发展速度。将孩子与他人比较可能会导致不必要的压力和焦虑，对孩子的心理健康产生负面影响。作为父母，应该关注孩子的兴趣、需求和个性，鼓励他们在自己的道路上发展。过高的期望可能会让孩子感到无法满足父母的期望，出现自卑、焦虑和压力等负面情绪。因此，父母应该根据孩子的实际情况和自身能力来设置合理的期望，给予孩子足够的支持和鼓励，让他们在成长过程中感到自信和快乐。过低的期望则可能让孩子缺乏动力。与孩子一起制订成长计划，帮助他们逐步实现自己的目标。父母应该鼓励孩子多尝试不同的活动和课程，帮助孩子发现自己的兴趣和优势，从而为孩子的未来发展打下坚实的基础。父母应该与孩子进行充分的沟通，了解孩子的想法和需求，根据孩子的反馈来调整期望，让孩子感受到父母的关爱和支持。同时，父母还要与孩子的老师和学校保持密切联系，了解学校的教育目标和资源，确保家庭的期望与学校教育相一致。

（三）创设良好的学习环境

创设一个稳定的学习环境，可以帮助流动儿童更好地适应新环境，保持学业上的连贯性和成功。确保孩子有一个安静、整洁的学习空间，让他们能够在不受干扰的环境中集中精力学习。在家中创设一个专用的学习空间。即使住处经常变动，也尽量保持这个区域的一致性和安静。这有助于孩子培养学习习惯和专注力。维护良好的组织和规划习惯，使用日历、计划表和储物工具帮助孩子管理学习资料和时间。尽管生活环境可能变化，但尽量保持一致的学习时间和学习习惯。鼓励孩子养成定时学习、合理安排时间等良好的学习习惯，这将有助于提高他们的学习效率。根据孩子的年龄和学习需求，为他们提供合适的学习材料，如书籍、文具和电子设备等。如果孩子有家庭作业方面的困难，父母应该给予适当的帮助和指导。与孩子一起定期回顾学习进度，了解他们的掌握情况，并根据反馈调整学习计划。同时，父母应该以身作则，树立好榜样，让孩子感受到学习的重要性。鼓励孩子提出问题，培养他们的好奇心和探索精神。总之，无论家庭如何移动，父母应努力营造一个充满爱、支持和安全感的家庭环境。这可以通过维持一致的日常规律和家庭传统来实现。

（四）培养孩子环境适应的能力

流动儿童可能会面对频繁搬家、适应新学校和建立新的社交关系等情况，这些经历可能会影响他们的情感稳定性和社交能力。因此，父母应教育孩子如何适应新环境，帮助他们发展应对变化的能力。在搬家前，与孩子讨论即将发生的变化，提供关于新地方的信息，如学校、社区活动和兴趣小组等，让他们有所期待和准备。教育孩子看到变化的积极面，如搬家、转学可以结交新朋友和学习新事物。尽管外部环境在变，但是家庭应成为提供情感支持和安全感的稳定基地。保持一些固定的家庭例行公事和传统，如共同的晚餐时间、周末活动等。鼓励孩子表达自己的感受，无论是积极的还是消极的，并提供必要的情感支持。鼓励孩子参与社交活动和团体游戏，帮助他们建立社交技能和自信心。鼓励孩子参与学校的社团和活动，这有助于他们快速融入和适应新环境。帮助孩子保持与旧朋友的联系，无论是通过社交媒体、通信还是偶尔的访问，这可以提供情感上的连续性。教育孩子自己解决问题和自我倡导，这对于他们在新环境中的生存和成功至关重要。利用各种教育资源和材料，帮助孩子适应学术上的变化和挑战。理解孩子适应新环境需要时间，对他们的感受给予耐心和同情。鼓励孩子参加社区活动和志愿者工作，让他们更好地了解和融入新环境。为孩子建立新的社交圈子，结交新朋友，形成良好的支持系统，增强他们对新环境的归属感。通过这些方法，流动儿童的父母可以帮助他们的孩子更好地适应新环境，提高他们的心理弹性和适应能力。

三、对社区支持和学校指导的建议

（一）社区对家庭教育的支持和帮扶

社区作为居民的生活共同体，在支持家庭教育方面具有天然的优势。社区应积极整合和提供适合流动儿童的教育资源，如图书馆、科技馆、博物馆等公共设施，以及线上教育资源的共享。同时，社区可以与周边学校、培训机构等合作，为流动儿童提供更多样化的教育服务。针对流动儿童的家庭教育需求，社区可以组织各种形式的家长培训活动，如育儿讲座、亲子沟通培训等，以提高家长的教育水平和能力。通过培训，帮助家长更好地履行家庭教育职责，促进流动儿童的健康成长。社区可以组织各种儿童活动，如亲子游戏、才艺比赛等，以增强流动儿童之间的互动和沟通。这些活动可以帮助流动儿童更快地融入新环境，提高他们的社交能力和自信心。流动儿童在适应新环境的过程中可能会面临心理压力和困惑。社区可以设立心理咨询中心或聘请心理咨询师，为流动儿童及其家庭提供心理支持和辅导。通过心理咨询，帮助家庭解决教育过程中的困惑和问题。社区应积极促进与流动儿童家庭之间的沟通和联系，了解家庭的需求和期望，并提供个性化的支持和帮助。通过建立社区家长会、定期家访等机制，让家庭更好地融入社区大家庭，增强归属感。流动儿童家庭可能面临经济困难，制约了他们的教育投入。社区可以设立经济援助计划，为有需要的家庭提供经济支持，减轻家庭的经济负担，确保流动儿童接受教育的机会。社区可以开展各种社会融入活动，如文化交流、语言学习等，帮助流动儿童家庭更好地了解和融入新环境。通过这些活动，增强家庭对新环境的适应性，促进家庭的社会融入。流动儿童家庭在城市生活中可能会面临各种法律问题，如权益保护、法律咨询等。社区可以设立法律援助中心或与法律机构合作，为流动儿童家庭提供法律支持和援助，帮助他们维护自身权益。

（二）学校对家庭教育的指导

学校作为教育的主阵地，在流动儿童家庭教育中扮演着重要的指导角色。学校应引导流动儿童家长认识到家庭教育在孩子成长中的关键作用，帮助家长树立正确的家庭教育观念，积极参与孩子的教育过程。学校可以开设家长沟通技巧课程，指导家长如何与孩子建立良好的沟通关系，促进亲子之间的理解和互动。学校可以为流动儿童家长提供学习方法的指导和建议，帮助家长辅导孩子的学习，提高孩子的学习效果和自主学习能力。学校可以引导家长关注孩子的心理需求，通过肯定和鼓励，培养孩子的自信心和自尊心，促进孩子全面健康成长。学校可以联合家长共同引导孩子树立正确的价值观，如诚信、尊重、责任等，使孩子成为有道德素养的公民。学校可以提醒家长关注孩子的心理健康状况，如有需要，学校可以提供心理支持和辅导，帮助孩子克服心理障碍。学校可以鼓励家长培养孩子的独立生活能力，如自理能力、社交能力等，帮助孩子更好地适应城市生活。学校应强化流动儿童家长的法治观念，引导家长遵守国家法律法规，保护孩子的合法权益。同时，学校还可以开展法治宣传教育活动，增强家长的法治观念。

第二节　针对留守儿童的家庭教育建议

一、针对留守儿童家庭教育的政策建议

（一）强化家长教育责任

政府和社会应强化家长在留守儿童家庭教育中的责任。政府应通过法律法规明确家庭教育的责任和义务。制定和实施相关法律法规，规定家长在孩子教育中的权利和义务，让家长明白自己在孩子成长过程中的重要角色。例如，可以出台相关政策，要求家长必须参与孩子的学习生活，并承担一定的教育任务。对于不履行教育责任的家长，应依法追究其法律责任。政府应加强对留守儿童家庭的监督和管理。建立健全监督机制，定期对留守儿童家庭的教育情况进行检查和评估。对于不履行教育责任的家长，应采取相应的措施进行纠正和处罚。同时，政府还可以建立举报奖励制度，鼓励社会各界对留守儿童家庭教育问题进行监督和举报。

（二）优化家庭教育环境

优化留守儿童家庭教育的环境是提高教育质量的必要条件。政府应加大对农村地区教育设施的投入，提高学校的教学质量和吸引力。建设安全、舒适的学习环境，配备必要的教育设施和教学资源，可以增加留守儿童就近入学的机会。同时，政府还应加强对农村学校的监督和管理，提高教学质量和安全性，为留守儿童提供更好的教育服务。政府应制定优惠政策，鼓励更多的人才到农村地区从事教育工作。提高农村教师的待遇和福利，提供更多的培训和发展机会，吸引更多的优秀教师到农村地区任教。同时，政府还可以实施教育援助计划，为贫困地区的学校提供额外的支持和帮助。政府应制定和完善相关法律法规，保障留守儿童家庭教育的权益。明确家庭教育的地位和作用，规范家庭教育的行为和标准。加大对侵害留守儿童家庭教育权益行

为的处罚力度，维护留守儿童的合法权益。同时，政府还应加强法律法规的宣传和普及工作，提高家长的法律意识和维权能力。

最后，政府应鼓励社会力量参与留守儿童家庭教育工作。通过制定税收减免、资金扶持等政策措施，鼓励企业、社会组织和个人为留守儿童家庭提供各种形式的支持和帮助。建立留守儿童关爱基金、志愿者组织等平台，吸引更多的人关注和参与留守儿童家庭教育。

（三）政府应建立完善的家庭教育指导体系

为了优化留守儿童家庭教育的环境，政府应采取措施建立完善的家庭教育指导体系。通过提供专业的指导和支持，帮助家长更好地履行教育职责，提高家庭教育的质量和效果。首先，政府应建立家庭教育指导中心。该中心可以由政府直接管理或委托第三方机构运营，为留守儿童家庭提供专业的指导和咨询服务。中心可以设立热线电话、微信公众号等渠道，方便家长随时寻求帮助。同时，中心还可以定期组织讲座、培训等活动，提高家长的教育水平和能力。其次，政府应加强学校在家庭教育指导中的作用。学校作为孩子接受教育的主要场所，与家长有着密切的联系。政府应鼓励学校开展家庭教育指导工作，通过开设家长学校、组织家长会议等形式，向家长传授正确的教育理念和方法。学校还可以邀请家庭教育专家、优秀家长等分享经验，提供实际操作建议。再次，政府应培训专业的家庭教育指导师。家庭教育指导师是专门从事家庭教育指导工作的人才，他们具备专业的知识和技能，能够为家长提供科学、有效的指导和建议。政府可以通过设立培训机构、开展培训课程等方式，培养一支高素质、专业化的家庭教育指导师队伍。同时，政府还可以制定相关政策，鼓励和支持社会力量参与家庭教育指导师的培训和认证工作。此外，政府应根据留守儿童家庭教育的实际情况和需求，制订科学、合理的工作计划和标准。明确家庭教育指导的目标、内容、方式、评价标准等，确保指导工作的规范化和有效性。同时，政府还应建立健全家庭教育指导工作评估机制，对指导工作进行定期评估和监督，及时发现问题并采取改进措施。

（四）拓宽农村留守儿童父母就业渠道

从根本上说，留守现象的存在是由于农民在当地就业机会较少，收入

185

不能满足日常生活需求等原因而形成的。因此，留守儿童的父母不得不背井离乡。拓宽农村留守儿童父母的就业渠道，使他们能在当地就近就业，可以一定程度地减少留守现象。政府可以通过引导和扶持当地特色产业和龙头企业，创造更多的就业机会，使留守儿童父母可以在家乡实现稳定就业。同时，可以鼓励和扶持农民工返乡创业，通过提供政策优惠和创业指导，促进农民工在家乡实现自主创业。政府可以加大对农村留守儿童父母职业技能培训的投入，根据当地产业需求和劳动力状况，开展有针对性的职业技能培训，提高他们的就业技能和竞争力。政府可以建立农村留守儿童父母就业信息平台，为他们提供及时、准确的就业信息和政策咨询，帮助他们更好地了解就业市场和就业机会。

二、对父母及监护人的建议

（一）与孩子保持定期沟通

对于留守儿童家庭而言，保持定期沟通是增进亲子关系、缓解孩子孤独感的重要方式。父母应尽可能多地与孩子交流，了解他们的生活和学习情况，关注他们的情绪变化。通过电话、视频通话等方式，保持与孩子的紧密联系，让孩子感受到父母的关爱和关注。同时，沟通中也可以给予孩子必要的指导和支持。父母定期回乡探望留守儿童不仅可以弥补孩子在情感上的缺失，增进亲子关系，还有利于孩子的教育和成长，促进家庭的和谐与社会稳定。因此，父母还应该尽力克服困难，合理安排时间和行程，定期回乡探望留守儿童，给予他们足够的关爱和陪伴。

（二）为孩子提供情感支持

情感支持是留守儿童最需要的支持之一。父母及监护人应给予孩子足够的情感支持，让他们感受到家庭的温暖和支持。在孩子遇到挫折或困惑时，耐心倾听他们的心声，给予积极的鼓励和安慰，帮助孩子树立信心，克服困难。同时，也要关注孩子的情感需求，鼓励他们表达自己的情感，培养他们的情感表达能力。父母及监护人对留守儿童最直接的情感支持就是表达关爱，让孩子感受到家庭的温暖和关注，让他们知道父母及监护人无时无刻不在关心着他们。无论是通过言语、行动还是其他方式，都要让孩子感受到被爱和珍视。

（三）引导孩子合理消费

留守儿童父母不亲自抚养、照顾孩子，他们在心理上会觉得有亏欠，往往会用金钱给予孩子补偿。由于父母不在身边，留守儿童的消费行为往往缺乏有效的监管和引导。这可能导致他们在消费时缺乏节制，甚至出现过度消费的情况。同时，由于缺乏父母的引导，留守儿童可能无法形成正确的消费观念和理财习惯。一些留守儿童可能因为缺乏情感上的关爱，试图通过物质满足来填补内心的空虚。他们可能会购买大量的玩具、零食等物品，以此来寻求心理安慰。父母应该教育留守儿童树立正确的消费观念，让他们明白消费的目的和意义。引导孩子理性看待物质需求，不盲目追求奢华和名牌，避免浪费和过度消费。同时，也要让孩子了解家庭的经济状况，培养他们的家庭责任感和节俭意识。父母应该帮助留守儿童制订合理的消费计划，让他们学会规划和管理自己的零花钱和压岁钱。通过制订计划，让孩子明白自己的消费目标和优先级，学会控制自己的消费欲望，培养他们的理财能力。父母可以鼓励留守儿童参与家庭经济管理，让他们了解家庭的经济状况和开支情况。通过参与家庭经济管理，孩子可以更加明白节约的重要性，并学会如何在家庭中成为一名负责任的成员。

（四）培养孩子独立性

由于父母长期在外务工，留守儿童缺乏足够的陪伴和关爱，无法得到父母的引导和帮助，导致他们在生活和学习中难以独立应对问题。有些留守儿童的监护人是年迈的（外）祖父母或亲戚，他们可能自身能力有限，无法给予孩子足够的照顾和引导。或者他们可能对孩子的教育和生活不够重视，导致孩子无法养成良好的独立性和生活技能。或者（外）祖父母往往会溺爱孩子，包办孩子的一切，导致其独立性差。因此，监护人让孩子独立完成一些力所能及的任务，例如家务、学习等。在完成任务的过程中，孩子会逐渐建立起自信心，认识到自己的能力和价值。当孩子遇到问题时，鼓励他们自己思考并寻找解决方案。监护人可以给予适当的指导和提示，但不要代替孩子解决问题。这样可以帮助孩子提高解决问题的能力，增强独立性。时间管理技巧对于独立性非常重要。教孩子如何规划时间，合理安排学习和娱乐时间，让他们学会在规定的时间内完成任务，并承担未按时完成任务的后果。让孩子参与家庭决策，听取他们的意见和想法。这样可以帮助孩子提高决策能力，增强自主性和独立性。鼓励孩子尝试新事物、探索未知领域并发挥创造力。这样可以激发孩子的兴趣和好奇心，促进他们独立思考和创新。自我控制能力是独立性的重要组成部分。教孩子如何控制情绪、抵制诱惑并保持耐心。通过与孩子的互动和交流，帮助他们培养自我控制能力。

（五）鼓励孩子参与活动，引导孩子合理社交

留守儿童可能会面临社交孤立的问题，鼓励他们参与各种活动是拓展社交圈、增强自信心的好方法。父母及监护人可以鼓励孩子参加兴趣小组、社区活动等，让孩子在集体中锻炼自己的人际交往能力。同时，也可以通过活动让孩子感受到集体的温暖和支持。社交能力对于孩子的成长至关重要。父母及监护人应引导孩子正确处理人际关系，培养他们的社交能力。教育孩子尊重他人、关心他人、学会与人沟通和合作；鼓励孩子参加集体活动和社交活动，拓宽人际关系。同时，也要留意孩子的社交动态，防止他们与不良伙伴接触或受到不良影响。保证孩子安全是每个家庭的首要任务。监护人应确保留守儿童生活的环境安全无忧。注意家里的安全隐患，教授孩子基本的自我保护知识和技能；留意孩子的行踪，避免他们处于危险的环境中；教育孩子遵守法律法规，树立正确的价值观和行为准则。

三、对学校和教师的建议

学校教师应该与留守儿童的家长保持密切联系，建立有效的沟通渠道。通过定期的家访、电话、短信等方式，了解孩子在家庭中的生活和学习情况，与家长共同探讨教育方法，促进孩子健康成长。学校教师应该关注留守儿童的学习习惯，积极引导他们树立正确的学习态度和方法。教师可以布置适量的家庭作业，指导孩子合理安排学习时间，培养他们的自主学习能力。同时，教师还应该鼓励孩子多读书、多思考、拓展知识面，提

高综合素质。学校教师应该关注留守儿童的心理健康，与他们建立信任关系，倾听他们的心声，了解他们的困惑和需求。教师可以开展心理健康教育活动，引导孩子正确面对生活中的挑战和压力，培养他们的积极心态和情绪管理能力。学校教师可以教授留守儿童一些基本的生活技能，如洗衣、做饭、整理房间等。这些看似简单的技能，对于孩子的成长非常重要。通过学习生活技能，孩子可以更好地照顾自己，提高独立生活的能力。学校教师可以鼓励留守儿童的家长多与孩子进行互动，增进亲子关系。教师可以安排一些亲子活动，如家长会、亲子运动会等，让家长和孩子共同参与，增加彼此的了解和沟通。随着互联网的普及，网络已经成为留守儿童生活的一部分。学校教师应该引导孩子恰当使用网络，避免沉迷其中。教师可以与孩子一起制订上网规则，教授他们如何正确使用网络资源，培养他们的网络素养和自我保护意识。学校教师应该注重培养留守儿童良好的行为习惯，如文明礼貌、尊老爱幼、遵守公共秩序等。教师可以通过日常的教育教学活动，引导孩子树立正确的价值观和道德观念，让他们成为有品格的人。学校教师可以鼓励留守儿童参与社会活动，如志愿者服务、社区文化活动等。通过参与社会活动，孩子可以拓宽视野、增强社会责任感，提高人际交往能力。同时，这些活动也可以为孩子提供展示自己的平台，增强自信心。学校教师应该加强对留守儿童的法治教育，让他们了解基本的法律法规和社会规范。教师可以组织法律知识讲座、模拟法庭等活动，让孩子树立法治意识，学会用法律维护自己的权益。学校可以定期开展家长教育指导活动，针对留守儿童家庭教育的特点和方法进行宣传和教育。教师可以通过讲座、沙龙等形式与家长分享教育心得和教育方法，帮助家长更好地承担家庭教育责任。同时，也可以开展家庭教育咨询活动，为家长提供个性化服务指导和帮助解决家庭教育中的问题。这些措施可以加强学校与家庭之间的联系和合作，共同促进留守儿童的健康成长和发展。

第三节　针对离异家庭儿童的家庭教育建议

近年来，离异家庭儿童的教育问题越来越受到社会的关注。由于家庭结构的特殊性，离异家庭儿童在成长过程中可能会面临更多的挑战和问题。因此，为了帮助这些孩子健康快乐地成长，提出以下一些针对性的家庭教育建议。

一、给社会的建议

（一）社会应给离异家庭提供法律咨询

离异涉及许多法律问题，如财产分割、抚养权和探视权等。因此，为离异家庭提供法律咨询是十分必要的。法律咨询可以帮助离异家庭成员了解自己的权利和义务，维护自己的合法权益，减少不必要的纠纷。专业人士还应当提供全面和实用的法律建议，帮助离异家庭解决实际问题。这包括但不限于财产分割、抚养权和探视权、赡养费、家庭暴力等方面的法律问题。在提供咨询服务时，专业人士应当充分了解客户的需求和情况，并根据法律法规和相关判例给出合适的建议和解决方案。

同时，法律咨询服务应该包括对法律的宣传。在《中华人民共和国民法典》中关于夫妻双方离异后子女的抚养、教育问题都有明确的规定，但在访谈中发现，很多夫妻并不清楚这些法律规定，出现离异后抚养孩子一方拒绝另一方探视孩子，给孩子带来二次伤害的情况。因此，社会应该加强有关法律的宣传工作。

（二）社会应该加强对离异家庭的心理支持

离异家庭成员可能会经历悲伤、愤怒、焦虑和抑郁等负面情绪。因此，心理疏导是帮助他们缓解情绪的重要手段。专业的心理咨询师可以通过谈话、倾听和引导等方式，帮助家庭成员释放情绪，调整心态，重新建立积极的生活态度。通过家庭治疗帮助离异家庭成员一起探讨和解决他们的问题，改善家庭关系，提供一个安全的空间来讨论和解决冲突。社区可以组织团体活动促进离异家庭成员之间的沟通和交流，增强彼此之间的联系和支持。例如，可以组织亲子活动、友谊聚会或户外拓展等，让家庭成员在轻松愉快的氛围中相互了解和关心。这有助于减轻他们的孤独感和焦虑情绪，增强他们的社交能力。

心理测评可以帮助离异家庭成员了解自己的心理状况，发现潜在的心理问题并及时采取措施进行干预。通过专业的心理测评工具和方法，可以评估家庭成员的情绪状态、认知能力和性格特点等情况，并提供相应的指导和建议。这有助于提高他们的心理健康水平，促进他们更好地应对生活中的挑战和困难。

（三）社会应该为离异家庭提供经济支持

离婚往往会导致家庭经济状况的恶化，特别是对于那些没有稳定经济来源的家庭。政府和社会组织应该提供就业援助、福利支持和税收减免等措施，以帮助这些家庭改善经济状况。孩子的幸福取决于父母自身的幸福。离婚作为重大生活应激事件对夫妻双方都会带来极大的伤害，社会应给予关心和支持。特别是要帮助单亲母亲。她们可能会面临经济窘迫、居无定所、独自承担家务和孩子教育的重任，生活中缺乏安全感、亲子关系困惑、社交孤立、再婚困难等多种生活压力。社会应该加强对离异单亲母亲的支持和关爱。可以提供经济援助、心理辅导、亲子关系教育和社交支持等方面的服务，帮助她们克服困难，更好地抚养孩子健康成长。同时，社会应该消除对离异单亲家庭的歧视和偏见，让她们能够得到公正的待遇和尊重。社会工作者也可以给她们提供社会服务，协助单亲母亲获得财政支持、住房支持和其他资源，以改善她们的生活状况。

（四）社会要改变对离异家庭的态度

现代社会对离异家庭持有过多的偏见，这种态度不仅不公平，而且也会给离异家庭成员带来不必要的压力和困扰。首先，社会应该认识到离异家庭并不是失败的家庭。离婚是一种个人选择，有时候是夫妻双方为了结束痛苦的婚姻而做出的决定。这并不意味着家庭就失败了，父母仍然是孩子的监护人和抚养人，他们将继续为孩子的成长提供关爱和支持。其次，社会应该尊重离异家庭成员的选择和权利。离婚是一种合法的法律程序，夫妻双方都有权选择是否离婚。社会不应该对离异家庭成员持有歧视或偏见，而是应该尊重他们的选择和权利，给予他们平等的机会和待遇。尤其是大众媒体应该采取更宽容和更理解的态度。他们应该关注离异家庭成员面临的挑战和困难，也要强调他们如何克服困难、重建生活以及获得幸福和满足感的过程。同时，媒体应该避免过分强调离异家庭的负面信息，以免加剧社会对他们的歧视和偏见。

总之，社会应该改变对离异家庭的态度，以更加宽容、理性和支持的方式看待离异家庭成员。他们不是失败者，而是普通人面临着复杂的人际关系和情感问题。通过社会的支持和关爱，离异家庭成员能够克服困难、重建生活，并获得幸福和满足感。这将有助于促进社会的和谐与稳定，让每个人都能够得到公正的待遇和尊重。

二、给学校、教师的建议

离异家庭子女大多还处于未成年阶段，正是接受教育的关键时期。在离异家庭中有些父母有可能不知道如何应对家庭变故带来的压力及教育子女的问题，离异家庭子女极容易受到心理创伤和情绪困扰，还有可能在同伴群体遭遇不公平的对待和歧视。学校应加强对离异家庭父母的家庭教育指导，创设一种平等、友爱、和谐的教育氛围，使离异家庭儿童摆脱困扰，重新树立自尊、自信，并健康成长。

（一）营造和谐的教育环境

离异家庭儿童是学校教育不可忽视的一个特殊群体，学校应努力创造一个平等和谐的教育环境，为离异家庭儿童提供充分的关注和支持。首先，教师应对所有学生一视同仁，避免对离异家庭儿童产生歧视或偏见。同时，教师应尊重学生的隐私权，不要将他们的家庭情况随意泄露给他人。教师应该始终秉持平等对待的原则，不因学生的家庭背景而有所偏颇。同时，要具有包容心，理解离异家庭儿童可能存在的特殊需求和情感波动，给予他们更多的关心和支持。其次，教育学生尊重每个人的家庭背景和生活经历，不歧视或排斥离异家庭儿童。学校应当营造一个平等和谐的教育环境，让每个学生都能够自由地发展和成长。同时，也要教育学生树立正确的价值观和人生观，强调努力、奋斗和积极向上的精神。帮助学生理解家庭状况并不是决定个人价值的唯一因素，每个人都有无限的可能性和潜力。

（二）学校可以协助离异家庭设计和实施家庭活动

离异家庭子女和父母之间由于长期分离，缺少和父母或父母之间的沟通和互动，离异家庭的学生在情感和社会发展方面可能面临特殊挑战。为了弥补家庭结构的缺失，学校可以发挥重要作用，尤其是通过设计和实施家庭活动来增进家庭成员之间的互动和感情交流。通过共同参与活动，家庭成员可以更好地理解彼此，增强家庭的凝聚力。活动可以提供一个平台，让家庭成员分享彼此的感受和经历，加深相互之间的理解和亲近感。家庭活动可以帮助家庭成员更自然地表达情感，减少沟通障碍。共享的活动和经验可以为家庭创造积极的回忆，帮助他们在困难时期保持乐观和坚强。这些回忆也可以成为家庭成员之间情感联系的纽带。在家庭活动中，每个家庭成员都可以扮演不同的角色，承担不同的责任。这有助于增强孩子们的责任感和协作能力，同时也能让父母看到孩子成长和发展的不同方面。学校可以为家长提供有关如何设计和实施家庭活动的资源和建议，例如活动策划指南、在线课程或工作坊等。如果某些活动需要特定的技术支持或设备，学校也可以提供必要的资源或建议，以确保活动的顺利进行。

（三）学校对离异家庭父母进行家庭教育指导

和普通家庭相比，离异家庭在家庭教育方面可能面临更大的挑战，尤其对那些缺乏教育经验和知识的父母来说。离异家庭的父母自身可能正面临情绪波动、焦虑、抑郁等问题，这使得他们难以保持稳定的情绪和心态去教育和引导孩子。一些父母可能没有接受过良好的家庭教育或育儿培训，不知道如何有效地与孩子沟通、如何设定合理的期望、如何提供适当的指导和支持。由于离异夫妻之间的矛盾和紧张关系，他们可能难以与孩子进行开放、坦诚的沟通，这阻碍了父母了解孩子的需求和问题，也影响了家庭教育的效果。学校通过家庭教育指导，可以帮助学生及其家长更好地理解彼此的情感需求，提供积极的情感支持和疏导。这有助于建立稳定的情感基础，促进学生健康成长。学校可以传授给家长正确的教育方法和技巧，提高他们的教育能力。家长在获得有效的教育技巧后，能够更好地指导和支持孩子的学习和发展，促进家庭教育和学校教育的有效衔接。学校也可以为家长提供与孩子沟通的技巧和方法，促进家庭成员之间的良好沟通。这样能够增强家庭教育的针对性和有效性，形成家校共育的良好局面。学校应该提供应对冲突的指导，帮助学生及其家长学会妥善处理家庭矛盾和冲突。这包括教授冲突解决的技巧、协商谈判的能力以及非暴力沟通的方式，以促进家庭和谐与稳定。同时，学校通过引导家长正确对待离异家庭的生活和孩子的教育问题，帮助家长树立正确的价值观和家庭教育观念。

（四）学校应对离异家庭学生提供心理辅导

离异家庭儿童在面对家庭变故时，往往面临较大的心理压力和困扰。为了帮助这些孩子应对心理挑战，更好地适应家庭和学校环境，学校应当提供专业的心理辅导。离异家庭儿童在面对家庭变故时，容易出现情绪波动和困扰。因此，学校应当关注学生的情绪状态，提供有效的情绪疏导。通过引导学生表达自己的感受、倾听学生的心声、给予情感支持和理解，帮助学生调节情绪，保持稳定的心态。沟通是建立良好人际关系的基础。学校应当教会离异家庭儿童有效的沟通技巧，让他们更好地与家人、同学和教师沟通交流。这包括学会倾听、表达观点、解决问题和冲突处理等技能，以促进学生的社会适应能力。自我认知是个体对自己和自己与周围环境关系的认识。学校应当帮助离异家庭儿童了解自己的性格、兴趣、价值观和目标，提高自我认知能力。通过引导学生反思自己的行为和情感，让他们更好地理解自己，从而更好地应对生活中的挑战。家庭关系对离异家庭儿童的心理状态有重要影响。学校应当关注学生的家庭状况，引导他们正确处理与家人的关系。通过家庭联系与沟通、家长教育和亲子活动等途径，增强家庭成员之间的理解和支持，促进家庭关系的和谐发展。离异家庭儿童在面对家庭变故和社会压力时，需要学会有效的应对方法。学校应当教会学生应对压力的技巧，如深呼吸、放松训练和积极思考等。通过培养学生的应对能力和增强心理韧性，帮助他们更好地应对生活中的挑战和困境。心理韧性是指个体在面对逆境和压力时所表现出的适应能力和恢复能力。学校应当注重培养离异家庭儿童的心理韧性，让他们学会从挫折中汲取力量、适应变化并持续成长。通过设置挑战和逆境情境、鼓励学生积极参与解决问题和克服困难的活动，提高学生的心理韧性和适应性。学校还应该提供自尊教育的指导，帮助学生建立健康的自尊心。这包括肯定和鼓励学生的努力和成就，教授自我认知和自我评价的技巧，以及提供机会让学生展示自己的才华和优点。通过建立自尊，学生能够更好地应对挑战和困难，树立积极的人生态度。

三、针对离异家庭父母的家庭教育建议

离异家庭的特征是多方面的，包括家庭结构不完整、父母关系紧张、孩子情感缺失、社会关系受损等，这些特征会对孩子的身心健康和成长产生不良的影响。因此，离异父母更应该关注和关爱孩子，尽最大的努力减少家庭结构破裂给孩子带来的伤害。

（一）给孩子提供稳定的家庭环境

离异家庭的生活环境可能会发生变化，但父母应尽力为孩子提供一个相对稳定的生活环境。确保孩子的基本生活需求得到满足，如饮食、居住和教育的稳定性。在可能的情况下，尽量减少生活环境的剧烈变化，以免对孩子造成过大的心理压力。因此，离异父母在争夺孩子的抚养权时，应该考虑的是孩子的最佳利益，而不是自己的私欲。如果离异父母只是为了满足自己的私欲而争夺孩子的抚养权，这不仅会对孩子造成伤害，还会破坏家庭的和谐与稳定。孩子在这个过程中可能会感到被忽视或被利用，对他们的心理健康产生负面影响。因此，离异父母在争夺孩子的抚养权时，应该遵循法律程序和规定，同时以孩子的最佳利益为出发点，理性地处理问题。如果父母能够放下自己的私欲，以孩子的利益为重，那么他们将能够更好地共同照顾孩子，为孩子创造一个和谐、稳定的成长环境。

（二）保持沟通与理解

离异父母与孩子经常沟通是非常重要的。虽然离异父母之间可能存在

矛盾和分歧，但为了孩子的利益，他们需要保持经常的沟通，以确保孩子能够得到足够的关心和照顾。通过沟通，离异父母可以了解孩子的生活状况、学习情况、情感需求等方面的信息，并共同制订抚养计划，确保孩子得到充分的关注和支持。此外，离异父母也可以通过沟通解决彼此之间的矛盾和问题，以避免对孩子造成不必要的困扰和伤害。离异家庭的父母应保持开放和坦诚的沟通，以便更好地理解彼此的教育理念和方法。在孩子面前展现出平和、理性的一面，避免在孩子面前争吵或冷战。通过良好的沟通，父母可以共同为孩子创造一个稳定、和谐的家庭环境。

但要注意的是，在沟通时应尊重对方的意见和想法，不要攻击或指责对方；以孩子的利益为出发点，共同探讨如何更好地照顾孩子；避免在孩子面前争吵或争执，以免对孩子造成负面影响。

（三）切勿将孩子卷入大人纷争

离异家庭的父母应避免将孩子牵扯进自己的纷争和矛盾中。尽管父母之间的矛盾不可避免，但应尽量避免让孩子承受过多的压力和负面情绪。父母可以私下处理自己的问题，并确保在孩子面前展现出成熟和理性的态度。无论孩子与哪一方更为亲近，他们都应该被教导保持中立，不偏袒任何一方。父母之间的问题和纷争与孩子无关，他们不应该被迫选择站队或承受压力。父母应该以清晰、明确的方式与孩子沟通，解释发生的事情。避免使用过于复杂或情绪化的语言，以免让孩子感到困惑和不安。同时，父母应该尊重孩子的感受，如果孩子表现出对某一方的抵触或不满，应认真倾听并试图解决问题，而不是强迫他们接受。

（四）确保孩子得到足够的关爱

无论离异后的情况如何，父母双方都有责任教育孩子尊重对方。让孩子知道即使父母分开了，他仍然拥有爱他的父母。父母应该经常向孩子表达爱意，告诉他无论发生什么，他都是被爱和珍视的。无论孩子与哪一方住在一起，都应该让他感受到家的温暖和安全感。即使在面临诸多困难和挑战的情况下，父母也要尽力给予孩子足够的关注和爱护。通过亲密互动、关心询问和情感支持等方式，让孩子感受到父母的爱和关心。同时，应鼓励孩子参与家庭活动，增强家庭的凝聚力。孩子可能会经历各种情绪波动，如悲伤、愤怒、焦虑等。父母应该关注孩子的情感需求，倾听他们的感受，并提供情感支持。同时，父母也应该鼓励孩子表达自己的情绪，与他们建立开放和诚实的沟通渠道。即使在离异后，父母也可以与孩子一起创造愉快的回忆。这些回忆可以帮助孩子缓解压力，促进他们的心理健康。例如，一起旅行、参加家庭活动、共度节日等。

（五）协助孩子理解家庭变化

离异家庭的孩子可能需要一些时间来适应家庭的变化。父母应当耐心地与孩子沟通，向他们解释家庭变化的原因和影响。通过温和、易懂的语言，帮助孩子理解家庭变化的必然性和必要性，减轻他们的困惑和焦虑。同时，离异家庭的父母应鼓励孩子表达自己的意见和感受。尊重孩子的个性和需求，鼓励他们积极参与家庭决策，提高他们的自我意识和责任感。同时，认真倾听孩子的想法和意见，给予他们充分的表达机会，培养他们的沟通能力和自信心。

（六）给重组家庭的建议

在重组家庭中，有效的沟通是建立和谐关系的基石。家庭成员之间应保持开放、诚实的对话，分享各自的感受和期待。不仅要关注自己的需求，也要理解他人的需求。定期举行家庭会议，让每个家庭成员都有机会表达自己的观点，是提高沟通效果的一种有效方式。明确家庭规则是重组家庭的另一个重要任务。这些规则应涵盖日常生活习惯、财务处理、节假日安排等方面。规则的制定应遵循公平公正的原则，每个家庭成员都应有机会参与讨论和决策。明确的规则有助于减少误解和冲突，促进家庭的和谐。家庭价值观的统一对于重组家庭的稳定至关重要。在日常生活中，家庭成员应尊重并践行共同的价值观。例如，鼓励孩子尊重长辈、重视家庭和谐、追求个人成长等。通过共同的活动和经历，可以帮助家庭成员更好地理解和接受彼此的价值观。在重组家庭中，平等和公正地对待每个成员是至关重要的。无论年龄、性别或背景，每个家庭成员都应享有同等的权利和机会。家长在处理家庭事务时，应避免偏袒或忽视某个孩子，努力做到公正无私。通过这种方式，可以建立起一个互相尊重、和谐共处的家庭环境。财务问题是重组家庭常见的矛盾之一。保持财务透明是建立信任和减少冲突的关键。家庭成员应共同制订预算，明确各项支出。鼓励每个家庭成员参与家庭财务管理，了解家庭的财务状况。这样做不仅有助于保持家庭和谐，更有助于培养孩子的理财观念。通过共同的活动和经历，可以增强重组家庭的凝聚力。选择适合全家的活动，如户外运动、看电影、聚餐等，让每个家庭成员都能参与其中，享受家庭的欢乐时光。这些共享的活动有助于加强家庭成员之间的联系，促进彼此的了解与信任。

四、社区对离异家庭儿童的家庭教育支持

离异家庭的孩子可能会面临情绪困扰，如悲伤、不安、愤怒等。社区应提供心理支持服务，如心理咨询、沙盘游戏、绘画治疗等，以帮助孩子解决这些情绪问题，让他们能够更好地面对家庭变化的挑战。社区可以通过讲座、工作坊、亲子教育课程等形式，引导家长建立正确的教育观念，理解孩子的需求，尊重孩子的个性，并掌握有效的沟通技巧和教养方法。亲职教育是帮助家长更好地履行家庭教育职责的教育。社区可以开设亲职教育课程，教授家长如何与孩子建立良好的关系，如何处理孩子的行为问题，如何促进孩子的学习与发展等。通过组织各种亲子活动，如户外探险、亲子运动会、手工制作等，增加家庭成员间的互动机会，增强家庭的凝聚力，帮助孩子更好地适应家庭变化。社区可以整合和链接各种社会资源，如教育机构、文化中心、健康服务机构等，为离异家庭儿童提供更多的教育机会和资源，满足他们的学习和发展需求。社区还可以建立一个信息交流平台，让家长们可以分享彼此的经验、心得和资源。这有助于家长们在育儿过程中相互学习、互相支持，共同进步。离异家庭中，家长了解相关法律知识和自身的权利与义务至关重要。社区可以组织法律宣传活动或讲座，帮助家长了解相关法律法规，维护自身和孩子的权益。此外，社区应建立健全有效的监督机制，对离异家庭的家庭教育进行监督。如果发现儿童受到家庭暴力或其他形式的虐待，应立即采取措施提供援助和保护。同时，积极开展预防家庭暴力的宣传和教育活动，提高家长和孩子的自我保护意识。

第四节　针对贫困儿童的家庭教育建议

一、对贫困儿童家长的家庭教育建议

贫困家庭的环境可能导致孩子的心态受到影响。家长应关注孩子的心理健康，鼓励他们正面思考，培养积极向上的心态。

（一）父母不要经常在孩子面前"哭穷"

父母不应该经常对孩子"哭穷"。孩子可能会因为听到父母的哭诉而感到压力和焦虑，担心家庭的经济状况，从而影响他们的心理健康。父母经常"哭穷"可能会让孩子对自己的期望有所限制，认为自己无法追求更好的生活或学习机会，影响他们的个人发展。孩子可能会因为父母的"哭穷"而感到自卑或低人一等，影响他们的自尊心和自信心，对未来的成长和发展产生负面影响。父母的"哭穷"可能会导致孩子对金钱产生不正确的观念，如过分节俭或对物质享受过分追求等。这对孩子未来形成正确的消费观念是不利的。

综上所述，父母应该尽量避免经常对孩子"哭穷"。而应该采取积极的态度，鼓励孩子追求自己的梦想和目标，并为他们提供必要的支持和帮助。同时，也要关注孩子的心理健康，帮助他们建立正确的价值观和生活态度。

（二）满足儿童合理的需要

儿童是社会未来的希望，他们有权获得足够的营养、衣物、住所和教育等基本生活条件。父母有责任确保这些基本需求得到满足，为孩子提供一个稳定和健康的生活环境。父母在物质上太抠门可能会对孩子的发展造成一定的负面影响。孩子可能因为无法满足物质需求而感到自卑或低人一等，进而影响自信心的发展。孩子可能会因为家庭经济条件有限而难以参与社交活动或与同龄人交往，从而产生社交障碍。孩子可能会对金钱产生不正确的观念，认为金钱是生活中最重要的东西，从而影响价值观的形成。孩子可能因

为家庭经济状况而感到不安，导致对未来充满担忧和焦虑。

作为父母，应该适度满足孩子的合理需求，避免因过分苛刻而影响孩子的成长和发展。同时，父母应该关注孩子的情感需求，提供安全稳定的家庭环境，帮助孩子树立正确的价值观和生活态度。

（三）家长应改变自身的应对方式

父母应该调整消极的思维方式，学会以乐观的心态面对生活中的困难和挑战。树立积极向上的心态，以榜样力量鼓励影响孩子，帮助他们培养积极的人生态度。贫困家庭父母应该学会与孩子进行有效沟通，了解孩子的需求、情感和困惑。在与孩子交流时，尽量保持耐心、理解、尊重，让孩子感受到父母的支持和关爱。父母应该尽力为孩子提供良好的教育环境，了解当地的教育政策，寻求政府和社会组织的帮助，如教育补贴、奖学金等。同时，积极参与社区的教育活动，拓展孩子的教育机会。父母可以鼓励孩子参加一些社区活动或志愿者服务活动，培养孩子的社会责任感和团队合作能力。通过参与社会活动，孩子可以拓展人际关系，增强自信心和适应能力。

总之，父母在日常生活中应展现积极向上的生活态度、勤俭节约的品质、关爱他人的行为等正面价值观和行为习惯。通过自身的行动影响孩子，帮助孩子树立正确的价值观和人生观。

（四）父母应保持家庭经济的稳定性

作为家长，关键是努力增加家庭收入。可以考虑找兼职工作、做小生意或寻求其他合法的增加收入的方式，以确保家庭的经济稳定性。这不仅可以改善家庭的经济状况，也可以为孩子提供更好的生活和学习条件。父母应该制订明确的家庭预算，合理规划家庭开支，确保孩子的基本生活需求得到满足。同时，要尽可能节约开支，降低生活成本，提高家庭的经济稳定性。教育是贫困家庭孩子摆脱困境的重要途径，因此父母应该合理安排教育开支。在家庭预算中预留一部分资金用于孩子的教育支出，包括学习材料、课外辅导等。贫困家庭可以寻求政府、慈善机构和社区等组织的社会援助，以缓解经济压力。了解相关的救助政策和福利项目，申请合适的资助或援助，为家庭提供额外的支持。

二、给学校和社区的建议

（一）提供心理咨询和心理疏导服务

贫困家庭儿童可能面临心理压力和困扰。学校应提供心理咨询和心理疏导服务，提供专业的心理支持，帮助他们应对心理压力，恢复健康的心理状态。同时，要定期开展心理健康教育活动，提高学生对心理健康的认识。制作宣传资料，普及心理健康知识；组织心理健康主题活动，营造积极向上的校园氛围；与家长建立合作关系，共同关注学生心理健康；定期举办家长会，分享学生心理健康状况；提供家庭教育指导，帮助家长提高育儿能力。

（二）提供必要的学习资源

学校应该提供必要的教学设施，如图书馆、实验室、多媒体教室等，以支持贫困儿童的学习。同时，应该定期更新和维护教学设施，以确保其能够满足教学的需要。针对贫困儿童的实际情况，学校应该优化课程设置，注重基础知识的传授和实践能力的培养，以提高他们的学习效率和学习质量。同时，应该根据贫困儿童的特点，开展有针对性的教学，帮助他们更好地掌握知识和技能。学校可以设立补习班和辅导中心，为贫困儿童提供额外的补习和辅导服务，帮助他们缩小知识上的差距，提高学习水平。学校可以组织开展各种社会实践活动，如志愿服务、社会调查等，让贫困儿童有机会接触社会、了解社会，培养他们的社会责任感和实际操作能力。

（三）社区应加强对贫困儿童家庭教育的帮扶

社区设立社区图书馆或阅览室，提供适合儿童阅读的书籍和资料。引入网络教育资源，如在线课程、学习网站等，以适应现代化教育的需求。购置或租赁教育设施，如电脑、投影仪等，为贫困家庭提供必要的学习工具。定期举办家长教育讲座，提高家长的教育意识和能力。开展家庭教育指导课程，帮助家长掌握科学的教育方法和技巧。邀请教育专家或优秀家长分享经验，鼓励家长之间的交流与合作。建立心理支持小组，让家庭成员相互倾诉、分享经验，共同进步。鼓励志愿者参与学习辅导，为贫困儿童提供额外的指导和帮助。建立学习互助小组，让贫困儿童之间相互学习、共同进步。建立社区信息平台，发布关于教育政策、招生信息、奖学金等方面的资讯。举办信息交流活动，让家庭成员了解最新的教育动态。设立信息咨询点，为家庭成员提供及时、准确的信息咨询和解答服务。组织社区活动，促进贫困家庭与其他家庭之间的交流与互动，减少隔阂和歧视。设立社区互助小组，让家庭成员参与其中，培养互帮互助的精神。为贫困家庭提供必要的社区服务，如托儿接管、老人照料等，减轻家庭负担。

（四）社区应尽力提高贫困家庭的人力资本

较低的人力资本是导致家庭贫困的一个重要因素。首先，较低的教育水平是导致家庭贫困的重要因素之一。由于缺乏良好的教育资源和机会，贫困家庭子女在知识获取、技能培养和未来就业等方面面临诸多困难。这不仅限制了他们的职业发展，还可能使家庭陷入贫困的恶性循环。其次，健康状况也是影响家庭贫困的关键因素之一。贫困家庭往往难以负担医疗保健费用，导致家庭成员的健康状况较差。长期处于疾病困扰下，个体的劳动能力和生产效率会受到严重影响，进一步削弱了家庭的经济基础。此外，培训与进修也是提升人力资本的重要途径之一。贫困家庭的经济困境可能限制了家庭成员接受培训和进修的机会，使他们难以有提升职业技能和知识水平的机会。这使得他们在劳动力市场上竞争力不足，增加了长期贫困的风险。

因此，提升人力资本对于打破贫困恶性循环、促进社会公平和经济发展具有重要意义。政府和社会应该加大对贫困家庭的支持力度，提供更多的教育、医疗和培训资源，帮助他们提升自身能力，摆脱贫困困境。同时，鼓励企业和社会组织积极参与扶贫工作，为贫困家庭提供更多的发展机会和就业支持。通过全社会的共同努力，我们一定能够实现贫困家庭的减少和人力资本的提升，推动社会的繁荣与进步。

第六章　处境不利儿童的个案研究

　　为了对处境不利儿童的内心世界有一个真实、充分的了解，也便于更准确地勾画出流动儿童、留守儿童、父母离异儿童、贫困家庭儿童的心理发展以及突出的心理问题，我们选取了部分典型的、有代表性的案例呈现给读者。在每一类案例中，我们分别呈现成功的和失败的两种案例，进行对比，并对案例进行分析，最后提出一些针对个案的家庭教育建议。希望通过对这些案例的分析能够加深读者对处境不利儿童的认识和了解，也为帮助更多的处境不利儿童提供参考。

第一节　流动儿童案例

案例一：

一、个案基本情况

　　（一）基本信息：小伟，男，初一年级，就读于江苏省某公立初中。

　　（二）家庭情况：该流动儿童家庭来自河南某农村，家庭经济状况一般，父母起初在某工厂打工，小伟有一姐姐也是流动儿童，但已经初中毕业。全家租住在三十平方米的房屋中。后父母辞职经营一家快餐店，父母也较重视孩子的教育问题，但由于工作繁忙，起早贪黑，顾不上孩子的教育，亲子关系也不是很好。

　　（三）教育经历：该儿童在小学阶段就开始了流动生活，先后转学多次，没有接受过系统、连续的教育。由于户籍的原因，起初父母非常希望他能回到老家接受教育，但其爷爷突然离世，奶奶年迈，一人无力抚养，又由于父母都要打工才能保障家庭收入，因此刚入学时，父母把他送入居住地一农民工子弟学校就读，该学校是私立寄宿制的。但在三年级时，发现孩子脾气暴躁，学习成绩也非常糟糕，出现了问题行为。父母为了他的教育问题辞职后经营一家快餐店，也有更多的时间照顾孩子，同时也把他转入到当地一公立小学就读。后来由于父母生意的问题，需要转到山东生活，也把他带到山东就读。但在当地公立小学，小伟无法与当地儿童友好相处，始终很难融入当地生活的圈子里，后来父母把他寄养在老家一亲戚家中，他在老家农村一公立学校就读。不到半年时间，孩子无法适应老家的生活，出现了非常严重的情绪问题，暴躁易怒，情绪反复无常，父母又把他带回身边生活。后父母生意失败，在六年级时，父母又把他带回江苏原打工地进厂打工，他在当地一公立小学就读，小学毕业后，进入当地一公立初中就读。

（四）心理健康状况：该流动儿童由于生活一直不太稳定，频繁转学，出现了非常严重的心理问题，性格急躁易怒，又孤僻失落，不愿意与他人交流。神情也比较呆滞，性情敏感，在谈及一些和父母关系怎样的话题时，不愿回答，保持沉默。

（五）学业成绩及在校表现：该流动儿童有非常严重的厌学情绪，学业成绩非常糟糕，甚至被老师劝说转学。课堂表现上缺乏自信，不愿参与到学习活动中去，很少主动回答问题，对学习不感兴趣，只有在上体育课时较活跃。和同学也几乎不交流，担心交流容易出现冲突，总觉得别人都看不起自己，敏感多疑。

（六）社会适应问题：该儿童在流动过程中，缺乏稳定的社交网络和社区支持。在新的社区中，由于语言和文化差异，孩子在社会适应和融入方面存在一定的困难。在学校中几乎和同学不交往，回到家中，周围也没有玩伴，不在校的时候，大部分时间都在家中玩手机，父母生意繁忙，也无暇顾及他，也从未在周末和假期带他出去玩过。

（七）生活和学习习惯：该流动儿童的生活和学习习惯非常不好。其母亲说他从未主动完成作业，经常需要父母督促，父母和他交流他也表现出不耐烦的情绪。在周末和假期时，小伟经常晚上玩手机玩到很晚，早上也很少按时起床。一日三餐没有规律，生活也几乎不能自理，自己的衣食住行几乎都需要父母的帮助。生活邋遢，从未主动参与家务劳动。

通过访谈发现，该流动儿童自我评价也比较低，觉得自己事事不如他人，从而导致他出现"破罐子破摔"的心理倾向。当问及对未来有什么期望时，他也只是说"我也不知道"，对未来尚未有明确的想法。他想通过学习改变命运，也能体谅父母的艰辛，但他总是说他很笨，能力不行，他也没有办法控制自己的行为。

二、个案分析

小伟的例子充分体现了家庭频繁流动对儿童心理发展的消极作用。在城市中生活，和父母相聚、家庭团聚对儿童的心理有支持作用，但是家庭频繁流动、孩子不断转学、父母工作繁忙、家庭生活居住条件有限等不利的因素势必会对儿童心理的发展产生消极的影响。对于小伟来说，影响他最主要的原因可能是频繁地转学使他不断去面对陌生的环境，需要不断适应新的环境和人际关系，可能导致他在与同学相处时感到孤独和不适。同时，由于环境的不稳定，他可能面临更多的社交压力，这可能导致他出现焦虑、抑郁等心理问题。也有可能是由于同伴歧视和排斥，使他难以融入新的社交环境。他可能会感到被孤立，难以与同龄人建立友谊和信任关系。在这个过程中，父母由于工作繁忙，也没有给他提供心理上的疏导和帮助，没有建立起亲密的亲子关系，导致孩子孤立无援，又加之他在学业上不断遭遇失败，从而丧失信心，产生自卑的情绪。

小伟是流动儿童中比较特殊的例子，他出生后就被父母带入城市中生活，没有在老家生活的经历，由于习惯了城市的生活，一方面他无法适应农村的生活；另一方面，在城市中生活，他们又生活在社会的底层，他渴望成为城市中的一员，但由于现实的问题，他不得不游离于社会的边缘，很少与城市中当地儿童交往，几乎没有城市的朋友。同伴关系为儿童提供了一个社会比较和自我认同的渠道。通过被接受和认可，儿童可以建立自己的自尊心。缺乏同伴关系的儿童可能会感到孤独和自卑，对自己的价值产生怀疑。他总是担心被他人看不起，觉得独自相处可能是最安全的方式，从而形成了较为封闭的生活圈子和心理结构。

三、家庭教育建议

建议父母要注重儿童的教育问题，在孩子适应城市生活的过程中，尽量不要频繁流动，给孩子提供一个稳定的生活和学习环境。即使由于客观原因不得不流动，父母也要注重对孩子的关心，给他们提供更多的情感支持。同时，也应该制造和同伴交往的机会，帮助他们融入城市生活中去。另外，在休息日或假期的时候，不管有多忙，父母也应该抽出时间陪伴孩子，或和孩子一起去参观、看电影、郊游等，通过各种形式的活动加强亲子关系。此外，父母帮助孩子养成良好的生活习惯，要尽最大可能鼓励孩子参与到家务劳动中来，培养孩子劳动的意识和习惯。切记家庭团聚不能只是个形式，还要注重家庭生活的质量，重视与子女的交流，增进家庭成员之间的了解和信任，增强家庭的凝聚力。

案例二：

一、个案基本情况

（一）个案基本信息：小美，女，五年级学生。就读于上海市某一郊区公立小学。

（二）家庭情况：该流动儿童家庭中有爸爸、妈妈、爷爷和奶奶。爸爸和妈妈在上海打工，起初她跟随爷爷奶奶在老家生活，到了入学年龄，和父母一起在上海生活。由于是独生子女，家庭条件相对要好一些。妈妈小学毕业，爸爸是中专毕业，以前在老家县城是工人，后由于在单位下岗，便和家人外出打工。父母非常重视孩子的教育，工作时间相对稳定，有较多的时间陪伴孩子，亲子关系比较融洽。

（三）教育经历：该流动儿童在六岁前在老家读幼儿园，在六岁时到上海就读公立小学。生活相对稳定，虽然中间有多次搬家的经历，但都居住在学校附近，没有转过学。

（四）学业成绩和在校表现：该流动儿童在校学业表现良好，有学习的意愿和信心，也善于学习，学业成绩优良。虽然也能和别的同学友好相处，但仍然表现出孤僻、不合群的情况。和同学交流并不多，她也能意识到有同学歧视和排斥她，但她说她并不在乎，也不会放在心上。

（五）生活和学习习惯：该儿童学习习惯良好，在学习上有自己的方法，善于思考，自我评价也挺高。生活上能管理好自己，经常参与家务劳动，在父母上班的时候，能独自照顾好自己，并安排自己的学习和休息时间。学习习惯也较好，总是积极地完成作业和各项任务，父亲也经常辅导她功课。

（六）和父母的关系：小美和父母关系很好，父母非常关心和爱护她，平时尽量满足她合理的需求。在周末和假期，父母经常会带着她到附近的景点去旅游，父母也经常鼓励她参与学校组织的各项活动。该流动儿童也懂得感恩，觉得父母也不容易，也能体谅父母的艰辛。访谈时，她也表示，她非常开心能和父母在一起，也感到很幸福。

（七）对未来的期望：该流动儿童自我评价比较高，也认为通过自己的努力一定能够改变现状，过上期望的生活。对未来较明确和坚定，她表示，不管在哪儿读书，她都会努力学习，以后尽量考上海的大学，这样能经常见到父母。但由于年龄较小，对自己未来从事什么职业还没有那么清晰。

小美已经适应了在城市的生活，也非常喜欢在城市的生活。尽管居住条件、生活条件不如老家，条件比较艰苦，但她表示，只要能和爸爸妈妈在一起，苦一点累一点也没关系。唯一觉得不满意的是家庭居住空间太小，不喜欢现在住的房子。另外她也觉得有点孤单，基本上不和同学来往，租住的房子周围也没有年龄相仿的玩伴。由于户籍的问题，她说不久后她将回老家上初中，以后初中、高中都会在老家上学。不过她表示能理解父母的做法，即使不在一起生活，她也相信父母都是最爱她的，在老家她会好好学习，能管理好自己的生活。她说她已经做好了成为留守儿童的心理准备。

二、个案分析

小美的例子充分体现了家庭团聚对儿童心理发展的积极作用。在城市中生活，虽然居住空间比较狭小，不如农村房屋宽敞，生活条件也处处不如当地城市儿童，还有可能受到同学的嘲笑、歧视和排斥，但小美依然觉得和父母在一起就是幸福，再苦再累都不算什么。这体现了和父母团聚对儿童有着非常强大的心理支持作用。对小美来说，来到城市生活，每天都能和父母在一起，这已经让她特别开心和快乐了，在学习上有爸爸妈妈强大的支持，在课余时间还能到图书馆、博物馆及各大高校参观，也使她增长见识。这一点是在农村就读无法享受到的，因此，她非常知足。她能感受到父母的疼爱，内心充满了幸福和安全感，并且她也懂得感恩，与家人这种良好的情感联结对发展她的人际关系也有积极的影响，因此，小美和同学、老师关系较好，而且沟通和表达能力也很不错，访谈时对问题的回答也都比较准确。从小美的例子中可以看出，没有玩伴，缺少同伴交往是大部分流动儿童面对的共同问题，但这一方面的缺陷可以用良好的亲子关系弥补。父母是孩子最亲密的依靠。在陌生的城市环境中，父母给予孩子安全感，让他们更容易适应新的环境。父母积极参与孩子的生活，关注他们的需求和感受，可以帮助孩子减少孤独感，促进他们情感和社交能力的发展。

三、家庭教育建议

建议父母外出打工尽量创造条件把孩子带来身边抚养，给孩子提供一个良好稳定的生活环境。这在一定程度上能够帮助儿童更好地融入城市文化和社会生活，促进他们提高社会适应能力。父母也尽可能多地陪伴孩子，积极参与活动，加强亲子关系。父母应满足儿童的基本生活需求和情感需求，也有利于儿童心理健康发展。城市中很多教育资源，比如各种人文景点、图书馆、博物馆、科技馆等等，而且这些大部分都是免费的，父母要引导儿童利用好这些资源，在休息的时间多带孩子去参观这些地方。流动儿童可以拓宽知识面，提高自己的综合素质。对于有些流动家庭中儿童没有同伴交往，建议父母可以在家中养一些小宠物来弥补这方面的缺憾。

第二节　留守儿童案例

案例一：

一、个案基本情况

（一）个案基本信息：小飞，男，13岁，初中一年级。

（二）家庭基本情况：该留守儿童情况非常特殊。他生活在一个复杂的大家庭中，家中有父亲、母亲、爷爷、奶奶、曾祖母、曾祖父，还有叔叔婶婶一家，叔叔婶婶两人也在外打工，家中留有一个堂妹。父母在他一岁多时就离家外出打工，平时很少回家，也很少互通电话。小时候，小飞由祖父母抚养，生活过得不错，但由于祖父母年迈，爷爷突然患病，无力承担家庭的重担，其父亲回家照顾老人及整个家庭。据了解，小飞在小学期间成绩非常优异，是整个家庭的希望。但突然遭遇家庭的变故，家庭生活变得拮据，父亲负担太重，整日劳作，无论在生活上还是学习上都无法关心他。

（三）学习与生活：小飞在小学期间学习成绩非常优异，后家庭变故，导致家庭贫困，使他的心理发生了一些变化。他渴望母亲的关爱，但母亲很少回家也不联系，他就慢慢产生了厌学的情绪，学习成绩在六年级已经下滑，甚至出现经常逃学的情况，学校和家长联系不密切，其父亲很长一段时间都不知道他没去学校。生活上小飞自理能力还比较强，能照顾自己的生活，也很爱干净，生活也很有规律。但他不爱学习，没有学习动力。

（四）与家人的关系：由于小飞从小是由祖父母抚养，与祖父母感情深厚，和母亲联系很少，母亲也不能每年回来，即使回来大多时间也在外婆家住，他和母亲之间关系比较淡薄，甚至不理解母亲的做法，有点怨恨母亲。和父亲关系较好，知道父亲的艰辛，能理解父亲的不易，在生活中没有过多的要求，能够照顾好自己，有时还能帮助父亲照顾家中的老人，看得出来他心地还是非常善良的。

（五）心理和社会适应：总的来说，小飞还是非常自卑，觉得自己不如他人，由于长期缺乏父母的关爱和支持，该儿童缺乏自信和安全感。在社会适应方面，该儿童能与他人很好地相处，但缺乏交往的技巧，不能明辨是非，经常和一些社会上不良少年交往，出现经常性的逃学问题。

（六）对未来的期望：当问及未来的理想时，他说他也不知道他能干什么，对未来没有规划，也没有想法，甚至他说以后和妈妈一样出去打工。受到一些不良思想的诱导，他说以后读书没什么用。希望能快点长大，早点离开这个家庭。

二、个案分析

小飞的情况在留守儿童中非常特殊，"留守"并没有使他的经济条件得到好转，母亲几乎是从来没有给他支付生活费和零花钱。而大家庭的负担比较重，给他的心理带来极大的压力。小飞从小缺乏母亲的关爱，也没有在大家庭中得到情感支持，因此，他在外面结交了一些不良同伴，出现了问题行为。在心理上他比较怨恨母亲，觉得别人都有母亲的照顾和关爱，而他却得不到。在学习上父亲及家人几乎从来不过问，不能给他提供任何的帮助。母亲偶尔打电话问一下，如果成绩不好，就会对他心生埋怨，这可能是他厌学的一个重要原因。在交友方面，由于缺乏家人的正确引导而结交一些不良同伴，他的世界观发生了极大的改变，也这是很多留守儿童面临的共同问题。但"留守"对他也产生了积极的影响，他生活上比较独立，在大家庭中生活，他有同理心，能够照顾到家人的情绪，愿意分担家务劳动。

三、家庭教育建议

首先，父母要经常回家看看，要创造一些机会多和孩子相处。要改变赚钱是头等大事的错误观念。在节假日回家，尽量为孩子营造家庭温暖的氛围。即使不能经常回家，也要经常电话联系，给孩子的生活和学习提供指导和建议，让孩子感觉到父母即使不在身边，也依然很爱他们。在有条件的情况下，要创造条件在寒暑假时把孩子带到城市中相聚，一方面让孩子增长见识，另一方面也让孩子看到父母的工作情况，让孩子理解父母的不易。在物质上，尽量要定时定量地给家中老人和孩子生活费，一方面给孩子提供了必要的物质生活，另一方面也让孩子感受到父母的责任心，从而提升自己的责任心。在访谈中发现，有不少儿童抱怨父母没有责任心。

其次，作为留守儿童实际监护人，也要经常关心儿童的生活和学习情况，以便发现孩子身上潜在的问题，对不能解决的问题及时和学校老师联系，或和孩子电话沟通。也要关注孩子的心理动向，了解孩子的心理需求，满足孩子合理的需要。还要关注孩子的交友问题，对儿童的交友问题给出有益的指导和帮助，鼓励留守儿童和一些成绩好、品行好的同伴交往。同时，要和学校老师及时联系，以便尽早发现孩子在校的问题行为，并及时干预。

最后，学校的老师要多和特殊儿童进行沟通和交流，一旦发现有问题行为，及时干预，或者和家长联系。也要关注孩子的情感需求，定期与情况特殊的孩子进行沟通和交流，给他们创设倾诉的机会。也可以组织班级活动等形式，让孩子们在班级中感受到集体的温暖和同伴友情的支持。

案例二：

一、个案基本情况

（一）个案基本信息：小苏，女，11岁，读小学六年级。

（二）家庭基本情况：该留守儿童在出生后一岁多父母就外出打工，由爷爷奶奶抚养，家中除了爷爷奶奶还有堂姐和堂弟。家庭经济状况较好，能满足其基本的生活开支。父母在上海打工，经常回来看她。在其生日或重要节日时，父母都能回来陪她。和父母联系较多，至少每周一次通话。

（三）学习和生活情况：该留守儿童在校学习成绩优异，学习有自觉性，学习习惯良好，对于学习上的任务和作业能主动完成。但学习的内容只限于老师布置的任务，课外学习有限。在生活上有良好的生活习惯，每天能按时起床，生活有规律，能够合理安排自己的学习时间。在生活中也比较节俭，没有攀比心理，对家长也没有过多的要求。

（四）心理状况：小苏总体来说性格比较乐观，情绪也比较稳定，心理健康状况良好。但由于长期没有和父母生活在一起，爷爷奶奶无法满足其情感需求，该留守儿童有较严重的恋物倾向，心理上有一定程度的不安全感。在空闲的时候，要反复揉搓橡皮泥或泡泡胶之类的物品，内心才能得到满足。据她说平时在完成作业后，总觉得生活很无聊，不知道要干些什么。内心也较敏感，生怕大人生气，属于讨好型性格。

（五）家庭关系：该留守儿童和家人关系较好，尤其是爷爷，由于奶奶生病，大部分时间都是由其爷爷照顾。堂姐能够在学习上给予较多的帮助，堂弟在平时能陪她，因此家庭关系良好。与父母关系也较好，她本人能够体谅父母，也能理解留守这种情况。

（六）社会适应情况：该留守儿童能够与他人友好相处，但是与人交往时总是处于被动状态，也就是说，其他同伴不来找她，她就不会去找他人玩。与人交流时，不是很自信大方，有点拘谨，也不愿主动表达自己的想法。与他人交往时有一定的戒备心理。

二、个案分析

小苏的情况既体现了父母外出打工对儿童发展的积极影响，也体现出了消极的影响。积极的影响体现在父母外出打工可以使留守儿童更加独立；消极的影响主要有情感的缺失、爷爷奶奶容易溺爱等。

对于小苏来说，爷爷有一定的文化，能够在学习上给予辅导，还有堂姐成绩优异，也能给她一些指导，因此她的学习成绩优异。但由于父母不能给予及时的引导和帮助，她对待学习态度只是为了完成任务，还不太理解学习的真正意义和价值，因此学习上是处于被动状态，不会主动地去扩大自己的知识面。对于她的恋物倾向，也有可能是长期的情感缺失导致的，虽然父母经常和她联系，但只是关心她的生活需求，不太关注她的心理状况，也不会和她讨论一些生活的规划、个人的兴趣等较深入的话题。

爷爷奶奶也比较溺爱她，很多事情是由爷爷奶奶包办了的，虽然她能够生活自理，但在很多事情上还是有依赖心理。不愿主动与同伴交往，也可能有一些客观原因。目前很多农村留守儿童会转移到附近的县城读书，同龄人比较少，且同伴关系也不太稳定，时间长了不联系，与以往的同伴的关系就会慢慢疏远。但总体上，小苏没有太多的问题行为，在留守儿童中算是发展比较好的。

三、家庭教育建议

第一，虽然父母不能亲自照顾和陪伴孩子，但要对孩子有一定的情感补偿。要经常和孩子联系，沟通交流时也不能仅仅关注孩子的生活，更要关注孩子的思想，要及时了解孩子的心理。沟通时也可以让孩子讲讲他们在学校生活发生的事情，一方面可以帮助孩子释放压力，另一方面也可以帮助他们解决一些困惑。生活中父母要满足孩子的基本生活需要，有条件的话也可能多给孩子买一些生活和学习用品寄回去，让孩子实实在在看到父母对他们的关心，可以提升孩子的幸福感。

第二，留守儿童的实际监护人要注意不能太溺爱孩子，不能事事都包办，对于孩子自己能处理的问题比如个人卫生问题，要放手让孩子自己去应对。实际监护人的教养方式一定要和父母保持一致，例如，零花钱的支配、购物的问题、课余时间的安排等。在家庭中一定要给孩子制订好规则，规定他们什么事能做什么事不能做。在社会适应方面，实际监护人在走亲访友的时候，也应把孩子带上，帮助他们认识周围的人，以便更好地适应社会。对于小苏的恋物倾向问题是大多留守儿童都存在的问题，只要给予孩子足够的关爱，合理安排他们的课余时间，这种情况就会有好转。因此，监护人应帮助孩子规划好自己的课余时间，比如让他们参与家务劳动等，让他们的生活充实起来。另外，对于实际监护人来说，有不少爷爷奶奶同时要照顾多个孩子，都应该公平公正地对待每一个留守儿童，做到不偏心，不袒护。

第三节　离异家庭儿童案例

案例一：

一、个案基本情况

（一）个案基本信息：小唐，女15岁，读高中一年级，就读某一私立寄宿制学校。

（二）家庭情况：小唐的家庭情况非常特殊。父母在她很小的时候就离婚了，具体原因她也不知道。父母分别重组家庭，也各自都有了另外的孩子，双方都不愿意亲自来抚养她，小唐也没有爷爷奶奶和外公外婆。于是，父母每人分摊费用把她送到一所私立寄宿学校。她长年住校，周末和假期都在学校里待着，她说她像个孤儿一样，放假都不知道去哪儿。

（三）心理状况：小唐有非常严重的情绪问题，情绪极端易怒，反复无常，而且也多疑敏感，稍不顺心就会撒泼打滚。自卑、自我评价比较低，总觉得自己不如他人。她对父母有很强烈的怨恨，导致容易出现愤怒的情绪，行为上也有攻击性行为，语言上也比较激烈。

（四）学习情况和在校表现：该生有明显的厌学情绪，学习上没有主动性，对待学习只是为了完成任务，成绩排名在班级位于后面，对于学习落后的情况她也不以为意，不把学习放在心上。学习习惯也不是很好，经常不能按时完成作业，由于比较敏感，老师们也不敢严加管教。有较多的问题行为，课堂上没有纪律性，不尊重老师，经常和老师发生争执，甚至有辱骂老师的情况。而且在班级中散播学习无用的言论。与同学也经常发生冲突，甚至有严重的肢体冲突。但和其他特殊孩子相比，小唐有自己的爱好和特长，她有唱歌的天赋，经常参加学校的各种活动和唱歌比赛，在娱乐方面是比较活跃的。

（五）生活情况：小唐大部分时间都是在学校里度过的。父母很少和她联系，即使放假，父母也很少来接她回家团聚。父母共同承担她的教育费用和生活开支，和其他同学相比，她的零花钱比较充足，因此在消费上大手大脚，没有节制。由于没有父母的管束，她觉得生活上非常自由自在，也是因为没有父母的约束，她生活也比较随性，除了上课时间，课余生活没有规律。虽然学校也有餐厅，但周末小唐很少去餐厅吃饭，学校也有规定不能带零食进校，但她常常偷偷带零食进校。虽然有很多问题，但小唐的生活自理能力比较强，能够安排好自己的生活。

（六）社会适应情况：小唐因为经常在学校里生活，缺乏社会交往的机会，也没有父母的引导，虽然她能够独立生活，但社会适应有一定的障碍。具体表现在经常和老师、同学发生冲突。在了解中发现，其实她特别渴望拥有同伴的友谊，但说话和行为上不太考虑他人的感受，容易得罪他人，发生冲突时缺乏解决问题的能力，从而使事态激化，冲突升级。社会交往过程中，总怀疑别人会针对她，因此，和大部分同学关系不好，只有一名女生和她交往密切，其他同学甚至老师都有意疏远她。

二、个案分析

小唐的情况是比较特殊的，也是非常悲惨的。在当初选择她作为访谈对象时，很多老师都劝说放弃她，她不会好好配合的。但是，笔者觉得她的情况比较特殊，最后还是选择了她。我们改变了访谈的策略，没有按提纲进行谈话，而是先和她接触，从没有日的的聊天开始，慢慢让她放松警惕，后来她可能担心我们不相信她，一再强调她讲的都是真实的感受。通过访谈发现，这个孩子还是有优秀的一面，出现目前的情况和父母离异有很大的关系，但她表示，父母选择什么样的生活，她并不在乎，但并不理解父母为什么不能带她在身边，或者为什么不能来看她，假期也不接她回家，看来她还是很渴望父母亲情的。无疑小唐是非常缺爱的，她有那么多问题行为，无非是想引起老师们的关注，一般在出现问题行为时，班主任会和父母联系，父母总是说工作太忙，没时间到学校处理，父母的情感忽视又加重了对她的心理伤害。她特别渴望周围人的关爱，由于缺乏社会交往的技能，她往往通过给同学送礼物，企图用物质来维持为数不多的朋友。她在消费上无节制，她表示钱花完了，父母还会给的，她认为父母不能照顾她，多花点他们的钱也是应该的，而且在父母给她钱的时候，她才能感觉到父母还是爱她的。在学习上父母几乎不会过问，她在这方面没有什么心理压力，这也可能导致她认为学习并不重要，从而没有学习的兴趣和信心。但正由于父母在学习上没有给她太大的压力，她有时间和自由去发挥自己的天赋和特长，她也表示，她的兴趣和特长与小学阶段父母送她到培训机构接受过专业的培训有关。

三、家庭教育建议

对于离异家庭来说，由于家庭结构发生重大改变，家庭情况都是非常复杂的，这也给家庭教育带来一定的难度。因此，父母在决定离婚前就应该对孩子的抚养和教育问题达成协议，由其中一方抚养和教育，另一方则给予物质保障，以保证孩子在父母离异后生活不会发生太大的改变，生活质量得到一定的保障。要改变传统观念，虽然夫妻双方离异后不再是夫妻，但仍然是孩子的父母，不管孩子跟谁生活，另一方都应该抽时间去关心和陪伴孩子。对于小唐来说，父母应该经常和她联系，了解她的生活情况和学习情况，让她能够切实地感受到父母的爱。不论生活有多艰难，在孩子假期时一定要接孩子回家团聚，让孩子也能感受到家庭的温暖。对孩子负责任不仅仅是提供生活的保障，还要提供情感的支持和帮助。同时，还应该给孩子进行心理疏导，让孩子了解父母离异的真相，理解父母的苦衷，要明确地表达对孩子的爱，并尊重孩子的选择。

学校应该关心和关爱这些家庭特殊的孩子。学校应提供心理咨询和心理疏导服务。可以通过开设心理健康课程、建立心理辅导小组、定期开展心理讲座等方式，帮助儿童了解自己的情绪和心理状态，让孩子学会调节情绪和应对压力的方法。学校应该加强对这些儿童的学习指导，提供个性化的学习方案和辅导服务。可以通过建立学习支持小组、定期开展学习辅导班、加强与家长的沟通等方式，帮助儿童解决学习上的困难，提高学习成绩。家庭沟通是解决父母离异儿童问题的关键。学校应该加强与家长的沟通，了解家庭情况，提供家庭教育和家庭关系方面的指导。可以通过定期召开家长会、建立家长沟通平台、提供家庭教育咨询等方式，促进家长与学校的合作，共同关注儿童的成长和发展。父母离异可能导致儿童在人际关系方面遇到困难。学校应该加强对这些儿童的社交引导，提供社交技能培训和人际关系辅导服务。可以通过开设社交技能课程、建立社交实践平台、加强与社区的合作等方式，帮助儿童建立良好的人际关系，增强社交能力。对于像小唐这样因为父母离异导致生活有困难的儿童，学校应该加强对这些儿童的生活照顾，提供必要的生活支持和帮助。可以通过提供食宿支持、加强生活指导、建立生活帮扶小组等方式，帮助儿童解决生活中的困难，让他们能够更好地专注于学习和成长。

案例二：

一、个案基本情况

（一）个案基本信息：小宇，男，15岁，高中一年级学生，就读于一所公立学校，平时住校。

（二）家庭情况：小宇父母在他小学五年级时离婚，他跟随父亲生活，据他所说，他不想和父亲生活在一起，更愿意和母亲生活在一起，但父亲比较强势，而且父亲的收入和工作相对稳定，能够给他提供一个稳定的生活和学习环境，因此他选择和父亲生活在一起。父母离婚时达成协议，母亲可以随时来看望他，他说母亲也比较关心他，经常和他视频通话，并给予学习上的指导。

（三）学习情况及在校表现：小宇在刚上高中时学习方面还比较适应，学习成绩处于班级的中上等水平，但在高中一年级第二学期开始出现了厌学情绪，成绩开始下滑，在学习上只是为了完成老师布置的任务，还不能深刻理解学习的重要意义和价值，没有明确的学习目标，对未来也没有具体的规划。同时，也出现了一些问题行为，比如和同学发生冲突、学习任务不能够按时完成、上课睡觉、私自带手机到学校等。

（四）心理状况：小宇有一定的情绪问题，表现出焦虑、抑郁，内心比较矛盾，一方面渴望努力学习，另一方面又控制不住自己，所以内心比较焦虑。对父亲有怨恨和抵触情绪，也会出现愤怒情绪，但不会去攻击他人，更多地会指向自己。他的内心比较纠结，一方面比较自负，觉得同学的思想都不及他；另一方面又有点自卑，觉得自己学习上怎么努力也赶不上别人。严重时，出现梦游和幻听现象。

（五）生活情况：小宇大部分时间是在学校度过的，平时周末和假期也不回家。父亲给他提供生活费用，但他抵触和父亲联系，不想和他在一起，所以假期都待在学校里，父亲很少和他联系，也很少来看他。母亲和他联系较多，经常到学校看他，他说唯一让他觉得开心的时候就是母亲来看他的时候。他说让他苦恼的是父亲不尊重他的想法，对他不是打就是骂，生活费也给得非常有限；母亲经常会给他买一些生活和学习用品，让他心里好受些。小宇在生活上能够独立安排好自己的生活。

（六）社会适应情况：小宇在社会适应上有一定的困难，他常常以自我感受为中心，他有社会交往的技能，也有比较好的朋友，但他只选择他喜欢的同学做朋友，而他喜欢的几乎都是成绩不太好的、有一些问题行为的同学。他的朋友非常少，不愿和更多的同学交往，也不愿和老师交流。心理老师多次要和他沟通，但他都拒绝接受帮助。

二、个案分析

在老师们的眼中，小宇是一个问题少年，但在和他沟通的过程中，笔者发现他的学习能力和语言的理解与表达能力都比较强，思考问题也比较深刻，能够发现自身的问题，但缺乏解决问题的能力。他说他曾经也是品学兼优的学生，父母离异并没有给他带来较大的困惑，父母结束纷争对他来说是一件好事，现在出现这些问题行为和父亲的教养方式有很大的关系。父亲控制欲比较强，完全不考虑他的感受，以成人的标准来要求他。而且在他看来，父亲的思想和观念已经非常落后，和现在的生活是格格不入的。在消费上父亲也是非常抠门的，给他的生活费经常仅能保证最基本的温饱，但长期在学校独立生活，很多生活用品需要自己购置，所以经常出现钱不够用的情况。因此，他为抵触和对抗父亲出现了各种问题行为。父亲的这种极端的心理控制可能会导致孩子情感上的疏离和孤独感，父亲可能会对孩子有过高的期望，要求他们符合自己心目中的理想形象，这种压力可能导致孩子出现自卑、焦虑、抑郁等心理问题。这些消极情绪的产生使他处于痛苦的境地，从而使他的自我评价降低，失去学习的兴趣和信心。又因为学习受到影响，父亲和老师常常给他负面评价，常常遭遇失败从而形成习得性无助感，为了逃避负面评价，他开始迷恋网络，形成恶性循环。同时，父亲和母亲的教育理念不一致，有较大的分歧。当父母在教育孩子的问题上出现分歧时，孩子可能会感到迷茫和无助，不知道应该听从哪一方的意见。这种不确定性可能让孩子感到焦虑和不安，进而影响他们的安全感。这也可能是影响小宇心理发展的又一个重要原因。

三、家庭教育建议

由于小宇具有一定的心理承受能力，父母离婚并不会给小宇带来很大的伤害，但父母在决定离婚前一定要认真考虑孩子的抚养问题，应本着儿童利益最大化的原则来安排孩子的教育和抚养问题，不是谁经济条件好谁就应该抚养孩子，而是要考虑双方的情绪、能力等因素。孩子最好和父母中情绪稳定、性格温和，有耐心和有爱心的一方生活，这样更有利于孩子的成长。而不适合抚养孩子的一方，也应该提供必要的物质支持。父母离婚后，不直接抚养孩子的一方也应经常去关心孩子，让他体验到家庭的温暖。对于小宇这种情况，父母都应该和孩子多联系，多创设与孩子团聚的机会，让孩子感受到被关爱。在孩子的教育问题上，父母的教育理念应达成一致。另外，要多和学校班主任、任课老师联系，及时了解其在校的实际情况。因为要共同面对孩子的教育问题，离婚后父母也应该保持和谐，不要在孩子面前发生激烈冲突，有了分歧可以事先沟通。不要把大人的矛盾转嫁在孩子身上，离婚后不要在孩子面前攻击中伤另一方。不要在孩子面前"装穷"，应实事求是地告诉孩子家庭真实的经济状况，教会孩子合理地规划自己的生活开支。给孩子的爱应该是无条件的，给孩子提供帮助时不应该附带附加条件。应满足孩子生活上合理的需要，让孩子在生活中有一定的安全感。应该尊重孩子的兴趣和爱好，不要给他太高的期望和太大的压力，允许孩子犯错，允许孩子按照自己的实际情况来安排自己的学习。鼓励孩子参与一些有挑战性的竞赛和活动，磨炼他们的意志，增进他们的团队意识与团队精神。

在小宇身上，我们看到了他改变的可能性，由于和母亲关系融洽，决定从母亲这方面下功夫。母亲听从了建议，让父亲暂时不和孩子联系，由于工作原因不能在学校附近陪伴孩子，母亲给孩子办理了退学，让孩子在家中休息了两个月，这两个月中母亲只是在生活上照顾她，让孩子按照自己的进度来安排学习，只是在需要帮助时给他进行学习指导和辅导。玩手机的时间也严格限定，但具体时间由孩子自己决定。刚开始的时候，还是存在一些困难，但在和母亲朝夕相处的过程中，他感受到了和母亲生活在一起的幸福，脸上多了很多笑容，也自信了很多，在学习上花费的时间也越来越多，能够合理安排自己的学习和休闲时间。两个月后，他主动联系学校班主任要求回校学习。后来，他顺利地考入某重点大学。

第四节　贫困家庭儿童案例

案例一：

一、个案基本情况

（一）个案基本信息：王瑶（化名），女，13岁，就读初中一年级。

（二）家庭情况：王瑶是父母的养女，父母都没有工作，没有收入，母亲患癌症，父亲在年轻时精神受到重创，丧失劳动能力，待业在家。上面还有奶奶，全家生活靠叔叔在外打工收入来维持。

（三）学习情况及在校表现：该贫困儿童学习成绩较差，没有学习的动机，学习主动性比较差，也没有良好的学习习惯，作业很难主动完成，由于家庭经济困难，她的生活基本上是由奶奶照顾的，但奶奶只能解决她的温饱问题，在教育上不能给予指导和帮助，该贫困儿童的语言理解和表达能力也非常有限，对于访谈的很多问题都保持沉默。在学校基本上是处于沉默状态，和老师的沟通极少，课堂上很少主动回答问题。

（四）心理状况：该贫困儿童最大的问题就是内心比较封闭，和她沟通，让她开口说话，是有一定难度的。她脾气暴躁易怒，偏执、任性，稍不顺从她，她就哭闹不止，因此，家人也不怎么管教她。她最明显的一个现象就是闭锁心理，最显著的表现是情感封闭。随着年龄的增长，儿童对于自我认知和情感表达的需求会增加，但由于社会环境和个人心理的发展，他们往往会选择将这些情感隐藏起来。在面对家庭、学校、社交圈等各种环境时，他们开始出现不同程度的心理封闭现象，不轻易向外界表露自己的内心世界。这使得家长和教师难以了解儿童的内心真实想法和感受，从而难以进行有针对性的教育和关爱。

（五）生活情况：由于该贫困儿童父母都没有劳动能力，父亲还要照顾生病的母亲，因此，她大部分时间都是由奶奶照顾，因此和奶奶关系亲密，和父母关系比较淡薄。她是家中唯一的孩子，奶奶溺爱她，尽管生活艰难，还是尽量满足她的基本需要，因此她也比较任性。没有良好的生活习惯，生活中事事都需要依赖奶奶，需要奶奶的照顾。

（六）社会适应情况：该贫困儿童在社交方面有一定的困难。虽然有一两个要好的朋友，但是很少主动与他人交往，也很少主动参与学校组织的各种活动。放学回家后，也基本上不和邻居同伴交往，整日待在家里玩手机。除了奶奶外，她和其他家人也几乎不交流。

二、个案分析

该贫困儿童出现的最大问题就是情感封闭，不愿意和外界交往，也不愿意表达自己的需求和想法。正是这个原因导致她在学习上和社会交往中出现一定的困难。家庭经济困难是影响她情感封闭的最直接的原因。她的家庭经济压力太大，母亲生病需要很多治疗费用，家中也没有劳动力，没有稳定的收入，家庭往往面临许多经济和生活的压力，导致家庭氛围紧张，缺乏关爱和支持。在这样的环境下，容易产生自卑、焦虑、抑郁等负面情绪，进而形成情感封闭的状态。现代社会的贫富差距、不平等和歧视等问题，使得她在成长过程中容易感受到社会的冷漠和排斥。这导致她缺乏自信和安全感，难以融入社会，从而产生情感封闭的现象。经济困难导致贫困儿童在学习上难以取得进步，进而影响她的自信心和自我认知。这种教育缺失不仅影响儿童的认知发展，还对他们的情感发展产生不良影响。王瑶的父亲有精神方面的压力，对她也会产生不利的影响。奶奶和母亲对待贫困和患病这些负性事件持悲观的态度，总抱怨命运对她们一家不公平，每日唉声叹气，闷闷不乐，王瑶也不愿和父母交流，这些不利的应对方式也会对她的心理产生消极的影响。

三、家庭教育建议

在访谈过程中，发现王瑶的家庭经济虽然困难，但是父母当年也是高中毕业，文化水平也不算很低，在交流的过程中，有很多教育理念他们也能认同，只是他们生活艰辛，没有把孩子的教育放在很重要的位置。因此，改变父母的认知和应对方式应该可以使孩子的心理状况得到一定的改善。

父母应该给予孩子无条件的爱，让他们感受到被接纳和珍视。父母应与孩子保持良好的情感联系，倾听他们的心声，理解他们的感受，帮助他们建立积极的情感基础。对于王瑶这种情况，父母要创造机会和孩子进行沟通，让她学会正确合理地表达自己的需求。父母也应该有一个积极乐观的心态，虽然经济困难，命运多舛，但是一味地抱怨也改变不了现状，解决不了任何问题，应尝试调整自己的心态，保持乐观、积极的态度，相信自己能够通过努力使生活变得更好。遇到问题时，要积极地寻找解决问题的方法。通过思考、学习、求助等方式，找到解决问题的途径。此外，也不要总在亲朋好友、左邻右舍中去哭诉自己命运不济，这样会让孩子觉得自己不如他人，产生自卑情绪。王瑶的父亲虽然早年有精神方面的压力，但还没有发展到精神疾病，完全有劳动能力，可以从事一些力所能及的劳动，减轻家庭的负担，从而也给孩子树立榜样，提升战胜困难的信心。我们发现，王瑶的父母有看书的习惯，这也是个好事，多和孩子交流，可以选择一些有益于孩子的读物来指导她阅读，使她从书中汲取营养，从书籍中得到成长。另外，父母和家人要鼓励孩子多参与家务劳动，既可以提升孩子的生活自理能力，也可以提供一个亲子沟通的途径，在劳动中能加强情感的交流，使孩子慢慢敞开心扉，改变情感封闭的现状。

案例二：

一、个案基本情况

（一）个案基本信息：小梦，女，15岁，高中一年级学生，就读某一重点高中培优班。

（二）家庭情况：小梦的家庭经济条件非常不好，父母暂时处于失业状态，有三个弟弟妹妹，家中还有年迈的奶奶。她家并不是一直贫困，在她出生一直到小学六年级期间，他们全家在外地做生意，经济条件尚可，不仅能保证较高的生活质量，而且还让她参加了多种兴趣培训班，比如钢琴、舞蹈等，那时，她还没有弟弟妹妹，是家中的独生女，优越感比较强。但在五年级第二学期时，父亲由于投资失败而背负了沉重的债务压力，母亲生了二孩，家中老人需要照顾，不能外出工作。家庭生活质量直线下降。在她读六年级时，为了减轻生活压力，父母把她送到农村的外婆家生活，她又变成了留守儿童。

（三）学习情况及在校表现：由于该生小学阶段打下的基础较好，学习成绩一直比较优异。在初中三年里成了留守儿童，但没有影响到她的学习成绩，初中毕业后以优异的成绩考入当地重点高中，且进入了培优班。但高一下学期开始时，就出现了问题行为，学习上不主动，作业经常不能按时完成，甚至出现了逃学的情况，学习成绩受到了一些影响，但影响不是很大，说明这个孩子在学习方面是有一定的天赋的。

（四）教育经历和生活情况：小梦在小学六年级之前和父母在外地生

活，后因父亲投资失败，经济压力变大，把她送到外婆家。在初三时，小梦开始出现一些问题行为，经常逃学，母亲回到老家专门照顾她，平时她和母亲都生活在外婆家。父亲由于有债务，无法保证他们的生活费，生活费用主要由外公负担。因此经济压力很大。在心理上小梦无法适应这种经济的巨大反差，由于以前花钱大手大脚，无法适应拮据的生活，她对父母有抱怨，而且出现了偷盗现象。生活上大事小事都由外公外婆包办，自理能力比较差。

（五）心理状况：虽然小梦的成绩优异，但家庭经济由富变贫这种巨大的改变给她的心理带来了影响。她情绪反复无常，易怒，对父母很抱怨，总是对母亲发脾气。自我评价较低，认为经济困难就低人一等，愿意和他人攀比。而且归因方式，总把现在贫困的现状归因于父母，责怪父母不该生那么多孩子。情绪控制能力较差，虽然她也想通过学习改变命运，但管不住自己的行为。

二、个案分析

家庭的贫困无疑对小梦带来了一些积极的影响，主要表现为：家庭的贫困激发了她想改变生活状况的动机，因此，学习目标比较明确，成绩还是不错的。但贫困也带来了比较多的消极影响，比如情绪不稳定、敏感、易怒、自卑等。小梦原本的生活比较优越，突然的变故使她在心理上无法接受，觉得这一切都是由父母导致的，怪父母工作不积极，怪父母不该生那么多孩子。父亲不能满足她的生活需要，为了继续在同学们面前表现出优越感，她出现了偷盗现象，多次偷外公的生活费，在被发现后，母亲并没有教育和惩罚她，说她管不了那么多，从而加剧了她的问题行为。家庭贫困导致她的自我评价降低，担心同学嫌弃她，于是，通过在同学面前装酷，给同学花钱也大手大脚，以此来维护自己的优越感。但品学兼优的同学不愿与她交往，所以她就经常和其他班级中或多或少有些问题行为的同学来往，久而久之沾染了不少恶习，抽烟、外出喝酒，甚至不回学校，学习成绩受到影响。但她依然说想通过考大学，改变家庭的现状，但自己也管理不好自己。母亲在刚开始听说她的不良行为的时候，就打骂她，但效果不好，后来就对她不管不问了，说只当白养了她。因此，小梦也感觉到父母对她的放弃，心里感觉很失落。

三、家庭教育建议

基于以上的情况及分析，我们认为应该采取以下的教育对策来促进小梦更好地发展。

第一，在家庭投资失败，遭遇变故的时候，应和孩子讲明真实的情况，对于让孩子转学，也应向孩子说明理由，让孩子能够体谅父母。孩子和外公外婆生活的期间，父母也应该给她基本的生活费，可以不多，但一定要给，不要让孩子有被遗弃的感觉。同时，也表达了对外公外婆的感谢，给孩子做出榜样，让孩子学会感恩。

第二，在小梦有了弟弟妹妹后，应和她经常保持联系和沟通，给她充足的关爱，不要让她产生被冷落的感觉，要让她知道有了弟弟妹妹，父母依然很爱她，打消她对弟弟妹妹们的敌意和对父母的怨恨。

第三，在孩子出现问题行为时，就应采取积极有效的措施应对，不应简单粗暴地打骂她，而是要静下心耐心地跟她沟通，了解她内心的真实想法。就小梦目前的状况，父母也不要完全放弃她，也不要总揪着她过去的错误不放，而是无条件地去关爱她，缓和亲子关系，良好的亲子关系是进一步进行教育的基础。

第四，父母尤其是母亲应改变心态，以乐观积极的态度去面对孩子出现的问题行为，并想尽办法去解决问题，而不是置之不理回避出现的问题。父母应该鼓励孩子表达自己的想法和感受，鼓励孩子勇敢尝试新事物，肯定他们的努力和成就，帮助他们建立自信心。让孩子明白通过努力一定可以渡过难关。作为小梦的父母，应该改变自己的应对方式，积极地面对生活，父亲应积极地想办法增加家庭收入，母亲应照顾好家庭，即使在外公外婆家生活，也应该分担家务劳动，同时也应该鼓励小梦在假期参与家务劳动。一方面，可以培养她的责任心，学会感恩；另一方面，在相互的协作中能够增加亲子之间的感情，加强亲子关系。在满足小梦合理的需求的同时，要给她制定规则，一旦违背规则要给予一定的惩罚。如果无法解决问题，父母应积极向学校专业的心理老师求助。

总的来说，小梦在学习方面有一定的优势，也有很大的潜力，这说明她的学习能力不错，认知能力和理解能力也不差，但由于有较严重的问题行为，说明存在着深层次的心理问题，如果不加以干预，她的问题不能得到有效解决，会影响小梦的心理健康水平，最终可能导致辍学，这将是非常大的遗憾。经过与小梦及其母亲的沟通，其母亲也改变态度和她主动交流，小梦的状态有了极大的改变，问题行为减少，但是转变需要一个过程。其间和小梦的母亲一直保持联系，有困惑及时解答，两年后，她考入一所重点大学。小梦的问题得以解决和她的自身条件有很大的关系，但对其他孩子的深层次心理问题，需要专业的心理咨询人员。因此，在中小学普及和深入中小学生心理健康教育势在必行。

参考文献

［1］尚晓援，虞婕．建构"困境儿童"的概念体系［J］．北京：社会福利（理论版）．2014.

［2］W．古德．家庭［M］．魏章玲，译．北京：社会科学文献出版社，1986.

［3］马克思，恩格斯．马克思恩格斯全集：第3卷［M］．北京：人民出版社，1960.

［4］戴维·波普诺．社会学（第十版）［M］．北京：中国人民大学出版社．2000.

［5］埃什尔曼，布拉克罗夫．心理学：关于家庭（第12版）［M］．上海：上海人民出版社．2012.

［6］中国大百科书总编辑委员会《社会学》编辑委员会．中国大百科全书·社会学［M］．北京：中国大百科全书出版社，1991.

［7］孙本文．社会学原理［M］．北京：商务印书馆，1935.

［8］黄迺毓．家庭教育［M］．台北：五南图书出版公司，2004.

［9］高淑贵．家庭社会学［M］．台北：黎明文化事业公司，1991.

［10］关颖．家庭教育社会学［M］．北京：教育科学出版社，2014.

［11］中国大百科全书总编辑委员会《教育》编辑委员会．中国大百科全书·教育［M］．北京：中国大百科全书出版社，1985.

［12］赵忠心．家庭教育学［M］．北京：人民教育出版社，2000.

［13］杨宝忠．大教育视野中的家庭教育［M］．北京：社会科学文献出版社，2003.

［14］中国青少年犯罪研究会．中国青少年犯罪研究年鉴2001：第二卷［M］．北京：中国方正出版社，2002.

［15］谭雪梅，颜敏，罗静，等．农村隔代抚养留守儿童营养状况影响因素的研究进展［J］．昆明：卫生软科学，2022．

［16］李俊橙．隔代抚养对留守儿童的影响及其对策研究——基于江西省W县的调查［D］．南昌：江西财经大学，2018．

［17］吕吉、刘亮．农村留守儿童家庭结构与功能的变化及其影响［J］．北京：中国特殊教育，2011（10）：59—60．

［18］范方，苏林雁，曹枫林，等．中学生互联网过度使用倾向与学业成绩、心理困扰及家庭功能［J］．北京：中国心理卫生杂志，2006．

［19］郑杭生．社会学概论新修［M］．北京：中国人民大学出版社，1998．

［20］陆士桢等．中国儿童政策概论［M］．北京：社会科学文献出版社，2005．

［21］关颖．家庭教育社会学［M］．北京：教育科学出版社，2014．

［22］谭千保，陈利君，占友龙．流动儿童的学校适应不良图式及其对学校适应的影响［J］．长沙：中南林业科技大学学报（社会科学版），2013．

［23］张娜．国内外学习投入及其学校影响因素研究综述［J］．开封：心理研究，2012．

［24］刘在花．流动儿童学习投入现状、产生机制及干预研究［J］．北京：教育科学研究，2021．

［25］周宵，伍新春，王文超，田雨馨．社会支持对青少年创伤后成长的影响：状态希望和积极重评的中介作用［J］．北京：心理发展与教育，2017．

［26］李薇，季旭峰．地方本科院校家庭经济困难学生的心理资本研究［J］．南京：南京晓庄学院学报，2014．

［27］聂茂，厉雷，李华军．伤村：中国农村留守儿童忧思录［M］．北京：人民日报出版社，2008．

［28］申继亮，等．处境不利儿童的心理发展现状和教育对策研究［M］．北京：经济科学出版社，2009．

［29］王芳. 流动儿童的创造性自我效能感和创造性思维研究［D］. 北京：首都师范大学，2014.

［30］林崇德，胡卫平. 创造性人才的成长规律和培养模式［J］. 北京：北京师范大学学报（社会科学版），2012.

［31］曾守锤. 流动儿童的社会适应状况及其风险因素的研究［J］. 上海：心理科学，2010.

［32］周皓. 流动儿童的心理状况与发展——基于"流动儿童发展状况跟踪调查"的数据分析［J］. 北京：人口研究，2010.

［33］袁晓娇，方晓义，刘杨，蔺秀云. 流动儿童压力应对方式与抑郁感、社交焦虑的关系：一项追踪研究［J］. 北京：心理发展与教育，2012.

［34］范兴华，陈锋菊，唐文萍，黄月胜，袁宋云. 流动儿童歧视知觉、自尊与抑郁的动态关系：模型检验［J］. 中国临床心理学杂志，2016.

［35］王中会，蔺秀云. 流动儿童心理韧性对其抑郁、孤独的影响［J］. 北京：中国特殊教育，2014.

［36］全国妇联课题组. 全国农村留守儿童城乡流动儿童状况研究报告［J］. 中国妇运，2013.

［37］林崇德. 离异家庭子女心理的特点［J］. 北京：北京师范大学学报社会科学版，1992.

［38］陈会昌. 中国学前教育百科全书·心理发展卷［M］. 沈阳：沈阳出版社；1995.

［39］李鑫生，蒋宝德. 人类学辞典［M］. 北京：北京华艺出版社，1990.

［40］马心宇，陈福美，玄新，王耘，李燕芳. 父亲、母亲抚养压力在母亲抑郁和学龄前儿童内外部问题行为间的链式中介作用［J］. 北京：心理发展与教育，2019.

［41］欧文·戈夫曼. 污名——受损身份管理札记［M］，北京：商务印书馆，2009.

［42］蔺秀云，方晓义，刘杨，兰菁．流动儿童歧视知觉与心理健康水平的关系及其心理机制［J］．北京：心理学报，2009．

［43］白佳蕊．流动儿童歧视知觉与生活满意度的关系：有调节的中介模型［D］．天津：天津师范大学，2019．

［44］韩黎，龙艳．歧视知觉与留守儿童情绪和行为问题的关系：一个有调节的中介模型［J］．北京：中国特殊教育，2020．

［45］张磊，傅王倩，王达，暴占光．初中留守儿童的歧视知觉及其对问题行为的影响———一项质性研究分析［J］．北京：中国特殊教育，2015．

［46］郭湘．农村留守儿童歧视知觉、孤独感和社会适应水平的关系研究［D］．天津：天津师范大学，2023．

［47］卡尔（爱尔兰）．积极心理学（第二版）［M］．丁丹，等译．北京：中国轻工业出版社，2013．

［48］周春燕，郭永玉．家庭社会阶层对大学生心理健康的影响：公正世界信念的中介作用［J］．北京：中国临床心理学杂志，2013．

［49］魏运华．自尊的结构模型及儿童自尊量表的编制［J］．心理发展与教育，1997．

［50］车文博．心理咨询大百科全书［M］．杭州：浙江科学技术出版社，2001．

［51］苏京，詹泽群．大学生心理健康教育第1册［M］．天津．天津科学技术出版社，2009．

［52］罗新兰等．大学生心理健康教育［M］．杭州：浙江大学出版社，2014．

［53］李连升，李铿．农村留守儿童社会支持与自我意识现状及其关系研究［J］．中国初级卫生保健，2017．

［54］马颖，刘电芝．中学生学习主观幸福感及其影响因素的初步研究［J］．北京：心理发展与教育，2005．

［55］杨丽，朱晓坤，翟瑞龙，等．自尊在完美主义和抑郁间的中介效应研究［J］．北京：中国临床心理学，2011．

[56] 唐登华，潘成英，漆红. 70例青少年抑郁障碍心理社会学影响因素探讨［J］. 北京：中国心理卫生，2003.

[57] 杨阿丽，方晓义，涂翠平，等. 父母冲突、青少年的认知评价及其与青少年社会适应的关系［J］. 天津：心理与行为研究，2007.

[58] 王明忠，范翠英，周宗奎，等. 父母冲突影响青少年抑郁和社交焦虑——基于认知-情境理论和情绪安全感理论［J］. 北京：心理学报，2014.

[59] 卢富荣，宋煜静，刘路培，方选智. 父母冲突对儿童抑郁情绪的影响：有调节的中介模型［J］. 天津：心理与行为研究，2020.

[60] 李雄鹰，韩欣瑜，孙瑾. 父母心理控制与大学生人际适应的关系——情绪管理的中介作用［J］. 北京：中国特殊教育，2020.

[61] 李旭，钱铭怡. 青少年归因方式在教养方式与抑郁情绪间的中介作用［J］. 北京：中国心理卫生杂志，2002.

[62] 龙燕满. 父母拒绝与留守儿童抑郁情绪的关系：一项纵向研究［J］. 北京：中小学心理健康教育，2022.

[63] 邢婷婷. 父母焦虑、父母控制与儿童焦虑的关系及性别差异［D］. 济南：山东师范大学，2019.

[64] 单瑞飞. 焦虑的代际传递：基于初中生的访谈分析［D］. 南京：江苏师范大学，2021.

[65] 马月，刘莉，王欣欣，王美芳. 焦虑的代际传递：父母拒绝的中介作用［J］. 北京：中国临床心理学，2016.

[66] 王萌孟，张清瑶，任立文，徐夫真. 焦虑的代际传递：亲子关系的中介作用［C］. 第二十二届全国心理学学术会议论文集，2019.

[67] 郝振，崔丽娟. 自尊和心理控制源对留守儿童社会适应的影响研究［J］. 上海：心理科学，2007.

[68] 严虎，陈晋东，何玲，封珂欣. 农村留守儿童学校生活满意度、自尊与校园欺凌行为的关系［J］. 北京：中国儿童保健杂志，2019.

[69] 苏捧. 初中生自尊与抑郁的纵向关系：情绪调节和自我控制的作用［D］. 天津：天津师范大学. 2022.

［70］冉艳飞. 初中生学业压力与抑郁的关系：情绪调节、自我效能感的调节作用及其干预［D］. 重庆：西南大学，2021.

［71］高登峰. 大学生学习压力、心理弹性、心理健康的关系研究［D］. 武汉：华中科技大学，2008.

［72］李晶华，冯晓黎，梅松丽，姚东亮. 学习压力对初中生心理健康影响的调查［J］. 武汉：医学与社会，2007.

［73］吴恒祥. 关于公办学校中流动儿童少年就学状况的调查［J］. 太原：教学与管理，2003.

［74］熊少严. 城市流动儿童的社会整合与学校教育的指导策略［J］. 广州：广东社会科学，2006.

［75］王东宇，王丽芬. 影响中学留守孩心理健康的家庭因素研究［J］. 上海：心理科学，2005.

［76］周福林，段成荣. 留守儿童研究综述［J］. 吉林：人口学刊，2006.

［77］张德乾. 农村留守儿童交往状况的调查与分析［J］. 合肥：安徽农业科学，2006.

［78］郭海峰. 初中留守儿童问题行为及其教育干预研究［D］. 苏州：苏州大学，2008.

［79］陈陈. 家庭教养方式研究进程透视［J］. 南京：南京师大学报（社会科学版），2002.

［80］申继亮. 处境不利儿童的心理发展与教育对策研究［M］. 北京：经济科学出版社. 2019.

［81］赵景欣，王焕红，王世凤. 压力性生活事件与农村留守儿童的抑郁反社会行为的关系［J］. 济南：山东省团校学报（青少年研究）. 2010.

［82］赵景欣，刘霞，李悦. 日常烦恼与农村留守儿童的偏差行为：亲子亲合的作用［J］. 北京：心理发展与教育. 2013.

［83］赵景欣，等. 农村留守儿童的抑郁和反社会行为：日常积极事件的保护作用［J］. 北京：心理发展与教育. 2010.

［84］申继亮. 处境不利儿童的心理发展现状与教育对策研究［M］. 北京：经济科学出版社. 2009.

［85］李善玲，徐玉林，杨新丽，周琛华，廖珍惠，龚玉枝，黄红艳. 早期系统心理干预对老年住院患者焦虑抑郁及自我效能的影响［J］. 武汉：护理学，2014.

［86］张建育，贺小华. 大学生情绪调节自我效能感、人际关系困扰和主观幸福感的关系［J］. 赣州：赣南师范学院学报，2016.

［87］姚婷，李会茹，付玺行，赵思琪，李芳，吴静. 父母教养方式、校园欺凌和心理韧性影响青少年心理亚健康的结构方程模型分析［J］. 武汉：华中科技大学学报（医学版），2022.

［88］叶枝，柴晓运，郭海英，翁欢欢，林丹华. 流动性、教育安置方式和心理弹性对流动儿童孤独感的影响：一项追踪研究［J］. 北京：心理发展与教育，2017.

［89］刘晓洁，李燕. 母亲感知的共同教养对幼儿行为问题的影响：一个有调节的中介模型［J］. 北京：心理发展与教育，2022.

［90］徐贤明，钱胜. 心理韧性对留守儿童品行问题倾向的保护作用机制［J］. 北京：中国特殊教育，2012.

［91］董及美，周晨，侯亚楠，赵蕾，魏淑华. 留守初中生同伴侵害与攻击性的关系：链式多重中介模型［J］. 北京：心理发展与教育，2020.

［92］路丹. 家庭环境对儿童情绪管理的影响研究［D］. 重庆：重庆师范大学. 2016.

［93］李董平，许路，鲍振宙，陈武，苏小慧，张微. 家庭经济压力与青少年抑郁：歧视知觉和亲子依恋的作用［J］. 心理发展与教育，2015.

［94］陶琳瑾. 离异家庭儿童依恋缺失及师生关系的依恋补偿［J］. 成都：时代教育，2007.

［95］李伟，陶沙. 大学生的压力感与抑郁、焦虑的关系：社会支持的作用［J］. 北京：中国临床心理学，2003.

［96］刘爽．青少年学业压力下的自伤行为［J］．北京：教育现代化，2018．

［97］王功，张青青，黄丕兰．中学生学业压力及情绪调节自我效能感对考试焦虑的影响［J］．北京：中小学心理健康教育，2020．

［98］韩璐．初中生同学关系与焦虑情绪的追踪研究［D］．华中师范大学，2017．

［99］左占伟，邹泓，马存燕．初中生的社会支持状况及其与心理健康的关系［J］．北京：中国心理卫生杂志，2005．

［100］周宗奎．青少年心理发展与学习［M］．北京：高等教育出版社，2009．

［101］任志洪，江光荣，叶一舵．班级环境与青少年抑郁的关系：核心自我评价的中介与调节作用［J］．上海：心理科学，2011．

［102］李永占．河南高中生社交焦虑情绪智力与网络成瘾的关联［J］．北京：中国学校卫生，2015．

［103］刘艳，邹泓．中学生的情绪智力及其与社会适应的关系［J］．北京：北京师范大学学报（社会科学版），2010．

［104］赵文桦．农村初中生情绪智力、同伴关系与亲社会行为的关系及教育启示［D］．开封：河南大学，2021．

［105］王金霞等．中学生一般生活满意度与家庭因素的关系研究［J］．天津：心理与行为研究，2005．

［106］申继亮．处境不利儿童的心理发展现状与教育对策研究［M］．北京：经济科学出版社，2009．

［107］孙喜纯．离异家庭儿童成长环境中的保护性因素研究［D］．长春：东北师范大学，2005．